“十四五”时期水利类专业重点建设教材

水资源规划及利用

主编　左其亭

· 北京 ·

内 容 提 要

“水资源规划及利用”课程所讲授内容是水利工作的重要组成部分，对水资源合理开发利用、经济社会可持续发展、生态环境保护和生态文明建设具有重要作用。本教材共编排了八章，除第一章介绍基本知识外，其余七章按照循序渐进的三部分安排。第一部分包括第二、三章，是对水资源评价和规划的介绍；第二部分包括第四、五、六章，是对水库兴利调节、防洪调节、水能计算三方面具体内容的介绍；第三部分包括第七、八章，是对水资源利用与保护、管理与调度的介绍。本教材及时吸纳了最近几年我国提出的一系列水资源规划与利用新思想，更新了新数据资料、研究成果和实践经验，适应时代需求和教学要求，增加和删减了部分教学内容。

本教材是水利水电工程专业核心课程教材，也可作为水利工程类、土木工程类、资源科学类、地理科学类、环境工程类、市政工程类等专业本科生教材，同时可供上述专业的研究生和教师以及相关专业的科技工作者使用和参考。

图书在版编目（CIP）数据

水资源规划及利用 / 左其亭主编. -- 北京 : 中国水利水电出版社, 2024.5
“十四五”时期水利类专业重点建设教材
ISBN 978-7-5226-2440-2

Ⅰ. ①水… Ⅱ. ①左… Ⅲ. ①水资源管理－高等学校－教材②水资源－资源利用－高等学校－教材 Ⅳ. ①TV213

中国国家版本馆CIP数据核字(2024)第084925号

书　　名	“十四五”时期水利类专业重点建设教材 **水资源规划及利用** SHUIZIYUAN GUIHUA JI LIYONG
作　　者	主编　左其亭
出版发行	中国水利水电出版社 （北京市海淀区玉渊潭南路1号D座　100038） 网址：www.waterpub.com.cn E-mail：sales@mwr.gov.cn 电话：(010) 68545888（营销中心）
经　　售	北京科水图书销售有限公司 电话：(010) 68545874、63202643 全国各地新华书店和相关出版物销售网点
排　　版	中国水利水电出版社微机排版中心
印　　刷	清淞永业（天津）印刷有限公司
规　　格	184mm×260mm　16开本　13印张　285千字
版　　次	2024年5月第1版　2024年5月第1次印刷
印　　数	0001—2000册
定　　价	**39.00**元

前言

水，是生命之源、生产之要、生态之基，是人类赖以生存和发展不可或缺的一种宝贵资源，然而，随着人口增长、经济社会发展，对水资源的需求量不断增加，水资源短缺和水环境污染问题日益突出，严重地困扰着人类的生存和发展。水问题已成为全球性、长期的关注焦点。如何应对水问题，不仅要靠科学技术和经济基础来保障，更要靠水行政主管部门的合理规划和广大公众的科学利用。"水资源规划及利用"课程正是在这一需求下很早就形成的一门较成熟的课程，是水利工程相关专业的核心课程，其学习内容也是水利工作的重要组成部分，对水资源合理开发利用、经济社会可持续发展、生态环境保护和生态文明建设具有重要作用。

笔者于2002年始在郑州大学一直给本科生讲授这门课，早期课程名称是"水利水能规划"，安排42学时；2010年前后课程调整，该课程改为"水资源规划及利用"，把原来水资源方面的课程合并到该课程，学时增加到48学时，并安排有课程设计；到2020年前后，随着本科学时调整，又调整到40学时。可见，该课程在不断发展和变化，但其始终是水利工程相关专业的核心课程。

根据笔者二十多年的教学实践和体会，感到有必要撰写一本新思路的《水资源规划及利用》教材，主要原因有三：一是，最近几年我国提出一系列水资源规划与利用新思想，需要及时更新到教材中，使学生学以致用，能及时融入到社会主义现代化建设中；二是，最近一些年涌现出大量新的数据资料、研究成果和实践经验，需要及时更新教材的基本知识、基本原理、基本方法及实践案例；三是，随着学时调整和教学目标的不断改革，需要调整教学内容和教材部分章节，删除现代水利工作中已经不使用的内容，增加新的急需的内容，突出时代需求和教学效果。

本教材的编写参考和引用了周之豪等合编的《水利水能规划（第二版）》（中国水利水电出版社，2004）教材、顾圣平等主编的《水资源规划及利用》（中国水利水电出版社，2009）教材，以及笔者撰写的多部学术专著和教材（包括《水资源利用与管理》《水资源规划与管理》《水资源学教程》《人水和谐论及其应用》《现代水文学》），部分引用笔者团队最近几年的研究成果，同时参阅大量文献。特此向以上作者和单位表示衷心的感谢！感谢出版社同仁为本教材出版付出的辛勤劳动！

本教材共编排了八章，除第一章介绍基本知识外，其余七章按照循序渐进的三部分安排。第一部分包括第二、三章，是对水资源评价和规划的介绍；第二部分包括第四、五、六章，是对水库兴利调节、防洪调节、水能计算三方面具体内容的介绍；第三部分包括第七、八章，是对水资源利用与保护、管理与调度的介绍。在每章的后面列出了课程思政教育、思考题或习题，供进一步学习参考。

本教材由郑州大学左其亭主编、统稿，郑州大学陶洁、李赫、臧超、马军霞、张志卓，华北水利水电大学梁士奎，中国地质大学（武汉）罗增良，中山大学崔国韬参与撰写或校稿。

由于水资源本身的复杂性和水资源研究的日新月异，编撰适应新时代的教材比较困难，特别是作者水平所限，书中错误和缺点在所难免，欢迎广大读者海涵和不吝赐教！

左其亭

2024 年 1 月于郑州市

目录

第一章　绪　论

本章主要介绍水资源的概念和特点、水资源的形成与转化、生活、生产、生态用水等基本知识，综述我国水资源及其开发利用成就，分析水资源开发利用面临的主要问题及解决途径，介绍本课程的任务和主要内容。本章是对水资源及其相关内容基本知识的介绍，是本书的知识铺垫。

第一节　水资源的概念和特点

一、水资源的概念

水资源（water resources）是自然资源的一种，人们对水资源都有一定的感性认识，但如何界定水资源的概念，却又很难统一。《英国大百科全书》对水资源的定义为“全部自然界任何形态的水，包括气态水、液态水和固态水”。这个定义为水资源赋予了极其广泛的内涵，然而却忽略了资源的使用价值。1963年英国《水资源法》对水资源的定义为“具有足够数量的可利用水资源”，则强调了水资源的可利用性特点。1988年联合国教科文组织（UNESCO）和世界气象组织（WMO）共同制定的《水资源评价活动——国家评价手册》，对水资源的定义为“可以利用或有可能被利用的资源，具有足够数量和可用的质量，并在某一地点为满足某种用途而可被利用”。在我国，1988年颁布的《中华人民共和国水法》将水资源界定为“地表水和地下水”。1994年《环境科学词典》将水资源定义为“特定时空下可利用的水，是可再利用资源，不论其质与量，水的可利用性是有限制条件的”。《中国大百科全书》不同卷中出现了对水资源一词的不同解释，在“大气科学·海洋科学·水文科学”卷中对水资源的定义为“地球表层可供人类利用的水，包括水量（水质）、水域和水能资源，一般指每年可更新的水量资源”；在“水利”卷中对水资源的定义为“自然界各种形态（气态、液态或固态）的天然水”；在“地理”卷中将水资源定义为“地球上目前和近期人类可以直接或间接利用的水，是自然资源的一个组成部分”。当然，这些也不是对水资源的全部定义，许多学者对水资源有其个人的见解。

总体来看，水资源的含义十分丰富，对水资源概念的界定也是多种多样。一般，对水资源的定义有广义和狭义之分。广义的水资源，是指地球上水的总体，包括大气中的降水、河湖中的地表水、浅层和深层的地下水、冰川、海水等。如，在《英国大百科全书》和《中国水利百科全书》（水文与水资源分册）中是类似的提法。狭义的水资源，是指与生态系统保护和人类生存与发展密切相关的、可以利用的、而又逐年能够得到恢复和更新的淡水，其补给来源为大气降水。该定义反映了水资源具有下列性质：①水资源是生态系统存在的基本要素，是人类生存与发展不可替代的自然资源；②水资源是在现有技术、经济条件下通过工程措施可以利用的水，且水质应符合人类利用的要求；③水资源是大气降水补给的地表、地下产水量；④水资源是可以通过水循环得到恢复和更新的资源。

对于某一流域或局部地区而言，水资源的含义则更为具体。广义的水资源就是大气降水，地表水资源、土壤水资源和地下水资源是其三大主要组成部分。狭义的水资源就是河川径流，包括地表径流、壤中流和地下径流。因为河川径流与人类的关系最为直接、最为密切，故常将它作为水资源的研究对象，看成是狭义的水资源。

图1-1展示了水资源的组成，也表达出广义水资源与狭义水资源之间的区别和联系。对于一个特定区域，其广义水资源就是大气降水，降水形成地表径流、壤中流和地下径流并构成河川径流，就是狭义水资源。在水资源转化过程中，部分水以蒸发的形式通过垂直方向回归到大气中，这部分水不属于狭义水资源范畴。

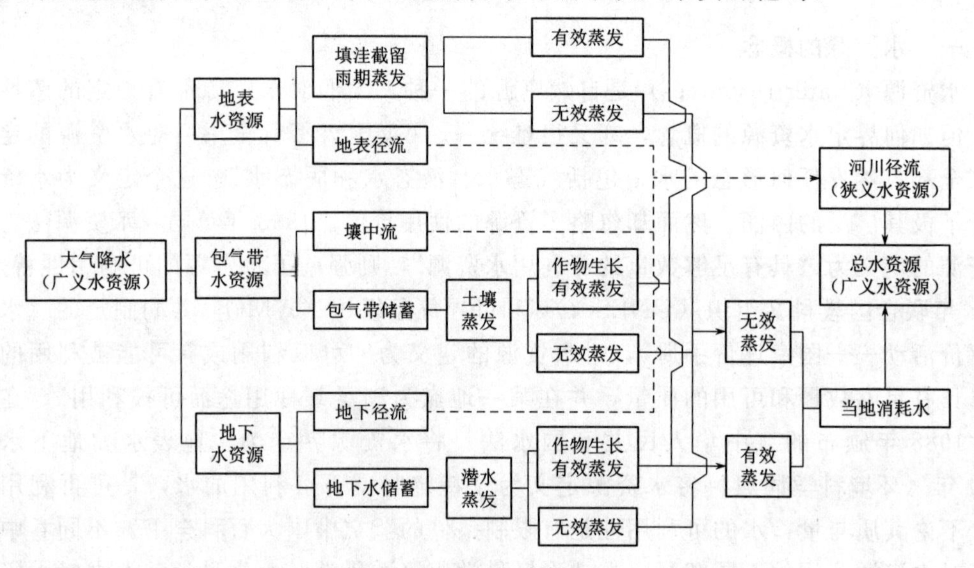

图1-1　水资源组成示意图

从图1-1中可以看出，常说的"水资源"（或计算的水资源量）有两种不同的含义。一般关于水资源的工作中，主要用到狭义水资源，即河川径流。另外，为了避开人类活动的影响，便于对比分析，经常计算天然状态下的水资源量，并将其作为一个区域或流域水资源分配的基础流量。本书在没有特别说明的情况下均把天然状态下的河川径流作为水资源量来计算。

水资源的表现形态有气态、液态和固态，存在形式有地表水（如河流、湖泊、水库、海洋、冰雪等）、地下水（潜水、承压水）、土壤水、大气水。

二、水资源的特点

水资源是一种特殊的自然资源，它不仅是人类及其他一切生物赖以生存的自然资源，也是人类经济、社会发展必需的生产资料，它具有自然属性和社会属性。

（一）水资源的自然属性特点

1. 流动性

自然界中所有的水都是流动的，只不过冰川水和冰雪水流动很慢。地表水、地下水、土壤水、大气水之间可以互相转化，这种转化也是永无止境的，没有开始也没有结束。水资源的流动性是由水资源自身的物理性质决定的，也正是由于水资源这一固有特性，才使水资源可以再生和恢复，为水资源的可持续利用奠定物质基础。

2. 可再生性

自然界中的水不仅是可以流动的，而且是可以补充更新的，处于永无止境的循环之中，这就是水资源的可再生性。具体来讲，水资源的可再生性是指水资源在水量上损失（如蒸发、流失、取用等）后和（或）水体被污染后，通过大气降水和水体自净（或其他途径）可以得到恢复和更新的一种自我调节能力，这是水资源可供永续开发利用的本质特性。当然，水资源的可再生性并不代表水资源是“取之不尽、用之不竭”的，即水资源的可再生能力是有限的。

3. 有限性

虽然水资源具有流动性和可再生性，但它同时又具有有限性。这里所说的“有限性”是指“在一定区域、一定时段内，水资源量是有限的，即不是无限可取的”。从全球情况来看，地球水圈内全部水体总储存量达到13.86亿km^3，绝大多数储存在海洋、冰川、多年积雪、两极和多年冻土中，现有的技术条件很难利用这些水源。便于人类利用的水只有0.1065亿km^3，仅占地球总储存水量的0.77%，也就是说，地球上可被人类所利用的水量是有限的。从我国情况来看，全国水资源总量大约为28124亿m^3。总而言之，每年从自然界可获取的水资源量是有限的，这一特性对人类认识水资源极其重要，人类不能无限制地开发利用水资源，必须保护有限的水资源。

4. 不均匀性

由于受气候和地理条件的影响，在地球表面不同地区水资源的数量差别很大，即使在同一地区也存在年内和年际变化较大、时空分布不均匀的现象，这一特性给水资源的开发利用带来了困难。比如，北非和中东很多国家（埃及、沙特阿拉伯等）降雨量少、蒸发量大，人均和单位面积土地的淡水占有量都极少；相反，冰岛、厄瓜多尔、印度尼西亚等国家，平均每公顷土地上的径流量比贫水国高出1000倍以上。在我国，水资源时空分布不均匀这一特性也特别明显。我国水资源分布总体表现为：南多北少，且降水大多集中在夏秋季节的三四个月里。

5. 不可替代性

水本身具有很多非常优异的特性，如无色透明、热容量大、良好的介质等，无论是对人类及其他生物的生存，还是对于人类经济社会的发展来说，水都是其他任何物质所不能够替代的一种自然资源。不可替代性是水资源区别于其他很多自然资源的一种显著特性。

6. 资源性

自然界中的水并不是化学上的纯水，而是含有很多溶解性物质和非溶解性物质的一个极其复杂的综合体，这一综合体实质上就是一个完整的生态系统，使得水不仅可以满足生物生存及人类经济社会发展的需要，同时也为很多生物提供了赖以生存的环境，是一种不可或缺的环境资源。

（二）水资源的社会属性特点

1. 公共性

水是流动的，不能因为水流经本地区就认为水归本地区所有，它是一种流动的公共资源。另外，许多部门、许多行业都使用水，也要求把水资源看成是一种公共资源，这是由水资源的社会属性决定的。2002 年 10 月 1 日施行的《中华人民共和国水法》第三条明确规定“水资源属于国家所有。水资源的所有权由国务院代表国家行使”；第二十八条规定“任何单位和个人引水、截（蓄）水、排水，不得损害公共利益和他人的合法权益”。

2. 利与害的两重性

水是极其珍贵的资源，给人类带来很多利益，但是，如果水的汇集过快（如暴雨洪水）、过多（如洪涝）时，又会给人类带来灾害。人们常说，水是一把双刃剑，比金珍贵，又凶猛于虎，这就是水的利与害的两重性。人类在开发利用水资源的过程中，一定要“用其利、避其害”。

3. 多用途性

水是一切生物不可缺少的资源，不仅如此，人类还广泛地利用水，使水有多种用途，比如，工业生产、农业生产、水力发电、航运、水产养殖等用水。人们对水的多用途性的认识随着其对水资源依赖性增强而日益加深，特别是在缺水地区，为争水而引发的矛盾或冲突时有发生。这是人类开发利用水资源的动力，也是水被看作一种极其珍贵资源的根源。

4. 商品性

长久以来，人们一直认为水是自然界提供给人类的一种取之不尽、用之不竭的自然资源。但是随着人口增长、经济发展，人们对水资源的需求日益增加，水对人类生存、经济发展的制约作用逐渐显露出来。人们需要为各种形式的用水支付一定的费用，水就成了商品。水资源在一定情况下表现出了消费的竞争性和排他性（如生产用水），具有私人商品的特性，但是当水资源作为水源地、生态用水时，仍具有公共商品的特点，所以它是一种混合商品。

第二节　水资源的形成与转化

一、水循环与水资源的形成

水循环（water cycle），是指地球上各种形态的水，在太阳辐射、地心引力等作用下，通过蒸发、水汽输送、凝结降水、下渗以及径流等环节，不断地发生相态转换和周而复始运动的过程。水循环是连接大气圈、水圈、岩石圈和生物圈的纽带，形成自然界千差万别的水文现象，是自然环境中发展演变最活跃的因素，并形成了地球上的淡水资源。也正是由于水循环作用，使水处在永无止境的循环之中，使水成为一种可再生的资源。人类活动对自然界的改造（如城市化建设、土地开发利用），在一定程度上改变了水循环过程，进而影响到了水循环过程和水资源形成特征。

传统意义上的水循环是指自然界中通过蒸发、水汽输送、凝结降水、下渗以及径流等环节形成的水循环，称为自然水循环。实际上，水循环还受人类活动（如水库蓄水、大坝拦水、调水、引用水等）的影响，且随着人类活动的加剧这种影响越来越严重。为了便于与前者区分，把有人类活动影响或参与的部分水循环过程称为社会水循环。

1. 蒸发

蒸发是水分通过热能交换从固态或液态转换为气态的过程，是水分从地球地面和水体进入大气的过程。蒸发过程是水循环的重要环节，陆地上年降水量的66%通过蒸发返回到大气中。

影响蒸发的因素很多，首先，蒸发取决于热能的供应（如太阳辐射）；其次，它必须有水汽运动机制，主要取决于水汽梯度；另外，还受水温、气温、风、气压等气象因素的影响。这些因素综合作用影响着蒸发过程及蒸发量大小。

2. 水汽输送

水汽输送，是指大气中的水汽由气流携带着从一个地区上空输送到另一个地区的过程。它揭示了一个地区上空水汽输送的源地、路径、强度、水汽输送场的结构以及它们随时间的变化。

陆地和海洋表面的水经蒸发后，如果不经过水汽输送就只能降落到原地，不会形成地区间或全球水循环，而实际上，蒸发返回大气中的水分通过水汽输送可能会降落到其他地方，增加了水循环的复杂性和多样性。

大气中的水汽含量虽然只占全球水循环系统中总水量的1.53%，但却是全球水循环过程中最活跃的成分。全球大气水更新一次平均只需8天，即一年中大气中的水汽可更新45次，其更新速度远快于其他任何水体。正是由于大气中的水汽如此活跃的更新和输送，才实现了全球各水体间的水量连续转换和更新。

3. 降水

降水是水汽在大气层中微小颗粒周围进行凝结，形成雨滴，再降落到地面的过程。因此，降水主要来自于大气中的云，但有云并不一定能形成降水，因为云滴的体积很小，不能克服空气的阻力和上升气流的顶托。只有当云滴增长为雨滴并足以克服空气阻力和上升气流的顶托时，在降落至地面的过程中才不至于被蒸发掉，降水才能形成。

降水是水循环中一个十分重要的过程，自然界中的水资源或能被人类所利用的水资源均来自于大气降水。因此，在计算水资源量时，常把降水量看作是一个地区或流域的广义水资源量。

4. 下渗

降落到地面上的水并不是都能形成径流，可能有一部分水被蒸发掉，一部分下渗到地面以下，只有一部分会变成地表径流。下渗是地下径流和地下水形成的重要过程，影响着土壤水分的变化和地下径流的形成。下渗的物理过程分为渗润、渗漏和渗透三个阶段，其中前两个阶段属于非饱和水流运动，而渗透属于饱和水流运动。

影响下渗的因素很多，主要有：土壤因素（包括土壤均质性、土壤质地和孔隙率等）、土壤初始含水率、地表结皮（表土结皮能减少入渗量）、降雨因素（包括雨型、降雨强度等）和下垫面因素（包括植被、坡度、坡向、耕作措施等）等。

5. 径流（形成水资源）

径流又称为河川径流，亦即地表径流和地下径流、壤中流之和。在大气降水降到地面以后，一部分水分通过蒸发返回到大气；一部分通过下渗进入到土壤；一部分可能蓄积在地表低洼处；剩余的水量在一定条件下可能会形成地表径流，当下渗的水量达到一定程度后会形成地下径流。河川径流是由地表和地下（包括土壤）汇流到河槽并沿河槽流动的水流的统称。

地表径流过程，可以分为降水过程、蓄渗过程、坡地漫流过程、河槽集流过程四个阶段。影响地表径流的主要因素包括：流域气象条件（如降水、蒸发、气温、湿度、风等）、地理位置、地形条件、植被以及人为因素（如水利工程、开垦、城市建设等）。人类活动对径流的形成过程和径流量大小的影响是显而易见的。

地下径流过程，先由降水下渗到透水层形成地下水，再经过相当长时间，通过渗透流动形成地下径流，其形成和变化也受气象、地理、地质、植被以及人为因素等的影响，但响应速度和受影响的程度明显小于地表径流。

二、水资源转化

水循环的各环节之间存在着复杂的相互作用关系，一个环节受其他环节的影响或制约，同时它们之间又相互转化，构成了一个复杂的水资源转化系统。

自然界中的水资源转化过程主要表现在大气水、地表水、地下水之间的相互转化。大气降水是水资源的主要补给来源，降落到地面的水在经过植物截留后，一部分产生径流流入河川、湖泊或水库形成地表水；一部分渗入到地下贮存并运动于岩石的孔隙、裂隙或溶隙中，形成地下水；还有一部分通过地球表面的蒸发返回到大气中。河流是水循环的主要路径，降水落到地面后，除了满足下渗、蒸发、截留、填洼等损失外，多余的水量以地面径流（又称漫流）的形式汇集成溪流，再由许多溪流汇集成江河。渗入到土壤和岩土中的水分，除一小部分被蒸发到大气中外，大部分形成了地下水，贮存于地下岩石的孔隙、裂隙和溶隙中，并以地下径流的形式运动，当运动到地势比较低的地方则以泉水的形式溢出。通常，把考虑了大气水、地表水与地下水之间由于水的循环和流动而引起的单向或双向补给的转化关系称为“三水”转化关系，如果再考虑土壤水的作用关系，则称为“四水”转化关系。

在人类活动影响作用下，人为改变原有的水资源形成过程，使原来的水资源过程更加复杂。人类活动对水资源转化的影响主要表现在：①兴建蓄水、调水工程，改变水资源自然的流动特性和转化过程；②兴建引水、提水工程，大量开采地表、地下水，增加水资源的使用量和消耗量；③生活污水、工业废水、灌溉退水的排放，改变了天然水体的水质状况。

第三节 生活、生产、生态用水

水资源有多种用途，按用途可分为生活、农业、工业、水力发电、航运、生态等用水，其中，生活、生产、生态用水是水资源规划与管理工作中最常见的用水方式，也是水资源配置的主要对象，一般又把生活用水、生产用水、生态用水统称为“三生用水”。

一、生活用水

生活用水是人类日常生活及其相关活动用水的总称。生活用水分为城镇生活用水和农村生活用水。现行的城镇生活用水包括居民住宅用水、市政公共用水、环境卫生用水等，常称为城镇大生活用水。农村生活用水包括农村居民用水、牲畜用水。生活用水涉及千家万户，与人民的生活关系最为密切。

《中华人民共和国水法》规定，“开发、利用水资源，应当首先满足城乡居民生活用水”。因此，要把保障人民生活用水放在优先位置，这是生活用水的一个显著特征，即生活用水保证率要求高，放在所有供水先后顺序中的第一位。也就是说，在供水紧张的情况下优先保证生活用水。

此外，生活用水对供水水质要求较高。饮用水的质量直接影响到人体健康，因此，对饮用水的质量有严格的水质标准要求，比如《生活饮用水卫生标准》（GB 5749—2022），并且随着人们物质生活水平的提高，对饮水水质的要求也越来越高，比如偏好饮用矿泉水。

我国生活用水总量呈缓慢上升趋势，从 2003 年生活用水总量 630.9 亿 m^3 增到 2021 年的 909.4 亿 m^3；生活用水占总用水的比例也明显提升，从 2003 年的 11.9%增到 2021 年的 15.4%。全国人均生活用水定额稳步提高，从 2003 年的 133L/d 提高到 2021 年的 176L/d。

二、生产用水

生产用水主要包括农业用水、工业用水。

农业用水是农、林、牧、副、渔业等各部门和乡镇、农场企事业单位以及农村居民生产用水的总称。在农业用水中，农田灌溉用水占主要地位。灌溉的主要任务，是在干旱缺水地区，或在旱季雨水稀少时，用人工措施向田间补充水分，以满足农作物生长需要。林业、牧业用水，也是由于土壤中水分不能满足树、草的用水之需，从而依靠人工灌溉的措施来补充树、草生长必需的水分。渔业用水，主要用于水域（如水库、湖泊、河道等）水面蒸发、水体循环、渗漏、维持水体水质和最小水深等。在农村，养猪、养鸡、养鸭、食品加工、蔬菜加工等副业以及乡镇、农场、企（事）业单位在从事生产经营活动时，也会引用一部分水。

我国农业用水量基本保持稳定，总量呈小幅度增加趋势，其占总用水量的比例一直较大，但比例呈下降态势。2003 年全国总用水量为 5320.4 亿 m^3，其中农业用水 3432.8 亿 m^3，占总用水量的 64.5%；2021 年全国总用水量为 5920.2 亿 m^3，其中农业用水 3644.3 亿 m^3，占总用水量的 61.5%。目前我国农业用水存在水资源短缺和用水浪费并存的局面。许多地区因干旱缺水导致农业生产力急剧下降，严重威胁粮食安全、制约地区发展。据统计，2021 年全国农作物受灾面积为 1174 万 hm^2，因干旱灾害成灾面积为 251 万 hm^2，造成直接经济损失为 201 亿元。同时，我国农业用水又存在灌水方式粗放，灌溉水利用率低的问题。2021 年我国农田灌溉水有效利用系数 0.568，远低于发达国家 0.8 左右的水平，农业节水潜力仍较大。

工业用水是工矿企业用于制造、加工、冷却、空调、净化、洗涤等方面的水。在工业生产过程中，一般需要有一定量水的参与，如用于冷凝、稀释、溶剂等。一方面，在水的利用过程中通过不同途径进行消耗（如蒸发、渗漏）；另一方面，以废水的形式排入自然界。

我国工业用水量呈小幅度的增长趋势，进一步凸显水资源短缺的矛盾。2003 年全国工业用水 1177.2 亿 m^3，占总用水量的 22.1%；2018 年全国工业用水 1261.6 亿 m^3，占总用水量的 21.0%；2021 年全国工业用水 1049.6 亿 m^3，占总用水量的 17.7%（2021 年因为新冠疫情影响到工业规模）。随着工业化、城镇化进程和节水措施的采用，工业用水量基本稳定或略有增长，水资源供需矛盾依然突出。我国工业用水效率总体水平不高，仍有提升空间。2003 年我国万元工业增加值用水量为 222m^3，2021 年为 28.2m^3，减少幅度很大，但其值仍高于发达国家的平均水平，工业节水潜力仍较大。

三、生态用水

生态用水是生态系统维持自身需求所利用水的总称。从广义上讲，生态用水是指“特定区域、特定时段、特定条件下生态系统总利用的水分”，它包括一部分水资源量和一部分常常不被水资源量计算包括在内的水分，如无效蒸发量、植物截留量。从狭义上讲，生态用水是指“特定区域、特定时段、特定条件下生态系统总利用的水资源总量”。根据狭义的定义，生态用水应该是水资源总量中的一部分，从便于水资源科学管理、合理配置与利用的角度，采用此定义比较有利。

水是生态系统不可替代的要素。可以说，哪里有水，哪里就有生命。同时，地球上诸多的自然景观，如奔流不息的江河，碧波荡漾的湖泊，气势磅礴的大海，它们的存在也都离不开水这一最为重要、最为活跃的因子。一个地方具备什么样的水资源条件，就会出现什么样的生态系统，因此，保证一定的生态用水量是维系生态系统良性发展的基础。

在现实生活中，由于主观上对生态用水不够重视，在水资源分配上几乎将百分之百的可利用水资源用于工业、农业和生活，于是就出现了河流缩短、断流、湖泊干涸、湿地萎缩、草场退化、森林破坏、土地荒漠化等生态退化问题，威胁着人类生存环境。因此，要想从根本上保护生态系统，确保生态用水是至关重要的因素。因为缺水是很多情况下生态系统遭受威胁的主要因素，所以合理配置水资源，确保生态用水对保护生态系统健康、促进生态文明建设具有重要的意义。

我国生态用水量在总用水量中所占的比重很小。2003 年全国生态用水 79.5 亿 m^3，占总用水量的 1.5%；2021 年全国生态用水 316.9 亿 m^3，占总用水量的 5.4%。2000 年以前我国重视经济建设，对生态环境保护重视不够，生态用水占比较小。随着 2012 年以来生态文明思想的落实，我国对生态系统恢复和建设日益重视，生态用水量得到不断提高。

第四节　我国水资源及开发利用成就

一、我国水资源状况及特点

我国地域辽阔，国土面积 960 万 km^2，地处欧亚大陆东南部，濒临太平洋，地势西高东低，境内山脉、丘陵、盆地、平原相互交错，构成众多江河湖泊。根据 2010 年至 2012 年开展的全国水利普查数据统计，流域面积 $50km^2$ 及以上河流 45203 条，流域面积 $100km^2$ 及以上河流 22909 条，流域面积 $1000km^2$ 及以上河流 2221 条，流域面积 1 万 km^2 及以上河流 228 条；常年水面面积 $1km^2$ 及以上湖泊 2865 个，其中淡水湖 1594 个，咸水湖 945 个，盐湖 166 个，其他湖泊 160 个。

由于我国处在季风气候区域，受热带、太平洋低纬度温暖而潮湿气团的影响以及西南印度洋和东北鄂霍茨克海水蒸气的影响，我国东南地区、西南地区以及东北地区有充足的水汽补充，降水量丰沛，是世界上水资源相对丰富的地区之一。

我国年平均河川径流量为 27115 亿 m^3，折合年径流深为 284mm，在河川径流总量上仅次于巴西、俄罗斯、加拿大、美国、印度尼西亚。另外，我国地下水资源总量年平均为 8840 亿 m^3。由于地表水与地下水之间会相互转化，扣除其中重复计算部分，我国水资源总量大约为 28124 亿 m^3。

虽然我国水资源总量较大，但人均占有量、平均降水深度较小。据计算，我国多年平均降水量约为 $6190km^3$，折合降水深度为 648mm，与全球陆地平均降水深 798mm 相比约低 20%。我国人均占有河川径流量约为 $2100m^3$，仅相当于世界人均占有量的 1/4～1/3，美国人均占有量的 1/6，我国亩均水量约为世界亩均水量的 2/3。这些统计数据均说明：从总量上看，我国水资源较多，但我国的人口基数和面积基数大，人均和亩均水资源量都较小，如果按照这一参数比较，我国属于贫水国。

总结我国水资源特点，也是我国基本水情，主要表现在如下几个方面：

(1) 水资源总量多，但人均水资源占有量少。如前所述，我国水资源总量较大，居世界第6位，但国土面积辽阔，需要养育的人口众多，这就导致了亩均和人均水资源量均较小，仍是世界上的贫水国。这是我国水资源的基本国情。

（2）水资源空间分布不均匀。由于我国所处的地理位置和特殊的地形、地貌、气候条件，导致水资源丰枯在地区之间差异比较大，总体状况是南多北少，水量与人口和耕地分布不相匹配。长江流域及其以南的珠江流域、东南诸河、西南诸河等四片，面积占全国的36.5%，耕地占全国的36%，水资源量却占全国总量的81%，人均占有水资源量为4180m^3，约为全国平均水平的1.6倍；亩均占有水资源量为4130m^3，为全国平均水平的2.3倍。辽河、海河、黄河、淮河四个流域片，总面积占全国的18.7%，接近南方四片的一半，耕地占全国的45.2%，人口占全国的38.4%，但水资源总量仅相当于南方四片水资源总量的10%。不相匹配的水土资源组合必将影响国民经济发展和水土资源的合理利用。

（3）水资源时间分布不均匀。我国水资源分布不均，不仅表现在地域分布上，还表现在时间分配上。无论是年内还是年际，我国降水量和径流量的变化幅度都很大，这主要是受我国所处的区域气候影响。我国大部分地区受季风影响明显，降水量年内分配不均匀，年际变化较大，并有枯水年和丰水年连续出现的特点，这种变化一般是北方大于南方。从全国来看，我国大部分地区冬春少雨，夏秋多雨。南方各省汛期一般为5—8月，降水量占全年的60%～70%，2/3的水量以洪水和涝水形式排入海洋；而华北、西北和东北地区，年降水量集中在6—9月，占全年降水的70%～80%。这种集中降水又往往集中在几次比较大的暴雨中，极易造成洪涝灾害。水资源在时间上的分布不均，一方面给正常用水带来困难，比如正是用水的春季反而少雨，而在用水量相对少的季节有时又大量降水，导致降水与用水时间上的不协调，为开发利用水资源带来不便；另一方面，由于过分集中的降水或过分的干旱，易形成洪涝灾害和干旱灾害，都会对人民生产、生活带来影响。

二、我国水利发展阶段及水资源开发利用成就

这里引用左其亭在《中国水利发展阶段及未来“水利4.0”战略构想》（2015年）一文中划分的4个水利发展阶段，并参考中共水利部党组在《党领导新中国水利事业的历史经验与启示》（2021年）一文中介绍的成果，阐述不同发展阶段的水资源开发利用成就。

自1949年新中国成立以来，我国政府始终重视国民经济建设，经过70多年的发展，取得了举世瞩目的伟大成就，从一个一穷二白的落后国家逐步发展成为现如今世界经济总值排第二的最大发展中国家，人民的生活水平也发生天翻地覆的变化。在国民经济建设的同时，我国水利事业得到蓬勃发展，从建国初的落后水平逐步发展成为水利大国，在水利建设、管理、科学研究、先进技术应用等方面，接近或达到国际先进水平。和一般行业发展一样，我国水利行业经历了从初级向高级的发展阶段，在每个阶段也同样具有不同的特点和标志性事件。

根据1949—2020年的水利发展情况，划分为3个阶段，分别为“工程水利”“资

源水利”“生态水利”阶段，即“水利 1.0”“水利 2.0”“水利 3.0”，并推断 2020 年后的发展阶段为“智慧水利”阶段，即“水利 4.0”。水利工作一直是我国国民经济建设的基础支撑行业，经过 70 多年的发展，我国供水保障能力显著提高，防洪抗旱抵御灾害能力稳步提升，水资源对工农业发展的支撑条件明显改善，水利科技水平显著提高。

（一）1949—1999 年（水利 1.0）水资源开发利用成就

1949 年新中国成立时，中国贫穷落后，百废待兴，面临的国外形势和国内形势错综复杂，经济建设举步维艰，在以毛泽东主席为核心的第一代中央领导集体的领导下，完成社会主义三大改造，确立了社会主义基本制度。在新中国成立后的前 20 多年中，取得了建设新中国的伟大成就，也走了很多弯路，在摸索中前进。经历了 1950—1953 年土地改革、抗美援朝，1952—1957 年实行中国第一个五年计划，三大改造基本完成，1958—1960 年“大跃进”运动，1966—1976 年“文化大革命”。一直到 1978 年十一届三中全会召开，提出了改革开放，以经济建设为中心，从此经济建设蓬勃发展。

1949—1953 年，为了尽快恢复生产，国家集中力量整修加固江河堤防、农田水利灌排工程。1951 年 5 月毛泽东主席亲笔题词“一定要把淮河修好”，1952 年 10 月毛泽东主席视察黄河时指出“要把黄河的事情办好”，把大规模淮河治理、黄河治理推向高潮，大大地推动了当时的水利建设。1953 年，荆江分洪工程全面建成，为有效抵御长江特大洪水发挥了重要作用。

1953—1965 年，因国家发展工农业生产的迫切需要，开始了大规模的水利工程建设，这一时期，全国各地兴起了修建水库的热潮，约有半数以上水库始建于大跃进时期，如著名的北京十三陵水库、密云水库，河南鸭河口水库，浙江新安江大水库，辽宁汤河水库，广东新丰江水库等。这些水库多数发挥着供水、防洪、发电、养殖等功能，对当地的发展起到重要作用。

1966—1976 年，我国经历了“文化大革命”，水利建设基本处于停滞状态，甚至有些工程遭到一定的破坏，当然，在艰难中也取得一定进展，比如，甘肃刘家峡水利枢纽、湖北丹江口水库建成投产，葛洲坝水电站开工建设。

1978—1987 年，国家提出改革开放，以经济建设为中心，把抓经济建设作为提高人民生活质量的重要举措，在这一时期，我国政府的工作重点是经济建设，水利建设相对经济建设来说呈现滞后状态。这一时期，开展了水利改革，开始加强水资源管理。1985 年，国务院发布《水利工程水费核订、计收和管理办法》，标志着水利工程从无偿供水转变为有偿供水；1988 年《中华人民共和国水法》颁布实施，这是新中国成立以来第一部水的基本法，标志着我国开始走上依法治水的道路。

1988—1999 年，在经历了 10 多年的改革开放、经济建设之后，我国出现了大规模开发利用水资源的局面，出现了污水大量排放、水环境不断恶化的问题，以及工程建设带来的生态环境破坏、水土流失等问题，洪涝、干旱灾害时有发生，特别是 1998

年长江、嫩江和松花江发生了历史上罕见的流域性大洪水，中央作出灾后重建、整治江湖、兴修水利的重大战略部署，大幅度增加了水利投入，把水利建设列入国家的基础设施建设行列。1991 年，国家提出“八五”计划，要把水利作为国民经济的基础产业，放在重要战略位置。1995 年，党的十四届五中全会强调，把水利摆在国民经济基础设施建设的首位。这一时期，大江大河治理明显加快，长江三峡、黄河小浪底、万家寨等重点工程相继开工建设，淮河治理、太湖治理、洞庭湖治理工程等取得重大进展；《中华人民共和国水土保持法》《淮河流域水污染防治暂行条例》相继颁布施行。

回顾 1949—1999 年 50 年的水利发展历程，可以看出，基本是以水利工程建设为主；在科技界，主要的研究方向和成果也以服务水利工程建设为主要目标。这些特征与建国初期的大规模建设、改革开放后的以经济建设为中心的战略部署有直接关系，这一时期称为“工程水利”阶段，该阶段的特点是：以水利工程建设、大规模开发利用水资源为目标和指导思想来开展水利工作。

（二）2000—2012 年（水利 2.0）水资源开发利用成就

自 1998 年长江、嫩江和松花江大洪水之后，我国政府和学术界痛定思痛，认真分析面临的水利形势和应对措施，改变了一些传统的认识。特别值得一提的是：①强调水资源的基础属性和自然资源属性，重视水资源的保护；②提出走人与自然和谐发展之路，强调在建设的同时必须与资源环境保护相协调。1999 年时任水利部部长汪恕诚提出“要搞好面向 21 世纪的中国水利，必须实现工程水利到资源水利的转变”，从政府层面提出了构建“资源水利”的初步构想，这是面对我国日益严峻的水资源短缺、生态环境恶化、洪涝灾害频发的形势所提出的必然选择和水利科学发展之路。21 世纪伊始，人水和谐思想才逐步被接受，并成为我国治水的主导思想。

在 2000 年之前，国外学术界已经提出了可持续发展、水资源可持续利用的发展理念。可持续发展理念的产生可以追溯到 20 世纪中期，随着工业革命后的快速发展，出现了人口过快增长、经济飞速发展、水资源日益短缺、生态环境恶化等问题，人们逐渐认识到，高消耗、高污染、先污染后治理的发展模式已经严重不适应发展的需要，提出“以社会、经济、资源、环境协调发展为核心内容”的可持续发展的思路，这一思路也为我国治水思想的变化奠定基础。

2000—2008 年，从人水和谐治水思想的提出，到逐步被大多数人所接受。2001 年，人水和谐正式被纳入现代水利体系中；2004 年，中国水周活动主题为“人水和谐”，人们对人水和谐的思想有了更深入的认识。2005 年，全国人大十届三次会议提出“构建和谐社会”的重大战略思想后，人水和谐成为新时期治水思路的核心内容。

2009—2010 年出现的水灾害集中而且严峻，引起我国政府和全社会的高度关注。2009 年，全国大旱，比如，北方冬麦区 30 年罕见秋冬连旱，南方 50 年罕见秋旱，西藏 10 年罕见初夏旱，广西、湖南、河南等多地同时干旱。2010 年，云南遭遇百年一遇的全省特大旱灾。2010 年 8 月 7 日，甘肃舟曲突发特大泥石流灾难，造成严重的人员伤亡和财产损失。随后，2011 年中央一号文件发布《关于加快水利改革发展的决定》，中央作出“水利欠账太多”“水利设施薄弱仍然是国家基础设施的明显短板”的科学判断。这是新中国成立62年来中央一号文件第一次关注水利改革发展，也是中央文件对水利工作进行的全面部署，指导未来水利的发展方向。

2011—2012年，全面贯彻中央关于水利工作的战略部署，把水利作为国家基础设施建设的优先领域。国家计划投入4万亿元，力争通过5～10年努力，从根本上扭转水利建设明显滞后的局面；进一步完善优化水资源战略配置格局，提高水资源支撑能力，合理开发水资源和水能资源，实现人与自然和谐相处。

这一时期，水利投入快速增长，水利基础设施建设大规模开展，南水北调东线、中线工程相继开工，新一轮淮河治理拉开帷幕，农村饮水安全保障工程全面推进。

回顾2000—2012年的10多年水利发展历程，可以看出，这一时期首先是治水思想的变化，从“重视水利工程建设”到“把水资源看成是一种自然资源、重视人水和谐发展”的转变，强调水资源的自然资源属性。这一时期称为“资源水利”阶段，该阶段的特点是：以重视水资源合理利用、实现人水和谐为目标和指导思想来开展水利工作。

（三）2013—2020年（水利3.0）水资源开发利用成就

在2013年之前，我国政府已经提出“生态文明”的判断和号召。2007年10月15日，党的十七大把“建设生态文明”列为全面建设小康社会目标之一。2009年9月18日，党的十七届四中全会，把“生态文明建设”提升到与经济建设、政治建设、文化建设、社会建设并列的战略高度。2012年11月8日，党的十八大报告单独成篇全面阐述“大力推进生态文明建设”的号召。这些是我国面临“资源约束趋紧、环境污染严重、生态系统退化”严峻形势的必然选择。

水资源是生态文明建设的核心制约因素，是生态文明的根本基础和重要载体。为了贯彻落实党的十八大精神，水利部于2013年1月印发了《关于加快推进水生态文明建设工作的意见》（水资源〔2013〕1号文），提出加快推进水生态文明建设的部署。因此，从2013年开始，以推进生态文明建设为主要目标的水利建设工作全面展开，首先开始了城市水生态文明建设试点工作，在全国范围内部署水生态文明建设工作。

从2013年水利部提出《关于加快推进水生态文明建设工作的意见》作为标志性事件开始，步入以“生态文明建设”为目标的水利新时代，强调以建设水生态文明为目标的水利建设。这一时期称为“生态水利”阶段，该阶段的特点是：以保护生态、建设生态文明为目标和指导思想来开展水利工作。

（四）2021年之后（水利4.0）水资源开发利用成就

从水利发展趋势预测出发，特别是受信息通信技术和网络空间虚拟技术的影响，判断水利发展阶段（即“水利4.0”）步入“智慧水利”阶段，该阶段的特点是：以丰富的水利经验为基础，充分利用信息通讯技术和网络空间虚拟技术，使传统水利向智能化转型。

从20世纪末发展起来的现代信息通信技术、网络空间技术，为工业向智能化转型准备了条件，也为传统水利向智慧水利转型奠定基础。此外，智慧水利涉及的内容非常广泛，除了充分利用信息通讯技术和网络空间虚拟技术外，还需要基于很深入的水文学、水资源、水环境、水安全、水工程、水经济、水法律、水文化科技成果。因此，从这一角度看，很早时期就开始了智慧水利的前期准备，至少从21世纪初开始进入这一时代，2013—2020年前后虽然以“生态水利”为主，但同时有大量的智慧水利的讨论、研究、技术准备等工作，到2021年开始进入以“智慧水利”为主的新水利时代。左其亭（2015）对这一水利阶段的轮廓框架描述如下：

（1）各项水利工作以充分利用信息通信技术和网络空间虚拟技术为主要手段，以水利工作智能化为主要表现形式。

（2）实现水系统监测自动化、资料数据化、模型定量化、决策智能化、管理信息化、政策制度标准化。

（3）集“河湖水系连通的物理水网、空间立体信息连接的虚拟水网、供水-用水-排水调配相联系的调度水网”为一体的水联网，是智慧水利的重要基础平台。

（4）集“基于现代信息通信技术的快速监测与数据传输、基于大数据和云技术的数据存储与快速计算、基于通信技术和虚拟技术的智能水决策和水调度”为一体的智慧中枢，是智慧水利的核心高科技。

（5）集“实时监测、快速传输、准确预报、优化决策、精准调配、高效管理”为一体的多功能、多模块无缝连接系统，实现软件系统高度融合。

（6）集“水循环模拟、水资源高效利用、水环境保护、水安全保障、水工程科学规划、水市场建设、水法律政策制度建设、水文化传承建设、现代信息技术应用”为一体的巨系统集成体系，是基于比较成熟的水利工作经验的产物。

2021年进入“智慧水利”阶段的标志性事件有两方面：一是开启国家水网的建设工作，将逐步构建智慧水利的物理水网，2021年1月25日，全国水利工作会议提出：“十四五”时期水利部将以国家水网建设为核心系统实施水利工程补短板，2021年5月14日，推进南水北调后续工程高质量发展座谈会强调：“加快构建国家水网主骨架和大动脉”；二是2021年水利部提出构建“数字孪生流域”工作，将逐步构建智慧水利的虚拟水网建设的基础平台，2021年12月水利部召开推进数字孪生流域建设工作会议，2022年2月水利部组织开展数字孪生流域建设先行先试，涉及全国范围56家单位94项任务，7月水利部完成“十四五”七大江河数字孪生流域建设方案、11个重要水利工程数字孪生水利工程建设方案审查工作，2022年3月水利部制定并印发《数字孪生流域共建共享管理办法（试行）》，全面推进数字孪生流域建设工作。

“智慧水利”阶段可能比较漫长，其目标要求高，建设任务重，可能需要10年左右一个台阶往前推进。

（五）我国水资源开发利用成就总览

在防洪减灾方面，基本建成以堤防为基础、江河控制性工程为骨干、蓄滞洪区为主要手段、工程措施与非工程措施相结合的防洪减灾体系，洪涝和干旱灾害年均损失率分别降低到 0.28%、0.05%，水灾害防御能力明显增强。

在水资源配置方面，以跨流域调水工程、区域水资源配置工程和重点水源工程为框架的“四横三纵、南北调配、东西互济”的水资源配置格局初步形成，全国水利工程供水能力超过 8700 亿 m^3，城乡供水保障能力显著提升，全国农村集中供水率达到 88%。在农田水利方面，全国农田有效灌溉面积增加到 10.3 亿亩，有力保障了国家粮食安全。在水生态保护方面，地下水超采综合治理、河湖生态补水、水土流失防治等水生态保护修复工程扎实推进，水生态环境面貌呈现持续向好态势。在水利管理方面，初步形成以水法为核心的水法规体系，基本形成统一管理与专业管理相结合、流域管理与行政区域管理相结合以及中央与地方分级管理的水利管理体制机制，依法治水、科学治水更加有力。在水利改革方面，水权水市场制度建设、水价改革、水利工程建设管理等领域的改革深入推进，成效显现。在水利科技方面，科技创新能力不断增强，科技进步贡献率达到 60%，在泥沙研究、坝工技术、水文监测预报预警、水资源配置等诸多领域处于国际领先水平。［引自《党领导新中国水利事业的历史经验与启示》（中共水利部党组，2021 年）］

第五节　水资源开发利用带来的主要问题及解决途径

一、主要问题

一方面由于水资源量有限、时空分布不均匀，一方面由于人类活动加剧、对自然界的索取加大，尽管在水资源开发利用方面取得卓越成就，但仍然面临着一些问题，主要表现在以下几个方面：

（1）引用水量增加，水资源供需矛盾突出。自然界中可供人类使用的水资源量是有限的，但伴随经济社会发展，引用水量在不断增加。1980 年全国总用水量 4437 亿 m^3，2003 年增加到 5320.4 亿 m^3，2021 年又增加到 5920.2 亿 m^3，当然，从 2003 年后，其上升趋势变缓，表明随着经济增长总用水量增长率逐渐减小，但目前的水资源短缺现象依然严重，部分地区的水资源利用量已接近或超过了当地的水资源可利用量，全国每年因缺水造成的直接经济损失达 2000 亿元左右，严重制约经济发展、粮食安全、社会和谐稳定。

（2）人类活动加剧，水污染问题依然严峻。伴随着人类活动加剧，各种工程建设、城市建设等活动影响了水系统的完整性和良性循环；不合理的水资源开发，挤占了维系生态系统正常运转的水资源量，带来河流自净能力下降、生态功能下降，再加上生产生活排放的污水增多，造成水体水质变差、河湖萎缩、生态退化，又反过来加重水资源短缺，加重水资源危机。

（3）自然和社会因素交织，水灾害频发。洪涝与干旱是自然界非常常见的两种与水有关的灾害。从全球范围来看，洪涝和干旱现象时有发生，在一个地区干旱的同时，可能伴随另一个地区的洪涝，一个地区某一段时期干旱，而在另一段时期又洪涝。20世纪90年代至21世纪初，我国几大江河流域发生了6次比较大的洪水，损失近9000亿元。特别是1998年发生在长江、嫩江和松花江流域的特大洪水，直接经济损失2551亿元。2000年全国大旱，农作物两季累计受旱面积3300万hm^2，成灾面积2700万hm^2，绝收面积600万hm^2。2009—2010年西南五省严重气象干旱对群众生活、农业生产、塘库蓄水、森林防火等造成极大影响。2022年长江流域遭遇历史罕见大旱，发生了1961年有完整记录以来最严重的气象水文干旱，农作物受旱面积达6632万亩，有81万人、92万头大牲畜出现因旱临时饮水困难。从全国范围来看，我国洪涝灾害和干旱灾害交织，防汛抗旱始终是我国长期而紧迫的任务。

二、解决途径

（1）增加水源和抑制需求，实现供需水平衡。一方面，充分挖掘现有水源供水能力。通过水源地供水系统升级改造、跨区域水资源联合调度、中水回用、微咸水利用、海水淡化等措施，提高水源供水能力，增加供水量；另一方面，强化水资源刚性约束，抑制不合理用水需求，规范取用水许可管理，严格水资源用途管控，缓解供水压力，实现供需水平衡。

（2）严格控制污水排放量，保护水环境。以水污染防治为首要目标，兼顾污染防治和绿色发展，严格控制污水排放量，提升截污减排能力，可以切实降低进入水体的污染负荷，有效改善水环境质量，缓解水污染问题。统筹采取河道水环境综合整治、地表水与地下水协同防治、城市城镇污水收集处理、农业农村面源污染治理等措施，形成区域水污染联防联控体系，能够对水环境形成系统保护。

（3）提升水灾害防御能力，防治水灾害。水灾害防御是确保人民群众生命财产安全的重要防线。在防洪抗旱控制性工程建设的基础上，提升现有工程体系的洪涝灾害防御标准，提高洪涝调控和旱情控制能力。面向局地暴雨、江河洪水、区域干旱一体化动态预警目标，对多级水灾害监测预警平台进行全面巩固升级。充分利用水利信息化技术，积极发挥水利数字化赋能，提升水灾害防治效率。将流域区域水灾害防御能力提升融入国家和地区水网建设规划布局，充分发挥水网在洪水调蓄和干旱防控中的优势。

（4）加强水工程的科学规划与系统建设。一方面，充分利用重点水源地供水工程、跨流域跨区域引调水工程、大中小微配套区域供水工程、节水灌溉骨干工程等一系列水工程的基础性作用；另一方面，充分利用污水收集和处理工程、再生水回用工程、水环境综合整治工程、农业面源污染治理工程和饮用水水源地保护工程等，解决水污染防治和水环境综合治理难题；再一方面，充分利用大江大河干流堤防工程、流域控制性枢纽工程、区域应急抗旱工程和城市排水防涝工程等水灾害防御工程，系统建设和提升水灾害防御能力。

（5）加强水问题科学研究和关键技术研发。一方面，水问题涉及内容复杂、涵盖领域广泛，需要集成多学科成果，开展重大科技问题研究；另一方面，传统水利技术已经难以满足新时期的治水需求，需要加快水资源系统调配与高效利用、水环境保护与水生态修复、水灾害精准监测与风险防范等关键高新技术研发，积极推动信息科学、人工智能等不同领域前沿技术的转化应用，为重大水问题的联合攻关提供技术支撑。

(6) 进一步完善水资源保障制度体系建设。一方面，在最严格水资源管理制度框架下不断健全水资源刚性约束、建立分区差别化水资源管理制度；另一方面，完善的河湖长制和生态补偿机制能够压实水环境保护主体和属地责任，为水环境问题解决提供制度保障；再一方面，建立并不断深化政府水资源保障责任机制、流域水资源综合管理与协调机制、用水权市场化交易制度以及水利投融资机制等重大机制，配合法规制度建设，形成完善的水资源保障制度体系，为水问题的解决提供制度保障。

第六节　本课程的任务和主要内容安排

本教材可以作为水利水电工程专业核心教材，也可作为水利工程类、土木工程类、资源科学类、地理科学类、环境工程类、市政工程类等专业本科生的课程使用教材。课程任务是：让学生在了解水资源基本概念和知识的基础上，掌握水资源规划及利用的基本知识、基本理论、基本方法，学习水资源评价、水资源规划、水库兴利调节计算、调洪计算、水能计算、水资源利用与保护、水资源管理与运行调度等方面的分析方法以及实际工作方法，以使学生毕业后，经过一段生产实践的锻炼能胜任这方面的工作。通过本课程的学习，培养学生分析问题与解决问题的能力。

课程主要内容分八章安排：第一章绪论，是对水资源基本知识的介绍，是本书的一个铺垫。除第一章外，其余七章按照循序渐进的三部分安排。第一部分包括第二、三章，是对水资源评价和规划的介绍；第二部分包括第四、五、六章，是对水库兴利调节、防洪调节、水能计算三方面具体内容的介绍；第三部分包括第七、八章，是对水资源利用与保护、管理与调度的介绍。本教材基本涵盖了水资源规划及利用的主要内容，各章关联如图1-2所示。

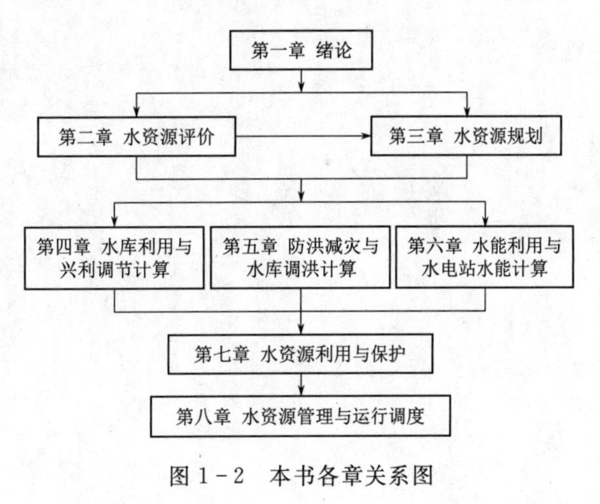

图1-2　本书各章关系图

课程思政教育

(1) 通过本章学习，使学生了解我国水资源的特征、存在的问题以及我国水资源开发利用取得的伟大成就，引导学生在研究问题时要善于抓住主要矛盾，培养学生的文化自信，让学生对水利专业充满自豪和信心。

(2) 通过介绍水资源开发利用问题的解决途径和典型人物、历史事件和现代大型水利工程建设实例，培养学生“牢记国之大者，涵养家国情怀”。

思考题或习题

[1] 水资源的特点有哪些？根据水资源特点，分析保护水资源的重要意义。

[2] 基于水资源转化关系，分析人类活动对水资源系统的作用。

[3] 根据搜索到的我国生活、生产、生态用水量数据，分析我国用水变化趋势。

[4] 总结我国水资源特点，阐述我国基本水情。

[5] 总结我国水资源开发利用带来的主要问题，并根据自己的理解阐述这些问题的解决途径。

[6] (选做) 习题：以“我国水资源开发利用成就及未来发展愿景”为题，写一篇综述性论文。

第二章　水资源评价

水资源评价是水资源工作的重要基础和主要工作内容之一，是开展与水有关活动的基础以及制定供水决策的依据，其目的是摸清水资源“家底”。本章只简要介绍水资源评价的基本知识，详细的评价过程和计算方法需再学习《水资源评价》和《工程水文学》书籍。

第一节　水资源评价的概念及工作基础

一、水资源评价的概念及评价工作总览

我国水资源评价工作起始于20世纪50年代，在当时开展的全国各大流域规划工作中，曾对各流域的河川径流量进行了计算。比较全面系统的全国水文整编资料，是1963年出版的《全国水文图集》一书，该书对全国的降水、河川径流、蒸发、水质、泥沙侵蚀等水文要素的天然情况进行了分析，编制了各种等值线图、分区图表等。20世纪80年代初，我国开展了第一次全国性水资源及其开发利用调查评价工作，限于当时的条件，与水有关的多个部门独立地开展了评价工作，并形成了各自研究报告，没有形成统一的评价成果。2002年，启动了全国水资源综合规划编制工作，这意味着全国第二次水资源评价工作正式拉开序幕，其中，水资源评价是水资源综合规划报告的第一、二部分内容，为后续工作的开展奠定基础。

水资源评价（water resources assessment），是对一个国家或地区的水资源数量、质量、时空分布特征和开发利用情况作出的分析和评估。水资源评价内容包括水资源数量评价、水资源质量评价、水资源开发利用及其影响评价三部分。

为了摸清水资源“家底”，在一定的原则和要求下，基于水资源评价分区，开展水资源数量评价、水资源质量评价、水资源开发利用及其影响评价，并在此基础上进行综合评价，水资源评价工作总览如图2-1所示。

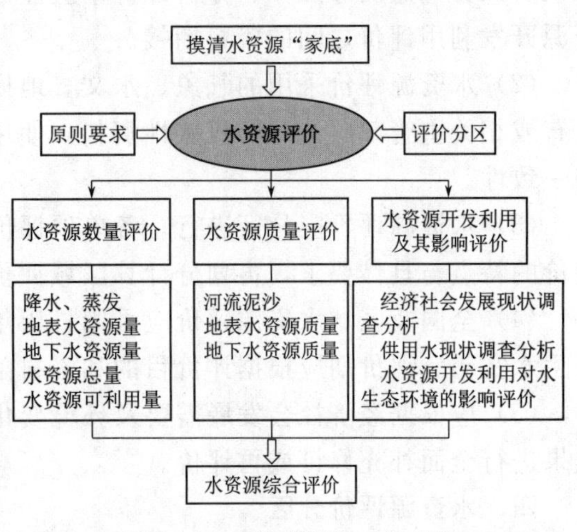

图2-1　水资源评价工作总览

二、水资源评价的意义

（1）水资源评价是合理开发水资源的前提。本国或本地区水资源的“家底”到底如何，需要进行水资源评价，这是对水资源科学认识和合理开发需要了解的最基本信息，包括水源、水资源量、开发利用量、水质和水环境状况等。也只有摸清这些情况，才可能对水资源有比较系统的认识，才可能进行合理开发。因此，开展水资源评价，是科学认识水资源、合理开发水资源的前提和基础工作。

（2）水资源评价是科学规划水资源的基础。为了充分发挥水资源作用，最大可能地减少水害，需要在详细调查的基础上，科学规划水资源开发利用的安排，这其中非常重要的基础条件是摸清水资源状况，利用水资源评价的成果，才能做到有的放矢，做好规划工作。

（3）水资源评价是保护和管理水资源的依据。水资源是人类不可或缺的自然资源，人类必须保护好水资源，让水资源能持续为人类服务。水资源涉及面广，管理工作复杂，需要加强水资源管理，才能兴利去害，持久受益。水资源保护和管理的政策、法规、措施、具体实施方案的制定等，其根本依据仍是水资源评价的成果。

三、水资源评价的技术原则及要求

水资源评价原则：要坚持客观、科学、系统、实用，并应遵循以下技术原则：①地表水与地下水统一评价；②水量水质并重；③水资源可持续利用与经济社会发展和生态系统保护相协调；④全面评价与重点区域评价相结合。

水资源评价工作流程要求：在进行水资源评价时，应制定评价工作大纲，统一技术要求，编写技术细则。技术细则要明确提出工作所需的基础资料和成果，对资料年限、统计口径、适用范围、精确程度等提出技术要求；规范各种图、表具体内容，制作步骤和方法，表示方式与效果；统一规范和规定评价方法。

水资源评价基本要求如下：

（1）水资源评价应以收集、整理、汇总、分析已有资料为主，必要时辅以测绘、勘察、试验、监测等工作。分析评价中应注意水资源数量评价、水资源质量评价及水资源开发利用评价之间的资料衔接。

（2）水资源评价采用的气象、水文、地质、水质、国民经济等基础资料应是正式发布或相关主管部门认可的权威性资料。使用的各项基础资料应具有可靠性、合理性与一致性。

（3）水资源评价应分区进行。各单项评价工作在统一分区的基础上，可根据该项评价的特点与具体要求，再划分计算区域评价单元。

（4）全国及区域水资源评价应采用日历年，专项工作中的水资源评价可根据需要采用水文年。评价期应根据评价目的和资料条件综合确定。

（5）应根据经济社会发展需要及环境变化情况，每隔一定时期对前次水资源评价成果进行全面补充修订或再评价。

四、水资源评价分区

为了反映水资源空间上的差异，分析各区域水资源的数量、质量及其年际、年内变化规律，提高水资源评价的计算精度，在水资源评价中应对所研究的区域，依据一定的原则和计算要求进行分区，即水资源评价应分区进行。水资源数量评价、水资源质量评价和水资源开发利用及其影响评价均应使用统一分区。各单项评价工作在统一分区的基础上，可根据该项评价的特点与具体要求，再进一步划分评价单元或基本评价单元。

1. 分区原则

（1）水文气象特征和自然地理条件相近，基本上能反映水资源的地区差别。

（2）尽可能保持河流水系的完整性。为便于水资源量的计算及应用，对大江大河进行分段，自然地理条件相近的小河可适当合并。

（3）结合流域规划、水资源合理利用和供需平衡分析及总水资源量的估算要求，兼顾水资源开发利用方向，保持供排水系统的连贯性。

2. 分区方法

为了提高水资源评价结果的精度，需要对评价区进一步划分更小的计算单元，即水资源分区。水资源分区有按流域水系分区和行政分区两种方法。采用哪种方法分区，应根据水资源评价成果汇总要求和水资源量分析计算条件及要求而定。一般在山丘区应按流域水系分区，平原区可按排水系统结合供需平衡情况分区。各行政区水资源评价，可结合供需平衡兼顾水资源开发利用，按行政区划划分。

全国性水资源评价要求进行一级流域分区和二级流域分区；区域性水资源评价可在二级流域分区的基础上，进一步分出三级流域分区和四级流域分区。另外，水资源评价还应按行政区划进行行政分区，全国性水资源评价的行政分区要求按省（自治区、直辖市）和地区（市、自治州、盟）两级划分；区域性水资源评价的行政分区可按省（自治区、直辖市）、地区（市、自治州、盟）和县（市、自治县、旗、区）三级划分。

在 2002 年开始的全国水资源综合规划工作中，按流域水系共划分了 10 个水资源一级区，即：①松花江区，包括松花江流域以及黑龙江、乌苏里江、图们江、绥芬河等国际河流中国境内部分；②辽河区，包括辽河流域、辽宁沿海诸河以及鸭绿江中国境内部分；③海河区，包括海河流域、滦河流域及冀东沿海区；④黄河区；⑤淮河区，包括淮河流域及山东半岛沿海诸河；⑥长江区，含太湖流域；⑦东南诸河区；⑧珠江区，包括珠江流域、华南沿海诸河、海南岛及南海各岛诸河；⑨西南诸河区，包括红河、澜沧江、怒江、伊洛瓦底江、雅鲁藏布江等国际河流中国境内部分以及藏南、藏西诸河；⑩西北诸河区，包括塔里木河等西北内陆河以及额尔齐斯河、伊犁河等国际河流中国境内部分。

第二节 水资源数量评价

水资源数量评价，主要包括地表水资源量计算、地下水资源量计算、水资源总量计算以及水资源可利用量计算。在进行水资源量计算时，在有条件的地区，还应进行相关数据的收集与计算，如降水量、蒸发量的分析计算。

一、降水

降水是水循环的重要环节，是陆地上各种水体的直接或间接补给源，降水量与降水特征对各种水体的水文规律和水资源特征研究具有重要作用。

（一）一般要求

在水资源分区确定之后，需对分区内年降水量特征值、地区分布、年内分配和多年变化进行分析研究，并编制相应的图表，包括：雨量站分布图、多年平均年降水量等值线图、多年降水量变差系数 C_v 值等值线图、多年降水量偏差系数 C_s 与变差系数 C_v 比值分区图、同步期降水量等值线图、多年平均连续最大 4 个月降水量占全年降水量百分率图、主要测站典型年降水量月分配表等。

降水评价内容应包括单站降水量分析和分区降水量分析，应采用雨量观测站的观测资料进行降水量评价。对于缺资料地区，可采用校验后的数值天气模式、遥感卫星等气象产品，辅助开展降水量评价。

（二）测站和资料选用要求

降水资料的收集主要是通过水文气象部门的水文站、雨量站、气象站等观测获取。近年来随着雷达探测、气象卫星云图等高新技术的发展，降水资料的获取途径也有了更进一步的发展。在实施水资源评价时，测站和资料选用应符合下列要求：

（1）选用的雨量观测站，其资料质量较好、系列较长、面上分布较均匀。在降水量变化梯度大的地区，选用的站要适当加密，同时应满足分区计算的要求。

（2）计算评价分区降水量和分析其空间分布特征时，应采用同步资料系列；分析降水的时间变化规律时，应采用尽可能长的资料系列。

（3）资料系列长度的选定，既要考虑评价分区大多数测站的观测年数，避免过多地插补延长，又要兼顾系列的代表性和一致性，并做到降水系列与径流系列同步。

（4）选定的资料系列有缺测或不足的年、月降水量，应根据具体情况采用多种方法插补或延长，经合理性分析后确定采用值。

（三）单站降水量分析

单站降水量分析的主要内容是对已被选用测站的降水资料分别进行插补延长、系列代表性分析和统计参数分析，应包括下列内容：

（1）对选用的雨量观测站，计算单站的历年逐月降水量，统计分析多年平均及不同频率的年降水量和逐月分配、逐年连续降水量最大的 4 个月及其发生的月份、多年平均连续降水量最大的 4 个月及其占多年平均年降水量的百分数和发生的月份、最大和最小年降水量及其发生的年份。

（2）在选定的同步期，分析单站降水量的丰、平、枯周期以及连丰连枯状况、年极值比、年变差系数 C_v 值，并综合分析单站所反映的降水量年内分配及多年变化特征。

（3）在各评价分区分别选取资料系列尽可能长的作为雨量观测站，分析单站长系列降水量的丰、平、枯周期以及连丰连枯状况、年极值比、年变差系数 C_v 值，并与其在同步期的相关统计分析结果逐一对比，评价降水量同步系列的代表性。

(4) 基于单站降水量成果，绘制评价分区同步期多年平均年降水量（以深度表示）等值线图、评价分区年降水量变差系数 C_v 值等值线图，并分析降水量空间分布特征。

(四) 分区降水量分析

由单站观测的降水量，只代表流域中某点或小范围的降水情况，而在水资源评价时，需要计算全流域（或区域）的平均降水量以及分区降水量，应包括下列内容：

(1) 在单站降水量分析成果的基础上，可采用等值线量算法、面积加权法等方法，分析计算各评价分区和全评价区同步期逐年、多年平均及不同频率的年降水量。

(2) 当评价分区的选用雨量观测站较密且分布较均匀时，可绘制评价分区在同步期的逐年年降水量等值线图，并据此量算各评价分区和全评价区逐年年降水量，分析计算多年平均及不同频率的年降水量。

(3) 基于评价分区降水量成果，分析降水量时空分布特征和演变趋势。

二、蒸发

蒸发也是水循环中的重要环节之一，在研究某一流域（或区域）的水量平衡、热量平衡、水资源量估算中起到重要作用。自然界蒸发面的形态各种各样，因此蒸发的形式也有所不同，如水面蒸发、土壤蒸发、植被蒸腾等。蒸发评价内容应包括水面蒸发量分析和干旱指数分析。

(一) 水面蒸发

影响水面蒸发的因素主要有两类：一是气象因素，如气压、温度、风速、湿度、降水等；二是自然地理因素，如水质、水深、水面和地形等。一般冷湿地区水面蒸发量小，干燥、气温高的地区水面蒸发量大，高山区水面蒸发量小，平原区水面蒸发量大。

水面蒸发量分析应符合下列要求：

(1) 选取资料质量较好、面上分布均匀且观测年数较长的蒸发站作为统计分析的依据，选取的测站应尽量与降水选用站相同。不同型号蒸发器皿的观测值，应采用折算系数统一换算为 E601B 型蒸发器的蒸发量。折算系数可根据当地或气候条件相似的邻近地区不同型号蒸发器皿的对比观测资料求得，并经统一协调、核定后确定。

(2) 各选用蒸发站观测资料系列应尽可能同步。选定的资料系列有缺测或系列长度不足的，应进行插补或延长，经合理性分析后确定采用值。

(3) 对选用的蒸发站，在选定的同步期计算单站历年逐月水面蒸发量，统计分析多年平均年水面蒸发量及逐月分配、最大和最小年水面蒸发量及其发生的年份，分析单站水面蒸发量的年极值比、变差系数 C_v 值，并综合分析单站所反映的水面蒸发量年内分配及多年变化特征。

(4) 基于单站水面蒸发量成果，绘制评价分区同步期多年平均年水面蒸发量等值线图，并分析水面蒸发量空间分布特征。

(5) 可采用等值线量算法、面积加权法等计算方法，计算各评价分区和全评价区多年平均年水面蒸发量。

(二) 土壤、植被蒸发以及区域总蒸发

土壤蒸发取决于两个条件：一是土壤蒸发能力；二是土壤的供水条件。影响土壤蒸发能力的因素是一系列气象因子，如温度、湿度、风速等；影响土壤供水条件的因素有土壤含水量、土壤孔隙性、地下水位的高低和温度、梯度等。

植物蒸腾是植物根系从土壤中吸收水分，通过叶面、枝干蒸发到大气中的一种生理过程，可以在一个生长植物的容器内进行观测，测量时将土壤表面密封以防止土壤蒸发损失水分，通过定时对植物及容器进行称重，来测定各个时段植物的蒸发量。

植物蒸腾强度与土壤湿度、温度、光照等密切相关，尤其是土壤含水量。天然情况下，同一区域的温度、光照基本一致，植物的蒸腾过程与土壤的蒸发过程很相似，因此，常常与土壤蒸发一起计算，两者统称为陆面蒸发。

区域总蒸发包括水面、土壤、植被和其他方面的蒸发和蒸腾。一个地区只要气候条件一致，水面蒸发将大致相同，而土壤蒸发、植物蒸腾和其他方面的蒸发则受土壤条件及植被状况的影响。由于土壤条件及植被状况在流域内各处都不一样，要直接测出一个流域的总蒸发量几乎是不可能的，比较可行的是对全区进行综合研究，再应用水量平衡法、经验公式法等来进行计算。

(三) 干旱指数

干旱指数为年蒸发能力与年降水量的比值，是反映气候干湿程度的指标，即

$$\gamma = E/P$$

式中：γ 为干旱指数；E 为某一地区的年蒸发能力，可近似用水面蒸发量代替；P 为当地的年降水量。

γ 是衡量一个地区干旱程度的重要参数，表示某一特定地区的湿润和干旱的程度。$\gamma > 1.0$，表明蒸发量大于降水量，γ 值越大，干旱程度就越严重。

干旱指数分析应符合下列要求：

(1) 干旱指数采用同步期多年平均年水面蒸发量与年降水量的比值计算。

(2) 应绘制评价分区同步期多年平均年干旱指数等值线图。

(3) 应对多年平均年干旱指数空间分布特征进行评价。

三、地表水资源

地表水资源评价，主要以河流、湖泊、水库等水体作为评价对象。其评价内容主要包括单站天然河川径流分析计算和分区地表水资源量分析计算，在一些特殊地区还要进行入境、出境、入海水量计算和人类活动对河川径流的影响分析。对于一个流域来说，河川径流量就是全流域可能被利用的地表水资源量。

(一) 单站天然河川径流

河川径流分析计算主要是对研究区的年径流特征值、地区分布、年内分配和多年

变化进行分析计算。

单站河川径流资料应符合下列要求：

(1) 凡观测资料质量较好、观测系列较长的水文站，包括各类流量测验精度的国家基本水文站、专用水文站和委托站，均可作为选用水文站，其中，大江大河及其一级支流的控制站、中等河流代表站和水利工程节点站为必选站。

(2) 当选用水文站的河川径流量系列有缺测或系列长度不足时，应进行插补或延长，并经合理性分析后参与统计分析。

(3) 河川径流量系列应与降水量系列同步。

(4) 为评价河川径流量同步系列的代表性和一致性，以及河川径流量的多年变化特征，每个评价分区宜至少选用一个包含同步期、且观测资料系列尽可能长的长系列水文站。

单站天然河川径流量统计分析应包括下列内容：

(1) 对于控制面积内不存在蓄水、引水、提水及河道分洪或堤防决口的水文站，实测河川径流量为天然河川径流量；对于控制面积内存在蓄水、引水、提水及分洪或决口的水文站，应对逐月、逐年的实测河川径流量进行还原计算。

(2) 在选用水文站还原计算的基础上，对其同步期逐年天然河川径流量进行系列一致性分析。对于年降水与径流关系无显著变化的选用水文站，可直接参与单站天然河川径流量统计分析；对于年降水一径流关系呈显著变化的选用水文站，对该站的天然河川径流量系列进行一致性修正，修正后可参与单站天然河川径流量统计分析。

(3) 对选用的水文站，计算单站的历年逐月天然河川径流量，统计分析多年平均及不同频率的天然河川年径流量、逐年连续天然河川径流量最大的四个月及其发生的月份、多年平均连续天然河川径流量最大的四个月及其占多年平均天然年河川径流量的百分数和发生的月份、最大和最小天然河川年径流量及其发生的年份。

(4) 在选定的同步期，分析单站天然河川径流量的丰、平、枯周期以及连丰连枯状况、年极值比、年变差系数 C_v 值、多年平均年径流系数。

(5) 在各评价分区分别选取观测资料系列尽可能长的选用水文站，分析单站长系列天然河川径流量的丰、平、枯周期以及连丰连枯状况、年极值比、年变差系数 C_v 值、多年平均年径流系数，并与其在同步期的相关统计分析结果逐一对比，评价天然河川径流量同步系列的代表性。

(6) 基于单站天然河川径流量结果，绘制评价分区同步期天然河川多年平均年径流量（以深度表示）等值线图。

(7) 根据各选用水文站同步资料系列以及各长系列选用水文站尽可能长的资料系列统计分析成果，分析评价分区天然河川径流量的时空分布特征和年际变化规律；根据大江大河及其一级支流控制站天然河川径流量统计分析成果，分析各大江大河及其一级支流天然河川径流量的时空变化特征。

(二) 河川径流还原计算

在未受到或极少受到人类活动干扰的情况下，河川保持其原有的天然径流状态，但在受到人类活动影响之后，流域自然地理条件发生了变化，影响到地表水的产流、汇流过程，从而影响径流在空间和时间上的变化，使水文测站实测水文资料不能真实地反映地表径流的固有规律。因此，为使河川径流计算成果基本上反映天然状态，并使资料系列具有一致性，对水文测站以上受水利工程等影响而减少或增加的水量应进行还原计算。还原计算应采用调查和分析计算相结合的方法，并尽量搜集历年逐月用水资料，如确有困难，可按用水的不同发展阶段，选择丰、平、枯典型年份，调查其年用水量和年内变化情势。

需要对还原计算水量的合理性进行分析：

(1) 对于工农业、城市用水定额和实耗水量的计算，要结合工农业特点、发展情况、气候、土壤、灌溉方式等因素，进行部门之间、地区之间和年际之间的比较，以检查其合理性。

(2) 还原计算后的年径流量应进行上下游、干支流、地区之间的综合平衡，以分析其合理性。

(3) 对还原计算前后的降水一径流关系，进行对比分析。

(三) 分区地表水资源量

以上所述的单站天然河川径流分析计算成果，代表了径流站以上汇水区域的地表水资源量，而计算区域往往不恰好是一个径流站的汇水区域，即计算区域是非完整流域，一般是包含一个或几个不完整水系的特定行政区，所以，分区地表水资源量的计算方法与单站径流量的分析计算有所不同，但前者是以后者为基础。

分区地表水资源量分析计算应包括下列内容：

(1) 以天然河川径流量作为地表水资源量，分析计算各评价分区和全评价区同步期逐年、多年平均及不同频率的地表水资源量。

(2) 根据评价分区内水文站分布情况，可进一步划分若干基本评价单元，并以大江大河一级支流控制水文站和中等河流控制水文站作为骨干站点。当评价分区或基本评价单元内河流有水文站控制时，可根据控制水文站的逐年天然河川年径流量，按照面积比或降水量比修正为该评价分区或基本评价单元的逐年地表水资源量。当评价分区或基本评价单元内没有水文站控制时，可利用水文模型或自然地理特征相似地区的降水-径流关系，由降水系列推求径流系列，得到评价分区或基本评价单元的逐年地表水资源量，也可通过绘制逐年年天然河川径流量（以深度表示）等值线图，并据此量算各评价分区和全评价区的逐年地表水资源量，经合理性分析后采用。

(3) 计算各评价分区及全评价区同步期逐年、多年平均及不同频率的地表水资源量，分析地表水资源量的时空分布特征和演变趋势。

(四) 地表水资源量计算方法

根据区域的气候及下垫面条件，综合考虑气象、水文站点的分布、实测资料年限及质量等情况，选择合适的方法，常用的方法有：代表站法、等值线图法、年降水径流关系法和水文比拟法。

针对实际情况可选用不同方法来计算分区年径流量系列：当区内河流有水文站控制时，根据控制站天然年径流量系列，按面积比修正为该地区年径流系列；在没有测站控制的地区，可利用水文模型或自然地理特征相似地区的降水—径流关系，由降水系列推求径流系列；还可通过绘制年径流深等值线图，从图上量算分区年径流量系列，经合理性分析后采用。在求得年径流系列的基础上进行分区地表水资源量的计算。

在进行水资源评价时大多是以行政区域为计算单元来开展工作的。由于一个行政区域内可能包括闭合流域，也可能包括某流域的部分区间，有山丘区，也有平原区，因此一个行政区水资源评价比单一的小流域更为复杂。

分区地表水资源量计算的主要内容包括：分区多年平均年径流量；不同设计保证率的分区年径流量；不同设计典型年分区年径流量的年内分配；分区年径流的空间分布。

区域地表水资源量的汇总。先估算出各计算单元和区间的地表水资源量，再向高一级水资源分区汇总，即分析估算更大区域的地表水资源量，最后汇总到各水资源一级分区。在一个较大的区域内，各个计算单元同一年出现的年径流量（或年降水量）在各自的系列中占有的经验频率往往是不同的，即各个单元具有相同频率的年径流量不大可能在同一年发生，因此，不能把各个单元同频率的年径流量相加作为整个地区这一频率的年径流量。

四、地下水资源

地下水资源量是指地下水体中参与水循环且可以逐年更新的动态水量，要求对浅层地下水资源量及其时空分布特征进行全面评价。地下水资源评价内容应包括补给量、排泄量的计算和时空分布特征分析。

（一）资料的收集

地下水资源评价应在获取评价分区下列资料的基础上进行：

(1) 地形地貌、地质、地质构造及水文地质条件。

(2) 降水量、蒸发量、河川径流量。

(3) 灌溉引水量、灌溉定额、灌溉面积、开采井数、单井出水量、地下水实际开采量、地下水动态、地下水水质。

(4) 包气带及含水层的岩性、层位、厚度及水文地质参数，岩溶地下水分布区还应有岩溶分布范围、岩溶发育程度。

（二）地下水资源评价分区及单元的划分

地下水资源评价，首先应按一般水资源评价分区的要求，在此基础上再根据地下水特点划分类型区，还应划分地下水资源评价单元，在评价单元上进行评价。除按一般水资源评价分区外，还必须按下列要求划分类型区：

(1) 根据区域地形、地貌特征，评价区划分为平原区、山丘区两类Ⅰ级类型区。

(2) 根据次级地形地貌特征、地层岩性及地下水类型，将平原区划分为一般平原区、山间平原区（包括山间盆地平原、山间河谷平原和黄土台塬区）、内陆盆地平原区以及沙漠区（包括沙漠和沙地）四类Ⅱ级类型区；将山丘区划分为一般山丘区和岩溶山区两类Ⅱ级类型区。

(3) 根据地下水的矿化度，可将各Ⅱ级类型区划分为淡水区、微咸水区、咸水区，即Ⅱ级类型亚区。

地下水资源评价单元的划分应符合下列规定：

(1) 在Ⅱ级类型区或Ⅱ级类型亚区的基础上，应进一步划分评价单元。

(2) 平原区应根据微地形地貌以及水文地质条件，浅层地下水含水层底板以上包气带、各含水层和弱透水层的垂向分布状况、厚度及岩性特征，划分出若干个水文地质单元，为平原区评价单元。

(3) 山丘区可根据评价需要，按集水面积划分出若干水文地质单元，为山丘区评价单元。

(三) 地下水资源评价要求

地下水资源评价应符合下列要求：

(1) 根据水文气象条件、地下水埋深、含水层和隔水层岩性、灌溉定额等资料的综合分析，正确确定地下水资源数量评价中所必需的水文地质参数，主要包括：给水度、降水入渗补给系数、潜水蒸发系数、河道渗漏补给系数、渠系渗漏补给系数、渠灌田间入渗补给系数、井灌回归补给系数、渗透系数等。

(2) 地下水资源数量评价的评价期宜选择反映最新下垫面条件下的多年系列，也可与地表水资源数量评价的评价期同步，应进行多年平均地下水资源数量评价。

(3) 地下水资源数量按评价单元进行计算，并要求分别汇总至水资源分区和行政分区地下水资源数量。

应分析人类活动对地下水资源各项补给量、排泄量的影响，并提出相应的增减水量。

(四) 地下水资源评价计算

1. 平原区地下水资源数量评价

平原区地下水资源数量评价应分别计算评价期的补给量、排泄量及地下水蓄变量，并进行水均衡分析，基本要求如下：

(1) 地下水补给量应包括降水入渗补给量、山前侧向补给量、地表水体补给量（含河道渗漏补给量、湖库渗漏补给量、渠系渗漏补给量、渠灌田间入渗补给量和以地表水为水源的人工回灌补给量）、井灌回归补给量和其他补给量。其他补给量包括城镇管网漏损补给量、非地表水源的人工回灌补给量，沙漠区还应包括凝结水补给量。各项补给量之和为总补给量，其中，由山丘区河川基流量形成的地表水体补给量应单独计算。

(2) 地下水排泄量应包括地下水开采量、潜水蒸发量、河道排泄量、侧向流出量、湖库排泄量和其他排泄量。其他排泄量包括矿坑排水量、基坑降水排水量等。各项排泄量之和为总排泄量，其中，由降水入渗补给量形成的河道和湖库排泄量应单独计算。

（3）地下水蓄变量为评价期末地下水储存量与期初地下水储存量之差。

（4）选择评价期各项补给量、排泄量及地下水蓄变量的计算方法。

（5）应进行水均衡分析，计算相对均衡差，以校验各项补给量、排泄量及地下水蓄变量计算成果的可靠性。

（6）平原区评价期多年平均地下水总补给量扣除井灌回归补给量为平原区地下水资源量。

平原区地下水总补给量计算包括：降雨入渗、山前侧渗、河道渗漏、渠系渗漏、田间回归和越流补给等项补给量计算，其中，降雨入渗量可采用降雨入渗系数计算，山前侧渗量可采用达西定律计算，河道渗漏量可采用渗漏系数计算，渠系渗漏量可采用渠系渗漏补给系数计算，田间回归补给量可采用回归补给系数计算，越流补给量按照达西定律和越流系数计算。以上六项补给量加起来即为平原地区地下水总补给量，也就是地下水在计算时段内的总收入量。

平原区地下水排泄量计算包括：泉水出露、侧向流出、河道排泄、人工开采和潜水蒸发等项排泄量计算，其中，泉水出露排泄量可通过实测求得，侧向流出和河道排泄量可用达西公式计算；人工开采量包括工业、生活和农业用水开采量，工业和生活用水一般都装有水表计量，农业用水量一般通过调查、统计来估算；潜水蒸发量可采用潜水蒸发系数计算。

2. 山丘区地下水资源数量评价

山丘区地下水主要靠降雨入渗补给，由于山丘区水文地质条件复杂，观测孔少和观测资料有限，很难较正确地估算补给量。通常，根据均衡原理，计算总排泄量来代替总补给量。

山丘区地下水排泄量包括天然河川基流量、地下水开采净消耗量、潜水蒸发量、山前侧向流出量、山前泉水溢出量和其他排泄量。其他排泄量包括矿坑排水净消耗量。各项排泄量之和为总排泄量，即为山丘区地下水资源量。

其中，天然河川基流量是山丘区地下水主要排泄量，可以通过分割流量过程线的方法求得；地下水开采净消耗量是由人工开采的量，包括工业用水、农业用水和生活用水，通常采用实测和调查统计获得；潜水蒸发量可按照一般潜水蒸发量计算方法；山前侧向流出量就是平原区的山前侧向补给量；山前泉水溢出量主要通过调查统计和实测而获得。

3. 山丘区和平原区组成的评价区

由山丘区和平原区组成的评价区，其地下水资源量采用平原区与山丘区的地下水资源量相加，再扣除两者间重复计算量的方法计算。重复计算量包括地下水内部、地下水与地表水之间两部分。

地下水内部重复计算量包括井灌回归补给量和山前侧向补给量。井灌回归补给量实际上是重复利用水量。山前侧向补给量是重复计算二次的量。山丘区水量平衡计算时，被作为排泄项计入山丘区总排泄量；平原区水量平衡计算时，则以收入项计入平原总补给量之中，所以，当需要评价山丘区和平原区的总水资源量时，此项必须从山丘区或平原区中扣掉一次。

地下水与地表水之间的重复计算量包括山丘区河川基流、河道渗漏、渠系渗漏和渠灌田间回归4项。河川基流量属山丘区和平原区重复计算量，在山丘区计算时作为山丘区排泄量计入其中，在平原区计算时又作为平原径流量计入地表水之中，因此在计算水资源总量时应扣掉一次。后三项属平原区地表水、地下水之间的重复量，在计算水资源总量时，也应从其中扣掉一次。

4. 地下水资源评价汇总

地下水补给、排泄资料往往不完整、不系统，难以取得较完整的、长系列的逐年地下水补给量或排泄量，这种情况下可只推求多年平均的地下水补给量或排泄量，作为多年平均地下水资源量。在资料充分时，应分别计算逐年地下水补给量或排泄量，然后采用统计分析方法推求多年平均地下水资源量以及不同保证率的地下水资源量。

当评价区域范围较大，按地形地貌及水文地质条件可划分为多个计算单元，分单元计算、统计地下水资源量，以充分反映地下水资源的空间分布。

五、水资源总量

(一) 基本要求

(1) 水资源总量评价应在完成地表水资源量和地下水资源量评价、分析地表水和地下水之间相互转化关系的基础上进行。

(2) 根据评价分区的具体情况，利用地表水资源量和地下水资源量分析计算的有关成果，计算水资源总量。水资源总量可由地表水资源量加上地下水与地表水资源的不重复量求得。

(3) 计算评价分区和全评价区同步期逐年、多年平均及不同频率水资源总量，分析水资源总量的时空分布特征和演变趋势。

(4) 根据降水量、地表径流量、降水入渗补给量、水资源总量和计算面积，计算径流系数、降水入渗补给系数、产水系数和产水模数，并结合降水量和下垫面因素的地带性规律，分析各系数、模数的地区分布情况，检查水资源总量计算成果的合理性。

(二) 水资源总量计算方法

在水资源总量计算中，由于地表水和地下水相互联系和相互转化，使河川径流量中包含了一部分地下水排泄量，而地下水补给量中又有一部分来自于地表水体的入渗，故不能将地表水资源量和地下水资源量直接相加作为水资源总量，而应扣除两者之间相互转化的重复水量，即

$$W = R + Q - D$$

式中：W 为水资源总量；R 为地表水资源量；Q 为地下水资源量；D 为地表水和地

下水相互转化的重复水量。

由于重复水量 D 的确定方法因评价区的类型不同而各异，故水资源总量的计算方法也有所不同。

(1) 单一山丘区水资源总量的计算一般包括：山丘区、岩溶山区、黄土高原丘陵沟壑区。地表水资源量为当地河川径流量，地下水资源量按排泄量来计算，地表水和地下水相互转化的重复水量为河川基流量。当地的水资源总量 W 为

$$W = R_m + Q_m - R_{gm}$$

式中：R_m 为山丘区河川径流量；Q_m 为山丘区地下水资源量；R_{gm} 为山丘区河川基流量。

(2) 单一平原区水资源总量的计算一般包括：北方平原区、沙漠区、内陆闭合盆地平原区、山间盆地平原区、山间河谷平原区、黄土高原台塬阶地区。平原区的地表水资源量为当地河川径流量。地下水除由当地降水入渗补给外，一般还有外区（主要是上游山丘区）的侧渗流入补给、平原区地表水渗漏补给、越流补给等。地表水和地下水相互转化的重复水量有地表水渗漏补给量、平原区河川基流量和侧渗流入补给量。当地的水资源总量 W 为

$$W = R_p + Q_p - (Q_{表补} + Q_k + R_{gp})$$

式中：R_p 为平原区河川径流量；Q_p 为平原区地下水资源量；$Q_{表补}$ 为地表水渗漏补给量，由河道、湖泊、水库等地表水体渗漏补给量 $Q_{水}$、渠系渗漏补给量 $Q_{渠}$、田间回归量 $Q_{田}$ 组成；Q_k 为侧渗流入补给量；R_{gp} 为平原区降水形成的河川基流量。

(3) 多种地貌类型的混合区：在计算全区地下水资源量时，应先扣除山丘区地下水和平原区地下水之间的重复量，这个重复量由两部分组成，一是山前侧渗流入补给量；二是山丘区河川基流对平原区地下水的补给量，后者与河川径流的开发利用情况有关，较难准确计算，一般用平原区地下水的地表水体渗漏补给量乘以山丘区基流量与河川径流量之比 k 来估算。当地的地下水资源量 W_g 按下式计算：

$$W_g = Q_m + Q_p - (Q_k + kQ_s)$$

式中：Q_m 为山丘区地下水资源量；Q_p 为平原区地下水资源量；Q_k 为山前侧渗流入补给量；Q_s 为地表水对平原区地下水的补给量；k 为山丘区河川基流量 R_{gm} 与河川径流量 R_m 的比值。

由于在计算地下水资源量时已扣除了一部分重复量，因此，地表水资源量和地下水资源量之间的重复量 D 为

$$D = R_{gm} + R_{gp} + (1 - k)Q_s$$

式中：R_{gm} 为山丘区河川基流量；R_{gp} 为平原区降水形成的河川基流量；其他符号意义同前。

(4) 全区水资源总量 W 按下式计算：

$$W = R + Q - [R_{gm} + R_{gp} + (1 - k)Q_s]$$

式中：R 为全区河川径流量；Q 为全区地下水资源量；其他符号意义同前。

六、水资源可利用量

（一）水资源可利用量的概念及评价内容

水资源可利用量是指在可预见的时期内，在统筹考虑生活、生产和生态用水的基础上，通过经济合理、技术可行的措施在当地水资源量中可一次性利用的最大水量。

水资源可利用量评价应以独立流域为单元，仅分析估算多年平均值，包括下列内容：

（1）收集地表水资源和水资源总量逐月系列资料及水资源开发利用和水资源调控能力与状况等资料。

（2）地表水资源可利用量计算。

（3）地下水可开采量计算。

（4）水资源可利用总量计算。

（二）地表水资源可利用量

地表水资源可利用量按地表水资源量扣除河道内基本生态环境需水量和汛期难以控制利用的下泄洪水量计算。计算式为

$$W_{su}=W_q-W_e-W_f$$

式中：W_{su} 为地表水资源可利用量；W_q 为地表水资源量；W_e 为河道内最小生态需水量；W_f 为汛期洪水弃水量。

（三）地下水可开采量

地下水可开采量一般以水均衡法为主要方法、以实际开采量调查法和可开采系数法为参考方法评价地下水可开采量，有条件地区也可以选取数值计算法、多年调节计算法等其他计算方法评价地下水可开采量。多年平均年地下水可开采量一般不大于多年平均年地下水资源量。应绘制平原区地下水可开采量模数分区图。

（四）水资源可利用总量

水资源可利用总量应分析地表水与地下水的关系，对地表水和地下水统一计算，可由流域的地表水资源可利用量与平原区浅层地下水可开采量相加，扣除二者重复计算水量求得。

水资源可利用总量是流域水资源开发利用可消耗量的上限，宜结合流域水资源条件、紧缺状况和承载能力及水资源开发利用调控能力评价，对流域水资源可利用总量进行合理性分析。

水资源可利用总量的计算公式为

$$W_u=W_{su}+W_{gu}-Q_{gr}-Q_c$$

式中：W_u 为水资源可利用总量；W_{su} 为地表水资源可利用量；W_{gu} 为地下水可开采量；Q_{gr} 为地下水可开采量本身的重复利用量；Q_c 为地表水资源可利用量与地下水可开采量之间的重复利用量。

【例题 2－1】已知某地区某一年的下列数据（表 2－1），试计算其分区和全区的水资源总量、产水系数、干旱指数，并填入表中。

表 2-1　　　　某年分区水资源量计算已知数据表

分区	面积/km^2	降水量/mm	水面蒸发量/mm	地表水资源量/万方	地下水资源量/万方	地表水地下水重复量/万方	水资源总量/万方	产水系数	干旱指数
分区 1	978.0	688.0	1235.1	9669.0	11050.9	1651.6			
分区 2	992.6	625.9	1178.2	8145.6	10274.4	2813.0			
分区 3	873.0	662.0	1236.3	7743.9	7096.5	2356.4			
分区 4	1393.0	606.1	1176.8	10669.4	19851.0	5293.6			
全区总	4236.6								

解：

（1）全区总降水量、总水面蒸发量计算：应是按照面积加权平均，而不是直接平均，计算得到全区总降水量为641.2mm，全区总水面蒸发量为1202.8mm。

（2）水资源总量＝地表水资源量＋地下水资源量－地表水地下水重复量

（3）产水系数＝水资源总量/总降水量；总降水量（万方）＝降水量（mm）×面积（km^2）/10

（4）干旱指数＝年水面蒸发量/年降水量

计算结果见表2-2。

表 2-2　　　　某年分区水资源量计算结果一览表

分区	面积/km^2	降水量/mm	水面蒸发量/mm	地表水资源量/万方	地下水资源量/万方	地表水地下水重复量/万方	水资源总量/万方	产水系数	干旱指数
分区 1	978.0	688.0	1235.1	9669.0	11050.9	1651.6	19068.3	0.28	1.80
分区 2	992.6	625.9	1178.2	8145.6	10274.4	2813.0	15607.0	0.25	1.88
分区 3	873.0	662.0	1236.3	7743.9	7096.5	2356.4	12484.0	0.22	1.87
分区 4	1393.0	606.1	1176.8	10669.4	19851.0	5293.6	25226.8	0.30	1.94
全区总	4236.6	641.2	1202.8	36227.9	48272.8	12114.6	72386.1	0.27	1.88

第三节　水资源质量评价

水资源质量评价，就是根据评价目的、水体用途、水质特性，选用相关参数和相应的国家、行业或地方水质标准对水资源质量进行评价。

一、河流泥沙

河流泥沙是反映河川径流质量的重要指标。河流泥沙分析计算内容应包括河流输沙量、含沙量及其时程分配和地区分布。河流泥沙分析计算应符合下列要求：

（1）资料系列较长的河流泥沙站，均可选为河流输沙量与含沙量分析的选用站，并应采用与径流同步的泥沙资料系列，缺测和不足的资料应予以插补延长。

（2）选用站以上引出或引入水量和分洪、决口水量中挟带的河流泥沙，以及选用站以上蓄水工程中淤积的河流泥沙，均应在选用站实测资料中进行修正。

（3）计算中小集水面积选用站的多年平均年输沙模数，绘制评价区的多年平均年输沙模数分区图，并用主要河流控制站的多年平均年输沙量实测值与输沙模数图量算值核对。

（4）对主要站不同典型年的河流输沙量、含沙量的年内分配地区分布特征进行分析。

二、地表水资源质量

地表水资源质量评价内容应包括地表水天然水化学特征分析、地表水水质现状评价、湖库营养状态评价、集中式生活饮用水地表水源地水质评价和地表水水质变化趋势分析。

1. 地表水天然水化学特征分析

地表水天然水化学特征分析应符合下列要求：

（1）地表水天然水化学特征分析内容应包括矿化度、总硬度、水化学类型及地区分布，水化学成分的年内、年际变化，河流离子径流量（包括入海、出境、入境离子径流量），河流离子径流模数及地区分布。

（2）地表水天然化学特征分析项目应选取 pH 值、矿化度、总硬度、钾、钠、钙、镁、硫酸盐、硝酸盐、碳酸盐、氯化物等，有条件的地区可根据本地区的水质及水文地质特征增加必要的项目。

（3）具有长系列观测资料的地表水化学监测站可作为选用站，缺测和不足的资料应予以补充。

（4）选择矿化度、总硬度和水化学类型的分类方法、水化学特征值计算、分区图的绘制方法。

2. 地表水水质现状评价

地表水水质现状评价应符合下列要求：

（1）大江、大河的水质类别评价应划分成中泓水域、岸边水域分别评价。

（2）应对地表水水质类别的时空变化及地区分布特征进行描述。

（3）评价项目应包括《地表水环境质量标准》（GB 3838—2002）规定的基本项目（表 2-3），其中水温、总氮和粪大肠菌群可作为参考项目单独评价。

表 2-3　《地表水环境质量标准》基本项目及标准值　　单位：mg/L

序号	项　目	Ⅰ类	Ⅱ类	Ⅲ类	Ⅳ类	Ⅴ类
1	水温/℃	人为造成的环境水温变化应限制在：周平均最大温升≤1℃，周平均最大温降≤2℃				
2	pH 值（无量纲）	6～9				
3	溶解氧≥	饱和率 90%（或 7.5）	6	5	3	2
4	高锰酸盐指数≤	2	4	6	10	15

续表

序号	项目	Ⅰ类	Ⅱ类	Ⅲ类	Ⅳ类	Ⅴ类
5	化学需氧量(COD) ≤	15	15	20	30	40
6	五日生化需氧量(BOD_5) ≤	3	3	4	6	10
7	氨氮 (NH_3-N) ≤	0.015	0.5	1.0	1.5	2.0
8	总磷(以P计) ≤	0.02 (湖、库0.01)	0.1 (湖、库0.025)	0.2 (湖、库0.05)	0.3 (湖、库0.1)	0.4 (湖、库0.2)
9	总氮(湖、库，以N计) ≤	0.2	0.5	1.0	1.5	2.0
10	铜≤	0.01	1.0	1.0	1.0	1.0
11	锌≤	0.05	1.0	1.0	2.0	2.0
12	氟化物 (以F^-计) ≤	1.0	1.0	1.0	1.5	1.5
13	硒≤	0.01	0.01	0.01	0.02	0.02
14	砷≤	0.05	0.05	0.05	0.1	0.1
15	汞≤	0.00005	0.00005	0.0001	0.001	0.001
16	镉≤	0.001	0.005	0.005	0.005	0.01
17	铬(六价) ≤	0.01	0.05	0.05	0.05	0.1
18	铅≤	0.01	0.01	0.05	0.05	0.1
19	氰化物≤	0.005	0.05	0.2	0.2	0.2
20	挥发酚≤	0.002	0.002	0.005	0.01	0.1
21	石油类≤	0.05	0.05	0.05	0.5	1.0
22	阴离子表面活性剂≤	0.2	0.2	0.2	0.3	0.3
23	硫化物≤	0.05	0.1	0.2	0.5	1.0
24	粪大肠菌群 (个/L) ≤	200	2000	10000	20000	40000

注 水质类别按功能高低依次划分为五类：Ⅰ类：主要适用于源头水、国家自然保护区；Ⅱ类：主要适用于集中式生活饮用水地表水源地一级保护区、珍稀水生生物栖息地、鱼虾类产卵场、仔稚幼鱼的索饵场等；Ⅲ类：主要适用于集中式生活饮用水地表水源地二级保护区、鱼虾类越冬场、洄游通道、水产养殖区等渔业水域及游泳区；Ⅳ类：主要适用于一般工业用水区及人体非直接接触的娱乐用水区；Ⅴ类：主要适用于农业用水区及一般景观要求水域。

单站点地表水水质评价应包括：单项水质项目水质类别评价、单项水质项目超标倍数评价、单站点水质类别评价和单站点主要超标项目评价4部分内容。

(1) 单项水质项目水质类别应根据该项目实测浓度值与标准限值的比对结果确定。当不同类别标准值相同时，应遵循从优不从劣原则，举例：水体中铜浓度为1.0mg/L，正好是Ⅱ类、Ⅲ类水质标准值，因此判断该水体为Ⅱ类水质。

(2) 单项水质项目浓度超过Ⅲ类标准限值的称为超标项目。超标项目的超标倍数计算式为

$$B_i = \frac{C_i}{S_i} - 1$$

式中：B_i 为水质项目超标倍数；C_i 为某水质项目浓度，mg/L；S_i 为某水质项目的Ⅲ类

标准限值，mg/L。

水温、pH值和溶解氧不计算超标倍数，举例：水体中氨氮浓度为2.5mg/L，Ⅲ类水质标准值为1.0mg/L，则其超标倍数为：$\frac{2.5}{1.0}-1=1.5$倍。

（3）单站点水质类别应按所评价项目中水质最差项目的类别确定。

（4）单站点主要超标项目的判定方法应是将各单项水质项目的超标倍数由高至低排序，列前三位的项目应为单站点的主要超标项目。

流域及区域水质评价包括：各类水质类型比例、Ⅰ～Ⅲ类比例、Ⅳ～Ⅴ类比例、流域及区域的主要超标项目4部分内容。

（1）各类水质类型比例为Ⅰ类、Ⅱ类、Ⅲ类、Ⅳ类、Ⅴ类的比例；Ⅰ～Ⅲ类比例应为Ⅰ类、Ⅱ类、Ⅲ类比例之和；Ⅳ～Ⅴ类比例应为Ⅳ类和Ⅴ类比例之和。

（2）河流应按单站点、代表河流长度两种口径进行评价；湖泊应按单站点、水面面积两种口径进行评价；水库应按单站点、水库蓄水量和水面面积三种口径进行评价。

（3）流域及区域的主要超标项目应根据各单项水质项目超标频率的高低排序确定。排序前三位的为流域及区域的主要超标项目。水质项目超标频率计算式为

$$PB_i=\frac{NB_i}{N_i}\times100\%$$

式中：PB_i为某水质项目超标频率；NB_i为某水质项目超标水质站数，个；N_i为某水质项目评价水质站总数，个。

3. 湖库营养状况评价

评价项目应选用总磷、总氮、叶绿素a、高锰酸盐指数和透明度。湖库营养状况评价可采用指数法。

4. 集中式生活饮用水地表水源地水质评价

集中式生活饮用水地表水源地水质评价应符合下列要求：

（1）集中式生活饮用水地表水源地应按月或旬评价，评价期内监测次数不应少于1次。

（2）评价内容应包括水源地单次水质合格评价和年度水质合格评价。

（3）水源地单次水质评价项目均符合Ⅲ类标准要求的为水质合格水源地，有任何一项超标即为水质不合格水源地。不合格水源地的水质超标项目用超标倍数表示。

（4）水源地年度水质合格评价应在水源地单次水质评价成果基础上进行，以年度水质合格次数占全年评价次数的百分比表示。

5. 地表水水质变化趋势分析

地表水水质变化趋势分析应符合下列要求：

（1）地表水水质变化趋势分析项目应包括高锰酸盐指数、五日生化需氧量、氨氮、溶解氧、总硬度、矿化度等；湖库应增加总磷、总氮；城市下游河段和入海口应增加氯化物；内陆河应增加硫酸盐；也可增加代表本区域水质特点的其他项目。

（2）水质变化趋势分析时段应不低于5年、每年监测次数不少于4次。评价时段内选择的评价断面应相同或相近。

三、地下水资源质量

地下水资源质量评价包括地下水天然水化学特征分析、地下水水质类别评价、地下水饮用水水源地水质评价和地下水水质变化趋势分析。

1. 地下水天然水化学特征分析

应选择未受人类活动影响，或人类活动影响未造成水质评价指标显著变化的地下水水质监测井监测数据作为评价地下水天然水化学特征的依据。以地下水矿化度（用溶解性总固体表示）、总硬度、酸碱度（用pH值表示）和K^+、Na^+、Ca^{2+}、Mg^{2+}、Cl^-、SO_4^{2-}、HCO_3^-、CO_3^{2-} 8种离子作为评价指标进行地下水天然水化学特征分析评价。

（1）以矿化度、总硬度、酸碱度和水化学类型作为地下水天然水化学特征的指标。绘制地下水矿化度、总硬度、酸碱度分区图；水化学类型采用舒卡列夫分类法确定，绘制地下水水化学类型分区图。

（2）存在水文地球化学异常的评价区，应对相关异常元素如铁、锰、砷、氟等进行水文地球化学特征分析，并绘制分布图。

2. 地下水水质类别评价

地下水水质类别评价指标包括酸碱度、总硬度、矿化度、硫酸盐、氯化物、铁、锰、挥发性酚类（以苯酚计，下同）、耗氧量（COD_{Mn}法，以O_2计，下同）、氨氮（以N计，下同）、亚硝酸盐、硝酸盐、氰化物、氟化物、汞、砷、镉、铬（六价，下同）、铅。可根据实际情况，增加能反映主要水质问题的其他指标。

（1）除特殊要求外，按照地下水水质评价标准，采用单项指标法进行单井水质类别评价，单井水质类别按评价指标中最差指标的水质类别确定。

（2）单井各评价指标的全年代表值分别采用其年内多次监测值的算术平均值。

3. 地下水饮用水水源地水质评价

地下水饮用水水源地水质评价，可采用单项指标法，按评价指标中最差指标的水质类别作为水源地的水质类别。水质类别为Ⅰ～Ⅲ类的水源地称为水质达标水源地。评价成果可以采用水质达标水源地个数表示，也可以采用水质达标水源地对应的供水人口或供水量表示。

4. 地下水水质变化趋势评价

地下水水质变化趋势评价主要是对评价期内评价指标监测值的变化趋势进行分析。

（1）应选用数据质量较好、资料完整、具有代表性的地下水水质监测井进行水质变化趋势分析。

（2）评价指标包括总硬度、矿化度、耗氧量、氨氮、硝酸盐、氟化物、氯化物、硫酸盐等。

(3) 单井地下水水质变化趋势评价应分析计算各评价指标监测值的年均变化率。评价区地下水水质变化趋势评价可以采用各类单井地下水水质变化趋势（恶化、稳定和改善）的井数表示。

【例题 2-2】已知某河流断面水质指标见表 2-4，判断该水质类型。

表 2-4 水质指标实测值 单位：mg/L

水质指标	DO	COD_{Mn}	BOD_5	NH_3-N	As	Hg	Cd	挥发酚	石油类	硫化物
水样 1	6	6	4	0.8	0.05	0.0001	0.005	0.002	0.05	0.15
水样 2	8	9	10	0.8	0.05	0.001	0.005	0.01	0.04	0.15
水样 3	7	8	6	1.0	0.07	0.001	0.005	0.005	0.05	0.20

解：

按照单指标，对照标准（表 2-3），判断类型见表 2-5。

表 2-5 某河流断面单指标水质类型判断结果

水质指标	DO	COD_{Mn}	BOD_5	NH_3-N	As	Hg	Cd	挥发酚	石油类	硫化物
水样 1	Ⅱ类	Ⅲ类	Ⅲ类	Ⅲ类	Ⅰ类	Ⅲ类	Ⅱ类	Ⅰ类	Ⅰ类	Ⅲ类
水样 2	Ⅰ类	Ⅳ类	Ⅴ类	Ⅲ类	Ⅰ类	Ⅳ类	Ⅱ类	Ⅳ类	Ⅰ类	Ⅲ类
水样 3	Ⅱ类	Ⅳ类	Ⅳ类	Ⅲ类	Ⅳ类	Ⅳ类	Ⅱ类	Ⅲ类	Ⅰ类	Ⅲ类

在水样 1 中，最差类型是Ⅲ类，因此确定水样 1 为Ⅲ类水质。

在水样 2 中，最差类型是Ⅴ类，因此确定水样 2 为Ⅴ类水质。

在水样 3 中，最差类型是Ⅳ类，因此确定水样 3 为Ⅳ类水质。

第四节 水资源开发利用及其影响评价

水资源开发利用及其影响评价，是对水资源开发利用现状以及存在问题的调查分析，是水资源评价工作的重要组成部分，是开展水资源保护、规划和管理的前期基础性工作，其目的是通过对评价区经济社会现状调查、供水与用水现状调查以及水资源开发利用对水生态环境影响评价，对全区的水资源开发利用状况以及对社会、经济、环境等各方面带来的影响进行全面、系统的评价，为水资源规划和管理工作的顺利开展提供技术支持。

一、经济社会发展现状调查分析

水资源是经济社会发展不可缺少的一种宝贵资源。在水资源比较短缺的地区，水资源成为制约经济社会发展的主要因素。经济社会发展对水资源既有积极的作用（如增加对水资源保护的投入），也有不利的影响（如用水量增加、水污染加剧），总之，二者相互联系、相互制约、相互影响。

在开展水资源开发利用影响评价时，首先要调查评价区的经济社会发展状况，因为水资源规划及利用中的许多指标都涉及经济社会的某个方面，采用的指标主要包括常住人口、灌溉面积、牲畜数量、鱼塘补水面积等。

（1）常住人口应分别按城镇人口和乡村人口进行统计，宜采用统计部门数据。

（2）灌溉面积及鱼塘补水面积应分别统计，宜采用水利部门数据。灌溉面积指具有一定的水源，地块比较平整，灌溉工程或设备已经配套，在一般年景下能够进行正常灌溉的耕地和非耕地面积，包括耕地、林地、果园和牧草灌溉面积。鱼塘补水面积指需要人工进行补水的鱼塘面积。

（3）耕地实际灌溉面积是指当年实际灌水一次以上（包括一次）的灌溉面积，在同一亩耕地上无论灌水几次，都按一亩统计。

（4）牲畜分为大牲畜和小牲畜，均按年底存栏数统计。大牲畜包括牛、马、驴、骡和骆驼等，小牲畜指猪和羊等。

（5）应对评价分区的经济社会发展水平和变化趋势进行分析评价，分析评价的指标可包括城镇化率、人均国内（地区）生产总值、经济结构、人均灌溉面积、耕地灌溉率、人口增长率、国内（地区）生产总值和工业产值增长率、灌溉面积发展状况等。

二、供用水现状调查分析

1. 供水基础设施

供水基础设施分为地表水源工程、地下水源工程和非常规水源工程，应分别调查统计和分析供水工程的数量和供水能力，统计各类供水工程时应避免重复统计。应结合水资源条件、经济社会发展格局等状况，对供水基础设施的数量、规模、运行状况等进行综合分析。

（1）地表水源工程指从河流、湖泊、水库等地表水体取水的工程设施，按蓄水工程、引水工程、提水工程和调水工程分类。

（2）地下水源工程指通过凿井方式从地下含水层取水的工程设施，按浅层地下水井和深层地下水井分类，应分别调查统计水井数量、配套状况、供水能力等。

（3）非常规水源工程包括污水处理回用、雨水集蓄利用、海水淡化、微咸水利用、矿井水利用等供水工程，应分别调查统计工程数量、供水能力等。

2. 供水现状

供水现状调查主要考虑当地地表水、地下水、过境水、外流域调水、微咸水、海水淡化、中水回用等多种水源，并按蓄、引、提、调等四类工程措施来进行统计。要分析各种供水方式的实际供水量占总供水量的百分比，并分析各供水方式的调整变化趋势。分区统计的各项供水量均为包括输水损失在内的毛供水量。

供水量按地表水源、地下水源和非常规水源分类统计，宜按供水对象所在地统计。重点供水工程供水量应逐一统计，非重点供水工程供水量按典型样本推算的方法进行计算。应对供水总量、分水源供水量和供水结构的变化趋势进行综合分析。

（1）地表水供水量按蓄水、引水、提水和调水工程分别统计。跨流域、跨区域的调水工程应以收水口作为供水量的计量点，水源地至收水口之间的输水损失单独统计。

(2) 地下水供水量应统计矿化度小于 2g/L 的淡水，按浅层地下水和深层承压水分别统计。

(3) 非常规水源供水量按污水处理回用、雨水集蓄利用、海水淡化、微咸水利用等工程分别调查统计。对作为工业冷却水及城市环卫用水等的海水直接利用量，应单独统计，不计入总供水量中。

3. 用水现状

用水量按行业分为生活用水、工业用水、农业用水和人工生态环境补水。重点取用水户用水量应逐一统计，非重点取用水户用水量按典型样本推算的方法进行计算。同一区域用水量应与供水量相等。应对用水总量、分行业用水量和用水结构的变化趋势进行综合分析。

(1) 农业用水包括耕地灌溉用水、林果地灌溉用水、草地灌溉用水、鱼塘补水和牲畜用水。

(2) 工业用水包括工矿企业用于生产活动的主要生产用水、辅助生产用水（如机修、运输、空压站等）和附属生产用水（如绿化、办公室、浴室、食堂、厕所、保健站等），按新水取用量计，不包括企业内部的重复利用水量。水力发电等河道内用水不计入用水量。

(3) 生活用水包括城镇生活用水和农村生活用水，其中城镇生活用水包括城镇居民生活用水和公共用水（含服务业及建筑业等用水），农村生活用水指农村居民生活用水。

(4) 人工生态环境补水仅包括人为措施供给的城镇环境用水和部分河湖、湿地补水，而不包括降水、径流自然满足的水量，按城镇环境用水和河湖补水两大类进行统计。

4. 用水指标

在经济社会资料收集整理和用水调查统计的基础上，分析计算综合用水指标和单项用水指标，反映用水水平。应将各项用水指标进行年际间和区域间的比较分析，反映其变化趋势和整体水平。在进行单位国内（地区）生产总值用水量和单位工业增加值用水量的比较时，应采用可比价。

(1) 综合用水指标宜采用人均综合用水量和单位国内（地区）生产总值用水量两个指标，国内（地区）生产总值应采用当年价格。

(2) 根据用水特性不同，单项用水指标宜采用亩均灌溉用水量、农田灌溉水有效利用系数、单位工业增加值用水量、人均生活用水量、人均城乡居民用水量，反映不同行业用水水平。

5. 用水消耗量及非用水消耗量

用水消耗量是指在输水、用水过程中，通过蒸腾蒸发、土壤吸收、产品吸附、居民和牲畜饮用等多种途径消耗掉，而不能回归到地表水体或地下含水层的水量。

(1) 有退排水水量监测的区域，用水消耗量可依据用水量和退排水量数据及回归地下水量进行分析计算。缺乏退排水水量监测的区域，用水消耗量可按照各行业的耗水系数估算。

(2) 非用水消耗量指区域内受非人为取用水因素影响而自然消耗的水量，包括湖库蒸发损失、河道汇流损失、地下水潜水蒸发以及排水损失等。水资源丰富地区的非用水消耗量可简化计算。

在供用水现状调查基础上，还要进一步分析评价区的水资源供需平衡状况，了解在当前条件下水资源的盈缺状况以及水资源的供水潜力。

三、水资源开发利用对水生态环境的影响评价

水资源开发利用造成的水生态环境问题主要包括：①水体污染；②河道退化、断流（干涸），湖泊、湿地萎缩；③次生盐渍化和沼泽化；④地下水不合理开发引发的地面沉降、地面塌陷、地裂缝、泉水流量衰减、土地沙化、海（咸）水入侵等生态地质环境问题。

各项水生态环境问题的评价内容应包括问题性质及其成因、形成过程、空间分布特征、发展趋势及其影响等，并提出防治、改善措施。

河道退化的评价内容应包括河床变化、河道内径流情势变化、河流水域岸线侵占等。河道断流（干涸）的评价内容应包括河道断流（干涸）发生的地段及起止时间。湖泊、湿地萎缩的评价内容应包括水位水量及水面面积变化、湖泊水域岸线侵占等，并对河流、湖泊、湿地水生态环境状况及其变化原因进行评价。

次生盐渍化和沼泽化的评价内容应包括影响面积、地下水埋深、地下水水质、土壤质地和含盐量等现状情况及其变化趋势。

根据近年来地下水开发利用以及地下水水位等资料，对地下水超采区分布、面积、超采程度和超采区变化趋势等进行分析，并对地下水超采造成的生态地质环境问题进行评价，评价内容应满足下列要求：

(1) 针对地下水降落漏斗问题，应分析漏斗面积、漏斗中心水位、年均下降速率及累计超采量。

(2) 针对地面沉降现象，应分析地下水埋深及水位年均下降速率，地面沉降面积、年均沉降速率及累计沉降量。

(3) 针对地面塌陷现象，应分析地面塌陷点数量、地理位置及坍塌岩土体积。

(4) 针对地裂缝现象，应分析地裂缝条数、地理位置及地裂缝长度、开裂宽度和深度。

(5) 针对泉水流量衰减，应分析泉水流量及年均衰减比率。

(6) 针对土地沙化问题，应分析沙化面积和扩展速度。

(7) 针对海（咸）水入侵现象，应分析入侵区分布范围和面积、入侵层位、入侵速度和主要化学指标变化情况。

第五节 水资源综合评价

水资源综合评价是在水资源数量、质量和开发利用现状评价以及对水生态环境影响评价的基础上，遵循生态系统良性循环、水资源永续利用、经济社会可持续发展的原则，对水资源的时空分布特征、利用状况及与经济社会发展的协调程度所作的综合评价。

水资源综合评价内容包括：评价区水资源条件综合分析；分区水资源与经济社会的协调程度分析；水资源供需发展趋势分析等。

一、水资源条件综合分析

水资源条件综合分析是对评价区水资源状况及其开发利用程度的整体性评价，通常要从不同方面、不同角度选取有关社会、经济、资源、环境等各方面的指标，并选用适当的评价方法对评价区进行全面综合的评价，给出一个定性或定量的综合性结论。

（1）水资源禀赋条件分析。分析水资源存在形式、赋存条件、形成转化关系、物理化学特征等综合特点，评述流域和区域降水、蒸发、下渗、产流等水循环基本特征。结合评价分区水资源、能源、耕地、人口及其他自然资源和经济社会要素的分布特点，分析人均水资源量、亩均水资源量等指标的空间分布格局，评述水资源禀赋条件与其他自然资源及经济社会要素的匹配特点。

（2）水资源演变情势分析。评述水资源数量、产水能力、干湿状况等演变特点，分析水资源时空演变的趋势性、突变性、周期性等特征。分析流域和区域水循环特征的变化，辨识影响水资源的形成和转化的关键因素，分析水资源演变成因和主要影响因素。结合气候变化和人类活动对水资源的影响，对未来水资源的可能变化做出趋势分析与预测，定性或定量评估未来水资源变化程度及其不确定性，并分析其对生态环境保护和水资源开发利用的潜在影响。

（3）水资源开发利用状况分析。分析供用水的数量、结构、效率变化趋势，评述供水基础设施建设、水资源管理政策实施对水资源开发利用的影响。评述评价分区水资源开发利用总体状况，分析水资源开发利用面临的主要问题以及节约集约利用等方面存在的不足。评述评价分区当地产水量、供用水量、用水消耗量、非用水消耗量和出入水量的结构特点，分析评价分区水资源承载状况。

（4）水生态环境状况分析。分析评述评价分区天然水质的总体状况、区域分布特点和变化情况、分区水资源质量总体状况及区域分布情况、分区水生态环境总体状况及主要水生态环境问题。

二、水资源与经济社会的协调程度分析

（1）结合评价分区水资源时空分布格局、生态环境特点、经济社会发展布局，分析生态环境保护和水资源开发利用的有利条件和不利条件。

（2）分析自然禀赋差异形成的不同地区的水资源开发利用潜力和脆弱水生态保护要求，结合水土资源组合的匹配性、经济社会结构与产业布局的适应性分析，明确水资源合理配置格局构建的主要决定因素和限制因素。

（3）通过建立评价指标体系来定量表达分区水资源与经济社会的协调程度。评价指标应能反映分区水资源对经济社会可持续发展的影响程度、水资源问题的类型以及解决水资源问题的难易程度，常用评价指标有：①人口、耕地、产值等经济社会状况的指标；②用水现状及需水情况的指标；③水资源数量、质量的指标；④现状供水及规划供水工程情况的指标；⑤描述评价区环境状况的相关指标等。

（4）对评价分区水资源与经济社会协调发展情况进行综合评判，评判内容包括：①按水资源与经济社会发展严重不协调区、不协调区、基本协调区、协调区对各评价分区进行分类；②按水资源与经济社会发展不协调的原因，将不协调分区划分为资源型缺水、工程型缺水、水质型缺水等类型；③按水资源与经济社会发展不协调的程度和解决的难易程度，对各评价分区进行分析和排序。

三、水资源供需发展趋势分析

（1）遵循水资源可持续利用、经济社会可持续发展、生态环境良性循环的原则，面向国家和区域重大战略，从水资源全局优化调配出发，对全评价区水资源数量、质量及开发利用的现状、未来演变形势及其影响应对进行综合分析。

（2）综合水资源禀赋条件、水资源演变情势、水资源开发利用状况及水生态环境状况评价情况，对评价分区水资源及其开发利用的特点、战略优势、存在问题及变化趋势进行综合评述和展望，提出评价结论。

（3）分析研究气候变化与人类活动双重作用下评价分区水循环变化情况，对水循环过程产生重大变化的评价分区，分析水循环过程演变成因及对伴生的水文过程、水沙过程、水生态过程和水化学过程等的影响情况，进行综合效应评价。

（4）结合新时期水利工作的新理念、新要求，分析流域、区域水资源开发利用和保护面临的新特点和新老问题，有针对性地提出拓展水资源功能的重大方向和水资源可持续利用战略。

课程思政教育

（1）通过水资源评价工作认知和工作需求的学习，培养学生的人文素养和辩证思维，让学生感受到开展水资源工作的意义和人身价值追求、勇于探索精神。

（2）通过学习水资源评价方法和应用实例，培养学生对水利工作的整体认识，提升系统分析、综合分析问题的能力，培养学生严谨客观的科学态度和勇于探索的求实精神。

思考题或习题

［1］　简述水资源评价的意义、原则及主要内容。

［2］　阐述水资源量与水资源可利用量的关系，如何确定水资源可利用量？

［3］　选定某一水利工程，查阅相关资料，讨论其带来的影响。

［4］　（选做）习题：以“水资源与经济社会协调程度计算方法及应用研究进展”为题，写一篇综述性论文。

［5］　某河道监测断面的水质监测结果如下：DO浓度为8.5mg/L；COD_{Mn}浓度为6.38mg/L；氨氮浓度为1.13mg/L；镉浓度为0.005mg/L；氟化物浓度为1.0mg/L；石油类浓度为0.02mg/L；总磷浓度为0.25mg/L，试判断其水质类型。

［6］　已知某地区某一年的下列数据（表2-6），试计算其分区和全区的水资源总量、产水系数、干旱指数，并填入表2-6中。

表2-6　某地区某一年的水资源量已知数据表

分区	面积/km^2	降水量/mm	水面蒸发量/mm	地表水资源量/万方	地下水资源量/万方	地表地下重复量/万方	水资源总量/万方	产水系数	干旱指数
分区1	850.4	491.4	1074.0	8407.8	9609.5	1436.2			
分区2	863.1	447.1	1024.5	7083.1	8934.3	2446.1			
分区3	759.1	472.9	1075.0	6733.8	6170.9	2049.0			
全区总	2472.6								

第三章　水资源规划

水资源规划是水利部门的重点工作内容之一，对水资源的开发利用起重要指导作用。对水资源规划工作内容和指导思想的认识，是人类在长期水事活动实践过程中形成和发展起来的，它在内容上不断增添新的内涵，在观念上不断引入新的思想，以适应不同发展阶段、不同水资源条件下的水资源开发利用工作。随着我国水利事业的不断发展，水资源规划的指导思想也发生了很大变化，需要不断更新，以适应现代水资源规划的需要。

本章将介绍水资源规划的概念、遵循原则、指导思想、主要工作内容和具体步骤。本章内容是对后续第四、五、六章将介绍的兴利调节、防洪调节、水能利用的指引，进一步讲，后面三方面内容是水资源规划的具体工作内容或分支内容。

第一节　水资源规划的概念及意义

一、水资源规划的概念及规划工作总览

水资源规划（water resources planning）概念的形成由来已久，它是人类长期水事活动的产物，是人类在漫长的历史长河中通过防洪、抗旱、开源、供水等一系列的水事活动逐步形成的理论成果，并且随着人类认识的提高和科技的进步而不断得以充实和发展。

陈家琦（2002）认为，水资源规划是指在统一的方针、任务和目标的约束下，对有关水资源的评价、分配和供需平衡分析及对策，以及方案实施后可能对经济、社会和环境的影响方面而制定的总体安排。左其亭（2003）曾给出如下定义：水资源规划是以水资源利用、调配为对象，在一定区域内为开发水资源、防治水患、保护生态系统、提高水资源综合利用效益而制定的总体措施计划与安排。由此可见，水资源规划的概念和内涵随着研究者的认识、侧重点和实际情况不同而有所差异。

水资源规划为将来的水资源开发利用提供指导性建议，小到江河湖泊、城镇乡村的水资源供需分配，大到流域、国家范围内的水资源综合规划、配置，都具有广泛的应用价值和重要的指导意义。

水资源规划是为了指导水资源开发利用，在一定的规划原则和指导思想指引下，基于水资源评价、水资源功能的划分与协调，开展水资源供需平衡分析，进行水资源规划方案比选，确定水资源规划方案主要内容，并在此基础上撰写水资源规划报告，水资源规划工作总览如图 3-1 所示。

二、水资源规划的任务、内容和目的

水资源规划的基本任务是：根据国家或地区的经济发展计划、保护生态系统要求以及各行各业对水资源的需求，结合区域内或区域间水资源条件和特点，选定规划目标，拟定开发治理方案，提出工程规模和开发次序方案，并对生态系统保护、社会发展规模、经济发展速度与经济结构调整提出建议。这些规划成果，将作为区域内各项水利工程设计的基础和编制国家水利建设长远计划的依据。

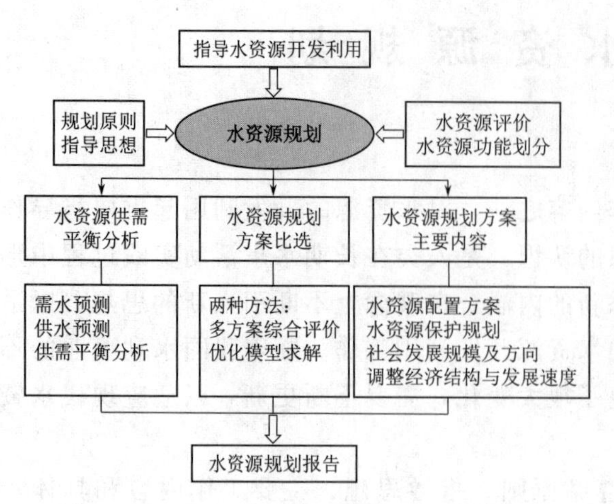

图3-1　水资源规划工作总览

水资源规划的主要内容包括：水资源量与质的计算与评估、水资源功能的划分与协调、水资源的供需平衡分析与水量科学分配、水资源保护与灾害防治规划以及相应的水利工程规划方案设计及论证等。

水资源规划的目的是合理评价、分配和调度水资源，支持经济社会发展，改善环境质量，以做到有计划地开发利用水资源，并达到水资源开发、经济社会发展及自然生态系统保护相互协调的目标。

水资源规划的工作内容涉及水文学、水资源学、社会学、经济学、环境学、管理学以及水利工程经济学等多门学科，需要国家、流域或地区范围内一切与水有关的行政管理部门的通力合作，因此，如何使水资源规划方案既科学、合理，又能被各级政府和水行政主管部门乃至一般用水者所接受，不是一件容易的事。

三、水资源规划的类型

根据规划的对象和要求，水资源规划可分为以下几种类型。

1. 流域水资源规划

流域水资源规划是指以整个江河流域为研究对象的水资源规划，包括大型江河流域的水资源规划和中小型河流流域的水资源规划，简称为流域规划。流域规划区域一般是按照地表水系空间地理位置来进行划分、并以流域分水岭为研究水资源的系统边界。流域规划内容涉及国民经济发展、地区开发、自然资源与环境保护、社会福利与人民生活水平提高以及其他与水资源有关的问题，研究的对策一般包括防洪、灌溉、排涝、发电、航运、供水、养殖、旅游、水环境保护、水土保持等内容。具体进行流域水资源规划时，针对不同的流域，规划的侧重点有所不同，比如，黄河流域规划的重点是水土保持，淮河流域规划的重点是水资源利用与保护，塔里木河流域规划的重点是生态系统保护。

2. 跨流域水资源规划

跨流域水资源规划是指以一个以上的流域为对象，以跨流域调水为目的的水资源规划，例如，为“南水北调”工程实施进行的水资源规划，为“引江（指长江）济淮（指淮河）”工程实施进行的水资源规划。跨流域调水，涉及多个流域的经济社会发展、水资源利用和生态系统保护等问题，因此，其规划考虑的问题要比单个流域规划更广泛、更深入，既需要探讨由于水资源的再分配可能对各个流域带来的经济社会影响、环境影响，又需要探讨水资源利用的可持续性以及对后代人的影响及相应对策。

3. 地区水资源规划

地区水资源规划是指以行政区或经济区、工程影响区为对象的水资源规划，比如，进行的省级行政区、城市区、经济技术开发区水资源规划，其研究内容与流域水资源规划基本接近，其规划的重点视具体的区域和水资源功能的不同而有所侧重。在进行地区水资源规划时，要重点考虑本地区情况，但同时还要兼顾更大范围或研究区所在流域的水资源总体规划，不能片面强调当地局部利益而不顾整体利益。

4. 专项水资源规划

专项水资源规划是指以流域或地区的某一专项水资源任务为对象或对某一行业所作的水资源规划，比如，防洪规划、抗旱规划、水力发电规划、灌溉规划、城市供水规划、水资源保护规划、航运规划以及某一重大水利工程规划（如三峡工程规划、小浪底工程规划）等。这类规划针对性比较强，就是针对某一专门问题而开展的，但在规划时，不能仅盯住要讨论的专门问题，还要考虑对区域（或流域）的影响以及区域（或流域）水资源利用总体战略布局。

5. 水资源综合规划

水资源综合规划是指以流域或地区水资源综合开发利用和保护为对象的水资源规划。与专项水资源规划不同，水资源综合规划的任务不是单一的，而是针对水资源开发利用和保护的各个方面，是为水资源统一管理和可持续利用提供技术指导的有效手段。水资源综合规划是在查清水资源及其开发利用现状、分析和评价水资源承载能力的基础上，根据经济社会可持续发展和生态系统保护对水资源的要求，提出水资源合理开发、高效利用、有效节约、优化配置、积极保护和综合治理的总体布局及实施方案，实现流域或区域人口、资源、环境和经济的协调发展，促进人与自然和谐共生。

四、水资源规划的重要意义

水资源规划是水利部门的重要工作内容，也是开发利用水资源的指导性文件，对人类合理开发利用水资源、支撑经济社会高质量发展、促进人与自然和谐共生，都具有十分重要的指导意义。

(1) 水资源规划是新时代水利工作的重要环节和引领性工作。水利是经济社会发展非常重要的支撑行业之一，水利事业发展伴随着时代的发展。新的发展理念和治水思路都会在水资源规划中得到全面、及时的反映。比如，2019 年以来国家提出的高质量发展思想、人与自然和谐共生思想、碳达峰碳中和“双碳”目标（详见第八章第三节），都需要及时反映到水资源规划工作中。一方面需要通过水资源规划工作来支撑国家重大战略目标的实现，另一方面也对水资源规划工作提出更高的要求。水资源规划正是实现这些发展理念和治水思路的重要载体，是体现现代水利思想的重要途径，只有充分运用水资源规划这个重要的技术手段，才能真正实现现代水利的工作目标。

（2）水资源规划是充分发挥水资源最大综合效益的重要手段。水资源利用不仅涉及水资源系统本身，还关联着经济社会和生态环境。如何利用有限的水资源发挥最大的社会、经济、环境效益，是人们对水资源开发利用追求的目标，然而，由于水资源利用与经济社会、生态环境之间关系的复杂性，经常出现顾此失彼的情况，从而带来水资源不合理开发利用问题。为了充分发挥水资源的最大综合效益，必须做好水资源规划工作，即根据经济社会发展需求，通过水资源规划手段，分析当前所面临的主要水问题，同时提出可行的水资源优化配置方案，使得水资源分配既能维持或改善生态系统状况，又能发挥最大的社会、经济效益。

（3）水资源规划是确保水资源可持续利用、促进人与自然和谐共生的重要保障。水资源是人类社会发展不可或缺的一种宝贵资源，经济社会的良性运转离不开水资源这个关键要素，然而，由于人口增长、工农业发展，目前很多地区的经济社会发展正面临着水问题的严重制约，如防洪安全、干旱缺水、水环境恶化、耕地荒漠化和沙漠化、生态系统退化、人居环境质量下降等。要解决这些问题，必须在可持续发展思想、人与自然和谐共生思想的指导下，对水资源进行系统、科学、合理地规划，这样才能为经济社会的发展提供供水、防洪、用水等方面的安全保障。反过来，系统、科学、合理的水资源规划能有效指导水资源开发利用，避免或减少水资源问题的出现，是确保水资源可持续利用、促进人与自然和谐共生的重要保障。

第二节　水资源规划应遵循的原则及指导思想

一、水资源规划应遵循的原则

水资源规划是根据国家的社会、经济、资源、环境发展计划、战略目标和任务，同时结合规划区域的水文水资源状况来开展工作的。水资源规划是关系着国计民生、社会稳定和人类长远发展的一件大事，在制定水资源规划时，水行政主管部门一定要给予高度的重视，在力所能及的范围内，尽可能充分考虑经济社会发展、水资源充分利用、生态系统保护的协调；尽可能满足各方面的需求，以最小的投入获取最满意的社会效益、经济效益和环境效益，因此，水资源规划必须要遵循一些原则，主要包括以下几个方面。

1. 全局统筹、兼顾局部的原则

水资源规划实际上是对水资源本身的一次人为再分配，因此，只有把水资源看成一个系统，从整体的高度、全局的观点，来分析水资源系统、评价水资源系统，才能保证总体最优的目标。一切片面追求某一地区、某一方面作用的规划都是不可取的。

当然，“从全局出发”并不是不考虑某些局部要求的特殊性，而应是从全局出发，统筹兼顾某些局部要求，使全局与局部辩证统一。比如，针对一个省级区的水资源规划，首先要全局统筹考虑到每个地区的需求，还要充分关注水问题比较突出的地区，特别是城市用水问题。

2. 系统分析与综合利用的原则

一般的水资源规划都会涉及多个方面、多个部门和多个行业。此外，由于水资源条件和供需水关系很难完全一致，这就要求在做水资源规划时，需要对问题进行系统分析，得到系统治理和系统安排的方案。同时，为了更好地发挥水资源的效益，还需要采取综合措施，尽可能做到一水多用、一库多用、一物多能，最大可能满足各方面的需求，让水资源创造更多的效益，为人类做更多的贡献。

3. 因时因地制定规划方案的原则

水资源系统不是一个孤立的系统，它不断受到人类活动、社会进步、科技发展等外部环境要素的作用和影响，因此它是一个动态的、变化的系统，具备较强的适应性，在做水资源规划时，要考虑到水资源的这些特性，考虑各种可能的新情况出现，让方案具有一定“应对”变化的能力。此外，还要考虑不同地区之间的差异，不可能完全照搬另一个地区的规划方案，要因地制宜地选择方案。同时，要采用发展的观点，随时吸收新的资料和科学技术，发现新出现的问题，及时调整水资源规划方案，以满足不同时间、不同地点对水资源规划的需要。

4. 实施可行性的原则

无论是什么类型的水资源规划，在最终选择水资源规划方案时，必须要考虑方案实施的可行性，包括技术上可行、经济上可行、时间上可行。如果事先没有考虑实施的可行性，往往制定出来的方案不可实施，成为一纸空文。比如，有人提出“把喜马拉雅山炸开一个缺口，让印度洋的水汽进入我国西北地区以增加当地降水，从而解决西北干旱区的干旱问题”，这种说法可以作为一种假想，但不能作为水资源规划方案的内容，至少现在实际运作缺乏可行性。

二、水资源规划的指导思想

1. 可持续发展指导思想

随着经济社会发展带来的用水紧张、生态退化问题日益突出，可持续发展作为“解决环境与发展问题的唯一出路”已成为世界各国之共识。水资源是维系人类社会与周边环境健康发展的一种基础性资源，水资源的可持续利用必然成为保障人类社会可持续发展的前提条件之一。2002 年，可持续发展思想被确定为第二次全国水资源综合规划工作的重要指导思想，颠覆了传统水资源规划的思路，以促进区域或流域可持续发展为目标，最终实现水资源可持续利用，以支撑经济社会可持续发展。这一指导思想至今仍在发挥着重要作用。

可持续发展指导思想对水资源规划的具体要求可概括为以下几个方面：

(1) 水资源规划需要综合考虑社会效益、经济效益和环境效益，确保经济社会发展与水资源利用、生态系统保护相协调。

（2）需要考虑水资源的承载能力或可再生性，使水资源开发利用在可持续利用的允许范围内进行，确保当代人与后代人之间的协调。

（3）水资源规划的实施要与经济社会发展水平相适应，以确保水资源规划方案在现有条件下是可行的。

（4）需要从区域或流域整体的角度来看待问题，考虑流域上下游以及不同区域用水间的相互协调，确保区域经济社会持续协调发展。

（5）需要与经济社会发展密切结合，注重全社会公众的广泛参与，注重从社会发展根源上来寻找解决水问题的途径，也配合采取一些经济手段，确保“人”与“自然”关系的协调。

2. 人水和谐指导思想

人类是自然界的一部分，不是自然界的主人，人类必须抑制自己的行为，主动与自然界和谐共处。水是自然界最基础的物质之一，是人类和自然界所有生物不可或缺的一种自然资源，然而，水资源量是有限的，人类的过度开发和破坏都会影响水系统的良性循环，最终又影响人类自己，因此，人类必须与水和谐相处，这就是产生人水和谐思想的渊源。

2001年开始讨论人水和谐理念，2004年中国水周的主题是“人水和谐”，2005年以来人水和谐思想一直是我国新时期治水的核心内容和指导思想，该治水思想倡导人与自然和谐共生、人与水和谐相处。

人水和谐是指人文系统与水系统相互协调的良性循环状态，即在不断改善水系统自我维持和更新能力的前提下，使水资源能够为人类生存和经济社会的可持续发展提供久远的支撑和保障（左其亭等，2008）。人水和谐指导思想对水资源规划的具体要求可概括为：

（1）水资源规划的目标需要考虑水资源开发利用与经济社会协调发展，走人水和谐之路，这是水资源规划必须坚持的指导思想和规划目标。

（2）需要考虑水资源的可再生能力，保障水系统的良性循环，并具有永续发展的水量和水质，这是水资源规划必须保障的水资源基础条件。

（3）需要考虑水资源的承载能力，协调好人与人之间的关系，限制经济社会发展规模，保障其在水资源可承受的范围之内，这是水资源规划必须关注的重点内容。

（4）需要考虑有利于人水关系协调的措施，正确处理水资源保护与开发之间的关系，这是水资源规划必须制定的一系列重点措施。

（5）与可持续发展指导思想一样，同样需要从区域或流域整体的角度来看待问题，考虑流域上下游以及不同区域用水间的相互协调，确保区域经济社会持续协调发展。同样需要注重全社会公众的广泛参与，注重从社会发展根源上来寻找解决水问题的途径。

3. 生态文明指导思想

中国共产党第十八大报告提出“大力推进生态文明建设”。为了贯彻落实党的十八大重要精神，水利部于2013年1月印发了《关于加快推进水生态文明建设工作的意见》，提出把生态文明理念融入到水资源开发、利用、治理、配置、节约、保护的各方面和水利规划、建设、管理的各环节，加快推进水生态文明建设。

水生态文明是指人类遵循人水和谐理念，以实现水资源可持续利用，支撑经济社会和谐发展，保障生态系统良性循环为主体的人水和谐文化伦理形态，是生态文明的重要部分和基础内容（左其亭，2013）。水生态文明建设是缓解人水矛盾、解决我国复杂水问题的重要战略举措，是保障经济社会和谐发展的必然选择。生态文明指导思想对水资源规划的具体要求可概括为：

（1）水资源规划需要服从生态文明建设大局，规划目标要满足生态文明建设的目标要求，通过水资源规划提高水资源对生态文明建设的支撑能力。

（2）需要尊重自然规律和经济社会发展规律，充分发挥生态系统的自我修复能力，以水定需、量水而行、因水制宜，推动经济社会发展与水资源开发利用相协调。

（3）需要关注水利工程建设与生态系统保护和谐发展。不宜过于重视水利工程建设，过于强调水利工程建设带来的经济效益，还应高度关注因工程建设对生态系统的影响，重视进行水生态系统保护与修复。

（4）需要充分考虑和利用非工程措施，包括水资源管理制度、法制、监管、科技、宣传、教育等，要使工程措施与非工程措施和谐发展。

（5）需要系统分析、综合规划、综合施策，包括节约用水、水资源保护、最严格水资源管理制度、水生态系统修复、水文化传播与传承等。

4. 高质量发展指导思想

2017年，中国共产党第十九大报告提出“我国经济已由高速增长阶段转向高质量发展阶段”，中国政府首次提出高质量发展的表述，并将其作为以和谐、绿色、可持续为目标的经济社会发展模式。

高质量发展是一种追求社会和谐稳定、经济增长有序、资源安全供给、生态健康宜居、文化先进引领的高水平发展模式，是以生态保护为基础，实现社会、经济、资源、生态、文化耦合系统的协调性、持续性、绿色性、公平性发展（左其亭，2021）。高质量发展指导思想对水资源规划的具体要求可概括为：

（1）水资源规划工作要最大程度满足人民物质和精神需求，使人民幸福满意度不断攀升，社会和谐稳定。

（2）要可持续支撑经济发展，优化布局区域协调发展、产业结构，提升创新驱动力。

（3）在满足经济社会合理需求的基础上，以尽可能少的资源消耗获取最大的经济效益、社会效益和生态效益。

（4）通过水资源配置，促进生态系统修复与治理，保证生态系统良性循环，创建宜居的生活环境。

（5）在规划工程措施的同时，注重非工程措施的使用，做好水资源规划工作的宣传教育和文化传承，提升地区软实力。

第三节　水资源规划的工作流程

水资源规划的主要内容和工作流程，因规划范围的不同、水资源功能侧重点的不同、所属行业的不同以及规划目标的高低不同，而有所差异，但基本程序类似，概括如图 3-2 所示。

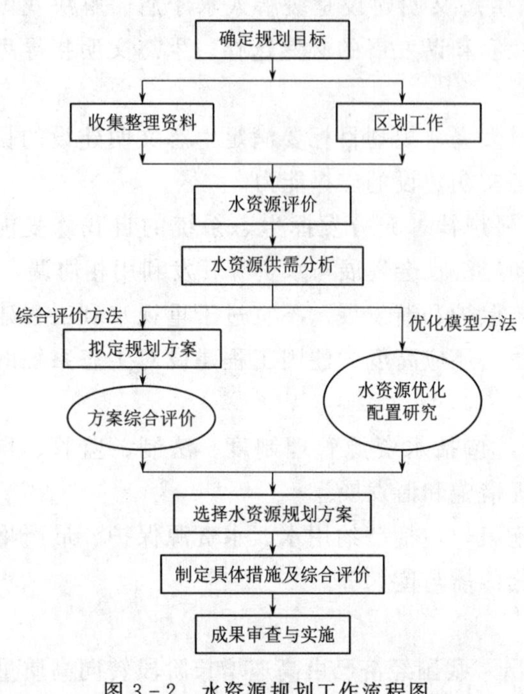

图 3-2　水资源规划工作流程图

图 3-2 是水资源规划工作的一般流程，主要步骤如下：

（1）确定规划目标。在开展水资源规划工作之前，首先要确立规划的目标和方向，这是后面制定具体方案或措施的依据。在选择具体规划目标时可以有所偏重，往往要根据规划区域的具体情况和发展需要来制定。

（2）收集整理资料。水资源规划需要收集的基础资料包括：有关的经济社会发展资料、水文气象资料、地质资料、水资源开发利用资料以及地形地貌资料等。在收集资料的过程中，还要及时对资料进行整理，对资料进行分析。

（3）区划工作。区划工作是水资源规划的前期准备工作。由于区域（或流域）水资源规划往往涉及的范围较广，研究区内各个局部地区的经济社会发展状况、水资源丰富程度、开发利用水平、供需矛盾有无等许多情况不尽相同，需要进行适当的分区，对不同区域进行合理的规划，其目的是将繁杂的规划问题化整为零，分步研究，避免由于规划区域过大而掩盖水资源分布不均、利用程度差异的矛盾，影响规划效果。区划应以流域、水系为主，同时兼顾供需水系统与行政区划。对水资源贫乏、需水量大、供需矛盾突出的区域，宜细些分区。

（4）水资源评价。合理的水资源评价，对正确了解规划区水资源系统状况、科学制定规划方案有十分重要的作用。关于水资源评价内容已在本书第二章介绍过。

（5）水资源供需分析。水资源供需分析是水资源规划的一项重要工作，它包括水资源开发利用现状分析、供水预测、需水预测、水资源供需平衡分析等内容，其目的是：摸清现状、预测未来、发现问题、指明方向，为水资源规划工作提供依据。

（6）选择水资源规划方案。选择水资源规划方案大致有两种思路，一是根据规划问题和目标，拟定若干规划方案，进行系统分析，选出相对较好的一个方案；二是采用数学模型方法，构建水资源优化配置模型，优选得到规划方案。

（7）制定具体措施及综合评价。根据选定的规划方案，制定相应的具体措施，并进行社会、经济和环境等多准则综合评价，最终确定水资源规划方案。依据推荐的方案，统筹考虑水资源的开发、利用、治理、配置、节约和保护，研究并提出水资源开发利用总体布局、实施方案与管理模式。

（8）成果审查与实施。把规划成果按程序上报，通过一定程序进行审查，如果审查通过，就可以安排实施；如果提出修改意见，则需要进一步修改或重做。

由于水资源规划是一项内容复杂、涉及面较广的系统工程，在实际规划时，很难一次就能拿出一个让所有部门和个人都十分满意的规划，经常需要多次的反馈、协调，直至认为规划结果比较满意为止。另外，随着外部条件的变化以及人们对水资源系统本身认识的深入，还要经常对规划方案进行适当的修改、补充和完善。

第四节　水资源规划的重点内容介绍

一、水资源供需平衡分析

（一）需水预测

需水预测是水资源规划的基础。区域（或流域）的需水预测，可以为政府或水行政主管部门提供未来经济社会发展所需的水资源量数据，以便为今后区域的发展规划提供参考依据，预测并提前处理可能出现的各类水问题。

1. 需水预测的内容

通常按照水资源的用途和对象，可将需水预测分为生产需水、生活需水和生态需水三大类。生产需水是指有经济产出的各类生产活动所需的水量，包括第一产业（种植业、林牧渔业）、第二产业（工业、建筑业）及第三产业（商饮业、服务业）。生活和生产需水统称为经济社会需水。

（1）生产需水。第一产业需水量是指农业生产过程中所需的水量，按产业类型又细化为种植业、林业、牧业、渔业。农业需水量与灌溉面积、作物构成、田间配套、灌溉方式、渠系渗漏、有效降雨、土壤性质和管理水平等因素密切相关。

第二产业需水量是指在整个工业、建筑业生产过程中所需的水量，包括制造、加工、冷却、空调、净化、洗涤等各方面用水。一个地区的工业需水量大小，与该地区的行业生产性质及产品结构、用水水平和节水程度、企业生产规模、生产工艺、生产设备及技术水平、用水管理与水价水平、自然因素与取水（供水）条件等有关。

第三产业需水量是指商饮业、服务业所需的水量，包括商业、饮食业、货运邮电业、其他服务业、城市消防、公共服务等用水。

（2）生活需水。生活需水是指城镇、农村居民维持正常生活所需的水量，即维持日常生活的家庭和个人用水，包括饮用、洗涤、清洁、冲厕、洗澡等用水。根据地域可分为城市生活需水和农村生活需水。一个地区的生活需水量与该地区的人均收入水平、水价水平、节水器具推广与普及情况、生活用水习惯、城市规划、供水条件和现状用水水平等多方面因素有关。

(3) 生态需水。生态需水是维系生态系统最基本生存条件及其最基本环境服务功能所需求的水量，包括森林、草地等天然生态系统需水量，湿地、绿洲保护需水量，城市景观生态需水量，维持河道基流需水量等。生态需水与区域的气候、降水、植被、土壤等自然因素，水资源条件，开发程度，环保意识等多种因素有关。生态需水分为维护生态功能和实施生态建设两类，并按河道内与河道外需水来划分。河道内生态需水量一般分为维持河道基本功能和河口生态的需水量；河道外生态需水量分为城镇环境美化和其他生态建设需水量等。

2. 需水预测的方法

针对不同的用水行业，需水预测方法不同。即使对同一用水行业，也可用多种方法进行预测。通常，需水预测方法中以净定额及水利用系数预测方法为基本方法，有时根据需要也采用其他方法，如趋势法、机理预测法、弹性系数法等，进行相互复核与印证。各规划水平年的需水净定额，要结合节约用水的分析成果、考虑产业结构与布局调整的影响并参考有关部门制定的用水定额标准，确定需水预测取用值。

(1) 工业需水预测方法。工业需水预测，通常根据万元国内生产总值需水量、万元工业产值需水量、万元工业增加值需水量，采用净定额法进行计算。对于火（核）电工业可以根据发电量单位需水量为需水定额来进行计算。

有关部门和省（自治区、直辖市）已制定的工业用水定额标准，可作为工业需水定额预测的基本依据。远期工业需水定额的确定，可参考目前经济比较发达、用水水平比较先进国家或地区现有的工业用水定额水平并结合本地发展条件来确定，这里仅列出 2013 年和 2021 年全国平均水平以供参考。2013 年我国万元国内生产总值用水量为 $109m^3$，万元工业增加值用水量 $67m^3$；2021 年我国万元国内生产总值用水量为 $51.8m^3$，万元工业增加值用水量 $28.2m^3$。

(2) 农业需水预测方法。农业需水包括种植业和林牧渔业需水。种植业主要根据田间灌溉定额和渠系水利用系数来进行计算；林业主要采用灌溉定额法来进行计算；牧业可以按大牲畜和小牲畜日需水定额法进行计算；渔业可以采用亩均补水定额法进行计算。

对于井灌区、渠灌区和井渠结合灌区，应根据节约用水的有关成果，分别确定各自的渠系及灌溉水利用系数，并分别计算其净灌溉需水量和毛灌溉需水量。农田净灌溉定额根据作物需水量扣除有效降水量、地下水利用量等并考虑田间灌溉损失来计算。毛灌溉需水量根据计算的农田净灌溉定额、灌溉面积和比较选定的灌溉水利用系数进行预测，计算式为

$$w = A \times m / \eta$$

式中：w 为毛灌溉需水量；A 为灌溉面积；m 为农田净灌溉定额；η 为灌溉水利用系数。

对于林牧渔业，根据当地试验资料或现状典型调查，分别确定林果地和草场灌溉的净灌溉定额；根据灌溉水源及灌溉方式，确定渠系水利用系数；结合林果地与草场发展面积预测指标，进行林地和草场灌溉净需水量和毛需水量预测。鱼塘补水量为维持鱼塘一定水面面积和相应水深所需要补充的水量，采用亩均补水定额方法计算，亩均补水定额可根据鱼塘渗漏量及水面蒸发量与降水量的差值加以确定。

农业需水具有季节性特点，为了反映农业需水量的年内分配过程，要求提出农业需水量的月分配系数。农业需水量月分配系数可根据种植结构、灌溉制度及典型调查加以综合确定，这里仅列出2013年和2021年全国平均水平以供参考。2013年我国农田实际灌溉亩均用水量为418m^3，农田灌溉水有效利用系数0.523；2021年我国农田实际灌溉亩均用水量为355m^3，农田灌溉水有效利用系数0.568。

（3）建筑业和第三产业需水预测方法。建筑业需水预测以单位建筑面积需水量法为主，以建筑业万元增加值需水量法进行复核。第三产业需水可采用万元增加值需水量法进行预测，根据这些产业发展规划成果，结合用水现状分析，预测各规划水平年的净需水定额和水利用系数，进行净需水量和毛需水量的预测。

建筑业和第三产业需水量年内分配比较均匀，仅对年内用水量变幅较大的地区，通过典型调查进行用水量分析，计算需水月分配系数，确定需水量的年内需水过程。

（4）生活需水预测方法。生活需水分城镇居民生活需水和农村居民生活需水两类，可采用人均日需水量方法进行预测。根据经济社会发展水平、人均收入水平、水价水平、节水器具推广与普及情况，结合生活用水习惯和现状用水水平，参照建设部门已制定的城市（镇）用水标准，参考国内外同类地区或城市生活用水定额，分别拟定各水平年城镇和农村居民生活需水净定额；根据供水预测成果以及供水系统的水利用系数，结合人口预测成果，进行生活净需水量和毛需水量的预测，这里仅列出2021年全国平均水平以供参考，2021年我国人均生活用水量为176L/d，其中居民人均生活用水量124L/d。

城镇和农村生活需水量年内分配比较均匀，可按年内月平均需水量确定其年内需水过程。对于年内用水量变幅较大的地区，可通过典型调查和现状用水量分析，确定生活需水月分配系数，进而确定生活需水的年内需水过程。

（5）生态需水预测方法。生态需水可按河道内和河道外两类生态需水口径分别进行预测。不同类型的生态需水量计算方法不同。城镇绿化、防护林草等以植被需水为主体的生态需水量，可采用定额预测方法；湖泊、湿地、城镇河湖补水等，以规划水面的蒸发量与降水量之差为其生态需水量。对以植被为主的生态需水量，要求对地下水水位提出控制要求。其他生态需水，可结合各分区、各河流的实际情况采用相应的计算方法。关于生态需水量的预测方法，可参阅其他书籍。

（6）河道内其他需水预测方法。河道内其他生产活动用水（包括航运、水电、渔业、旅游等）一般来讲不消耗水量，但因其对水位、流量等有一定的要求，因此，为做好河道内控制节点的水量平衡，也需要对此类需水量进行估算，具体可根据其各自的要求和特点，参照有关计算方法分别估算，并计算控制节点的月需水量外包线。

3. 需水预测汇总及成果合理性分析

在生活、生产和生态三大类用户需水预测的基础上，进行河道内和河道外需水预测成果的汇总。

河道外需水量，一般均要参与水资源的供需平衡分析，应按城镇和农村两大供水系统进行需水量的汇总。

河道内需水量，根据河道内生态需水和河道内其他生产需水的对比分析，取月外包过程线。

为了保障预测成果具有现实合理性，要求对经济社会发展指标、需水定额以及需水量进行合理性分析。合理性分析主要为各类指标发展趋势（增长速度、结构和人均量变化等）和国内外其他地区的指标比较，以及经济社会发展指标与水资源条件之间、需水量与供水能力之间等关系协调性分析等。

（二）供水预测

供水预测是以现状情况下水资源的开发利用状况为基础，以当地水资源开发利用潜力为控制条件，通过经济技术综合比较，制定出不同水平年的水资源开发利用方案，从而进行可供水量预测，为水资源的供需分析与合理配置提供参考依据。

按供水工程情况分类，供水系统包括蓄水工程（水库、塘坝）、引水工程、提水工程和调水工程。按供水水源分类，供水系统包括地表水供水工程、浅层地下水供水工程、其他水源供水工程（包括深层承压水、微咸水、雨水集蓄工程、污水处理再利用工程、海水利用工程）。按供水用户来分类，供水系统包括城市供水工程、农村供水工程和混合供水工程。

1. 可供水量及开发利用潜力的概念

可供水量是指在不同水平年、不同保证率或不同频率情况下，通过各项工程设施，在合理开发利用的前提下，可提供的能满足一定水质要求的水量。可供水量的概念包含以下内容：①可供水量并不是实际供水量，而是通过对不同保证率情况下的水资源供需情况进行分析计算后，得出的工程设施“可能”或“可以”提供的水量，是对未来情景进行预测分析的结果；②可供水量既要考虑到当前情况下工程的供水能力，又要对未来经济发展水平下的供水情况进行预测分析；③计算可供水量时，要考虑丰、平、枯不同来水情况下，工程能够提供的水量；④可供水量是通过工程设施为用户提供的，没有通过工程设施而为用户利用的水量（比如农作物利用的天然降水、通过吸收的地下水）不能算作可供水量；⑤可供水量的水质状况必须能达到一定的使用标准。

水资源可利用量与可供水量是两个不同的概念。通常情况下，由于兴建的供水工程的实际供水能力同水资源的丰、平、枯水量在时间分配上存在着矛盾，这大大降低了水资源的利用水平，所以可供水量总是小于或等于可利用量。现状条件下的可供水量是根据用水需要能提供的水量，它是水资源开发利用程度和工程供水能力的现实状况，不能代表水资源的可利用量。

水资源开发利用潜力是指通过对现有工程的加固配套和更新改造、新建工程的投入运行和非工程措施的实施后，与现状条件相比所能提高的供水能力。水资源开发利用潜力与水资源可利用量和工程供水能力有关。

2. 可供水量计算

影响可供水量的因素有：来水条件、用水条件、供水水质、工程条件。

（1）地表水可供水量计算。地表水可供水量大小取决于地表水的可引水量和工程的引提水能力。假如地表水有足够的可利用量，但引提水工程能力不足，则其可供水量也不大；相反，假如地表水可引水量小，再大能力的引提水工程也不能保证有足够的可供水量。地表水可供水量计算通式如下：

$$W_{\text{地表可供}}=\sum_{i=1}^{t}\min(Q_i,Y_i) \tag{3-1}$$

式中：Q_i、Y_i 分别为 i 时段满足水质要求的可引水量、工程的引提水能力；t 为计算时段数。

地表水的可引水量 Q_i 应小于或等于地表水的可利用量。

（2）地下水可供水量计算。一般来讲，可供地下水主要是指矿化度不大于 2g/L 的浅层地下水。地下水可供水量大小取决于机井提水能力和地下水可开采量，其计算通式如下：

$$W_{\text{地下可供}}=\sum_{i=1}^{t}\min(G_i,W_i) \tag{3-2}$$

式中：G_i、W_i 分别为 i 时段机井提水能力、当地地下水可开采量；t 为计算时段数。

（3）其他水源的可供水量计算。雨水集蓄利用、微咸水利用、污水处理回用、海水利用和深层承压水利用等，在一定条件下可以作为供水水源，并参与水资源供需分析，因此，在可供水量计算时它们也应被包括进来，当然，这些水源的开发应用区域性特点明显，并具有一定的应用对象和范围。

雨水集蓄利用：可以通过调查、分析现有雨水集蓄工程的供水量大小及其作用和对河川径流的影响，来综合确定现状水平年可供水量。对于规划水平年，在现状水平年可供水量的基础上，再考虑雨水集蓄工程增加的供水量及对河川径流的影响，确定其可供水量。

微咸水利用：可以通过对微咸水的分布及其可利用地域范围和需求的调查分析，综合评价微咸水的开发利用潜力和需求量，提出不同水平年微咸水的可供水量。

污水处理回用量：其确定要综合考虑两方面：一是供水方面，达到一定水质要求的回用水到底有多少；二是需水方面，可以利用回用水的用水户到底需要多少回用水。

海水利用：由于技术和成本较高，在确定海水利用量时，要结合海水利用现状，充分考虑技术经济条件和海水利用范围、途径等因素。

深层承压水利用：在部分缺水地区被利用，其可供水量的确定要经过详细的勘察和论证，掌握深层承压水的分布、补给和循环规律，综合评价其可开发利用潜力，确定其可供水量。

3. 总可供水量计算

总可供水量包括地表水可供水量、浅层地下水可供水量、其他水源可供水量，其中，地表水可供水量中包含蓄水工程可供水量、引水工程可供水量、提水工程可供水量以及外流域调入的可供水量。在向外流域调出水量的地区（跨流域调水的供水区）不统计调出的水量，相应的在地表水可供水量中不包括这部分调出的水量。其他水源可供水量包括深层承压水可供水量、微咸水可供水量、雨水集蓄工程可供水量、污水处理再利用量、海水利用量（包括折算成淡水的海水直接利用量和海水淡化量）。

总可供水量中不应包括超采地下水、超过分水指标或水质超标等不合理用水的量。

（三）供需平衡分析

1. 供需平衡分析目的与内容

水资源供需平衡分析是水资源配置工作的重要内容，它是指在一定区域、一定时段内，对某一水平年（如现状或规划水平年）及某一保证率的各部门供水量和需水量平衡关系的分析。水资源供需平衡分析的实质是对水的供给和需求进行平衡计算，揭示现状水平年和规划水平年不同保证率时水资源供需盈亏的形势。

水资源供需平衡分析的目的，是通过对水资源的供需情况进行综合评价，明确水资源的当前状况和变化趋势，分析导致水资源危机和产生环境问题的主要原因，揭示水资源在供、用、排环节中存在的主要问题，以便找出解决问题的办法和措施，使有限的水资源能发挥更大的效益。

水资源供需平衡分析的内容包括：①分析水资源供需现状，查找当前存在的各类水问题；②针对不同水平年，进行水资源供需状况分析，寻求在将来实现水资源供需平衡的目标和问题；③最终找出实现水资源利用目标的规划方案和措施。

2. 供需分析计算

水资源供需分析以计算分区为单元进行计算，以流域或区域水量平衡为基本原理，分析流域或区域内水资源的供、用、耗、排水之间的相互联系，概化出水资源系统网络图（或称系统节点图），计算得出不同水平年各流域（或区域）的相关供需水指标。

系统网络图概化是水资源供需分析的第一步工作。水资源系统网络图要反映影响供需分析中各个主要因素以及各计算分区间的内在联系，它是构建供需分析计算的基础。

水资源供需分析的计算依据是水量平衡原理。对系统网络图中的蓄水工程（水库湖泊）、分水点、计算分区（进一步划分为城镇和农村）等都应建立水量平衡公式。对水资源供需分析的计算成果要检验其合理性和精度，评价成果的可靠性。

3. 现状水平年供需分析

现状水平年水资源供需分析是指对一个地区当年及近几年水资源的实际供水量与

需水量的确定和均衡状况的分析，是开展水资源规划工作的基础。供需现状分析一般包括两部分内容：一是现状实际情况下的水资源供需分析；二是现状水平（包括供水水平、用水水平、经济社会水平）不同保证率下典型年的水资源供需分析。

4. 规划水平年供需分析

在对水资源供需现状分析的基础上，还要对将来不同水平年的水资源供需状况进行分析，这样便于及早进行水资源规划和经济社会发展规划，使水资源的开发利用与经济社会发展相协调。不同水平年的水资源供需分析也包括两部分内容：一是分析在不同来水保证率情况下的供需情况，计算出水资源供需缺口和各项供水、需水指标，并作出相应的评价；二是在供需不平衡的条件下，通过采取提高水价、强化节水、外流域调水、污水处理再利用、调整产业结构以抑制需求等措施，进行多次的调整试算，以便找出实现供需平衡的可行性方案。

【例题 3-1】 已知某地区划分 5 个行政区，每个行政区的现状水平年可供水量、需水量见表 3-1，计算各个分区和整个地区的余缺水量，并计算总体缺水率。

表 3-1　　某地区各分区可供水量与需水量　　单位：万 m^3/年

分　区	可供水量	需水量	分　区	可供水量	需水量
1	9520	12978	4	10047	12012
2	9814	7977	5	35791	42462
3	7923	9844			

解：

各个分区的余缺水量＝可供水量－需水量，余水为正值，缺水为负值，结果见表 3-2。总体缺水率＝总缺水量/总需水量＝16.4%。

表 3-2　　某地区各分区余缺水量计算结果表　　单位：万 m^3/年

分　区	可供水量	需水量	余水量	缺水量
1	9520	12978		3458
2	9814	7977	1837	
3	7923	9844		1921
4	10047	12012		1965
5	35791	42462		6671
合计	73095	85273	1837	14015

二、水资源规划方案的比选

规划方案的选取及最终方案的制定，是水资源规划工作的重要内容。规划方案通常有多种多样，其产生的效益及优缺点也各不相同，到底采用哪种方案，需要综合分析并根据实际情况而定，因此，水资源规划方案比选是一项十分重要而又复杂的工作，至少需要考虑以下因素：

(1) 要能够满足不同发展阶段经济发展的需要。水是经济发展的重要资源，水利是重要的基础产业，水资源短缺制约着经济发展，因此，在制定水资源规划方案时，要针对具体问题采用不同的措施。工程型缺水，主要解决工程问题，把水资源转化为生产部门可以利用的可供水源；资源型缺水，主要解决资源问题，如建设跨流域调水工程，以增加本区域水资源可利用量。

(2) 要协调好水资源分布与经济社会用水不协调之间的矛盾。水资源在空间分布上随着地形、地貌和水文气象等条件的变化有较大差异，而经济社会发展状况在地域上分布往往又与水资源空间分布不一致，这时，在制定水资源配置方案时，必然会出现两者不协调的矛盾，这在水资源规划方案制定时需要给予重点考虑。

(3) 要满足技术可行的要求。只有方案中的各项工程能够得到实施，才能实现规划方案的效益。如果某一项工程从技术上不可行，必将会影响整个规划方案的效益甚至实施。

(4) 要满足经济可行的要求，使工程投资在社会可承受能力范围内，从而使规划方案得以实施。

规划方案只有满足以上要求时，才能保证该方案经济合理、技术可行、综合效益也在可接受的范围内。通过比较，选取优化的方案作为推荐方案。对选取的推荐方案再进行必要的修改完善和详细模拟，按合理配置评价指标进行计算和分析，确定多种水源在区域间和用水部门之间的调配方式，提出分区的水资源开发、利用、治理、节约和保护的重点、方向及其联合运行方式等。

三、水资源规划方案涉及的内容

(一) 水资源配置方案

确定水资源配置方案是水资源规划的核心内容，一方面，其内容是为水资源配置方案的选择及制定服务；另一方面，又通过水资源配置方案的制定来间接调控经济社会发展和生态系统保护，其基本的研究思路和过程介绍如下：

(1) 根据研究区的实际情况，制定水资源规划的依据、具体任务、目标和指导思想，重点要体现我国现代治水的新思想，比如，人水和谐思想、可持续发展思想、生态文明思想等。

(2) 了解经济社会发展现状和发展趋势，建立由经济社会主要指标构成的经济社会发展预测模型，对未来不同规划水平年的发展状况进行科学预测。

(3) 分析研究区水资源数量、水资源质量和可供水资源量，并建立水量水质模型，并作为研究的基础模型。

(4) 建立水资源优化配置模型，其中，经济社会发展预测模型、水量水质模型均包括在水资源优化配置模型中。

(5) 通过优化模型的求解和优化方案的寻找，来制定水资源规划的具体内容。

制定水资源配置方案是水资源规划的重要工作，它应该是在水资源优化配置模型的基础上，结合研究区实际，制定分区、分行业、分部门、分时段（根据解决问题的深度不同来选择规划详细程度）的配置计划。

《全国水资源综合规划技术细则》（2002）中要求，水资源配置应在多次供需反馈并协调平衡的基础上，进行二至三次水资源供需分析。一次供需分析是考虑人口的自然增长、经济的发展、城市化程度和人民生活水平的提高，按照水资源开发利用格局现状和发挥现有供水工程潜力的情况下，进行水资源供需分析。若一次供需分析有缺口，则在此基础上进行二次供需分析，即考虑强化节水、污水处理再利用、挖潜配套以及合理提高水价、调整产业结构、合理抑制需求和保护生态环境等措施进行水资源供需分析。若二次供需分析仍有较大缺口，应进一步加大调整经济布局和产业结构及节水的力度，具有跨流域调水可能的，应考虑实施跨流域调水，并进行三次供需分析。在供需平衡分析的基础上，根据不同水平年的需水预测、节约用水以及供水预测的成果，制定水资源配置方案可行域，提出水资源配置方案集。在对各种工程与非工程等措施所组成的供需分析方案集进行技术、经济、社会、环境等指标比较的基础上，对各项措施的投资规模及其组成进行分析，提出推荐方案。

（二）水资源保护规划

影响生态系统演变的因素不外乎两大类，即自然因素和人为因素。自然因素形成的生态系统演变现象有冰川进退、雪线升降、河湖消长、沙漠变迁等；人为因素形成的生态系统演变现象有农垦引起的荒漠化、盐碱化、水生生物、稀有动植物减少或灭绝、草场退化等，排污引起的水环境污染、大气环境污染、土地肥力下降、生物生存环境破坏等，工农业发展带来的水资源利用量、土地资源利用量以及其他资源利用量增加、森林覆盖率、草地覆盖率减小等生态问题。

随着人类活动的加剧，人类对赖以生存的环境有越来越大的影响。由于人类活动诱发的土地沙漠化、土壤盐渍化、草地退化、河湖水质恶化、生物多样性减少等一系列环境问题日趋严重，使水土资源的开发利用受到严重制约，并直接影响到区域经济社会的可持续发展。因此，保护生态系统，是促进经济社会与环境协调发展、建立人与自然和谐共生的重要举措。

水资源保护规划是在调查、分析河流、湖泊、水库等水体中污染源分布、排放现状的基础上，与水文状况和水资源开发利用情况相联系，利用水量水质模型，探索水质变化规律，评价水质现状和变化趋势，预测各规划水平年的水质状况，划定水功能区范围及水质标准，按照功能要求制定环境目标，计算水环境容量和与之相对应的污染物消减量，并分配到有关河段、地区、城镇，对污染物排放实行总量控制，同时，根据流域（或区域）各规划水平年预测的供水量和需水量，计算实施水资源保护所需要的生态需水量，最终提出符合流域（或区域）经济社会发展的综合防治措施。

水资源保护规划的目的在于保护水质，合理地利用水资源，通过规划提出各种措施与途径，使水质不受污染，以免影响水资源的正常用途，从而保证满足水体主要功能对水质的要求，并合理地、充分地发挥水体的多功能用途。

进行规划时，必须先了解被规划水体的种类、范围、使用要求和规划的任务等，并把水资源保护目标纳入到水资源优化配置模型中，再通过优化模型的求解和优化方案的选择，可以得到水资源保护规划的具体方案，从而制定水资源保护措施。

（三）社会发展规模及方向

水资源规划不仅仅针对水资源系统本身，还涉及社会、经济、生态环境等多方面。在水资源规划中，需要对规划流域和有关地区的经济社会发展与生产力布局进行分析预测，明确各方面发展对水资源开发利用的要求，以此作为确定规划任务的基本依据。简单地讲，也就是在制定水资源规划方案时，考虑规划区域经济社会发展规划，以适应经济社会发展的需求。

在水资源利用与社会发展规模产生矛盾时，也就是可供水量无法满足社会发展需水量时，需要进行必要的协调。如果从水资源利用角度实在无法满足社会发展规模时，有必要对社会发展规模控制提出建议。水资源规划报告一般没有权力减少社会发展规模，但可以从水资源角度提出相关建议。

（四）调整经济结构与发展速度

水资源与经济发展关系密切，水资源利用在很大程度上是为了经济发展用水之需。因此，从水资源规划的角度，可以对经济结构和发展速度提出建议。水资源规划最终报告要提出的关于经济规划部分的相关成果，至少要包括以下内容：

(1) 对三类产业的总体布局建议。主要确定三类产业在国民经济建设中的比重，指出重点发展哪些产业，重点扶持哪些产业。明确三类产业的总体布局和结构，实现经济结构合理的发展模式。

(2) 对各行业发展速度进行宏观调控建议。对部分行业或部门（如对低耗水、低污染行业）进行重点支持，合理提高发展速度；对部分行业或部门（如对高耗水、高污染行业）实行限制发展或取消，以逐步适应发展需要。例如，在有些生态系统破坏严重的地区，要限制农业耕作面积的扩大，甚至要求“退耕还林还草”；而有些行业又要鼓励加强，如旅游业，特别是生态旅游在许多地区很受欢迎。

课程思政教育

(1) 通过对水资源规划工作的学习，熟悉水资源规划应遵循的原则及指导思想，让学生理解水资源规划需要坚持一定的、先进的指导思路，学生在学习中、以后的工作和为人处世中也需要坚持一定的原则和先进的思想，不断提升自己。

(2) 通过学习水资源规划的重点内容和工作流程，培养学生从事水资源工作的分析问题能力、辩证思维能力，提升学生为水利现代化建设贡献力量的信心和决心。

思考题或习题

[1] 简述水资源规划的重要意义、遵循原则和工作流程。

[2] 简述我国现阶段水资源规划的指导思想。

[3] 选择某一城市，搜索相关资料，并通过简单计算，分析该城市是否达到水资源供需平衡。

[4] 阐述水资源规划方案涉及的主要内容。

[5] （选做）习题：以“我国现代治水新思想及其对水资源规划的指导作用”为题，写一篇综述性论文。

[6] 某地区地表水可利用量为1.68亿m^3/年，引提水工程的供水能力为1.23亿m^3/年，而该地区的用水量为1.17亿m^3/年，试确定该地区的地表水可供水量。

[7] 已知某农田灌溉面积为10万亩，净灌溉定额为200m^3/亩，灌溉水利用系数η为0.8，试计算该农田毛灌溉需水量。

第四章 水库利用与兴利调节计算

水库是人类开发利用水资源使用较早的一种水利工程建筑物，可以用来供水、发电、防洪和养殖等。本章将介绍水库的特性、水库兴利调节计算的基础内容、计算原理与计算方法。水库兴利调节计算是本教材安排的三大计算内容的第一个，也是为了“兴水利”水库规划所做的一项计算工作。

第一节 水库利用与特性

一、水库的概念及径流调节作用

水库是人工修建的拦洪蓄水和调节水流的水利工程建筑物。人类生活和生产活动离不开水，人类早期生产力水平低，大多依河、湖泊而居，而陆地上的降水在时间和空间上分布是不均匀的，因此，人们为了防洪和用水，自然就选择了堆土成坝、拦蓄雨水，就形成了水库大坝。在古代，人类筑坝或修建水库，一方面是为了抵御洪水的侵袭，另一方面主要是为了灌溉取水。后来，随着经济社会的发展，筑坝蓄水还产生了改善航运条件、水力发电、养殖等其他效益。我国水库大坝建设的历史源远流长，见诸文字记载的最早的蓄水坝是芍陂（今安丰塘水库），建于公元前597年左右，至今仍在发挥作用。现代水利工程中，水库已成为非常常见的水利工程建筑物，在国民经济发展中占据重要地位。

一般来说，水库具有三大组成要件，分别是大坝、溢洪道、泄水建筑物。有时水库与湖泊区分界线模糊，有时把天然湖泊也称为天然水库，在山沟或河流的狭口处建造拦河坝形成的水库也称为人工湖泊。

水库的功能非常广泛，每个水库的情况也不尽相同，主要有蓄水、供水、防洪、发电、养鱼、航运等功能，其中多数功能与水库能够对库区和下游进行径流调节有关。

径流调节，是按人们的需求，通过水库的蓄水、泄水作用，控制径流和重新分配径流。水库是径流调节的工具。利用水库的容积 $V_{兴}$，控制和改变河流的时程分配，以满足（或适应）国民经济各用水部门的需要而进行的径流调节，称为兴利调节或水库兴利调节作用；利用水库的容积 $V_{调洪}$，拦蓄洪水、削减洪峰，以满足防洪需要而进行的径流调节，称为洪水调节或水库调洪作用。水库调洪相关内容将在第五章介绍。

水库径流调节作用示意如图 4-1 所示，在蓄水期，水库来水流量（Q）大于水库供水流量（q），水库蓄水量增加，直到蓄水期结束蓄到最高水位，水库库容变化量 ΔV 为正值；在供水期，水库来水流量（Q）小于水库供水流量（q），水库蓄水量减少，直到供水期结束降到最低水位。

二、水库面积特性和容积特性

（一）水库面积特性

水库面积特性是指水库水位与水面面积的关系曲线，如图 4-2 所示。库区内某一水位高程的等高线和大坝所围成的水面面积，即为该水位的水库水面面积。从水库面积曲线上可以看出水库的陡缓，即水库水面面积随水位的变化情况，比如图 4-2 中，同样的水位，曲线 2 明显比曲线 1 的水面面积大。

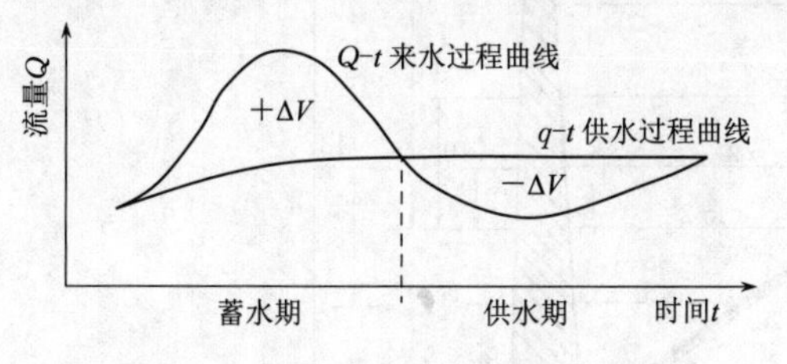

图 4-1　水库径流调节作用示意图

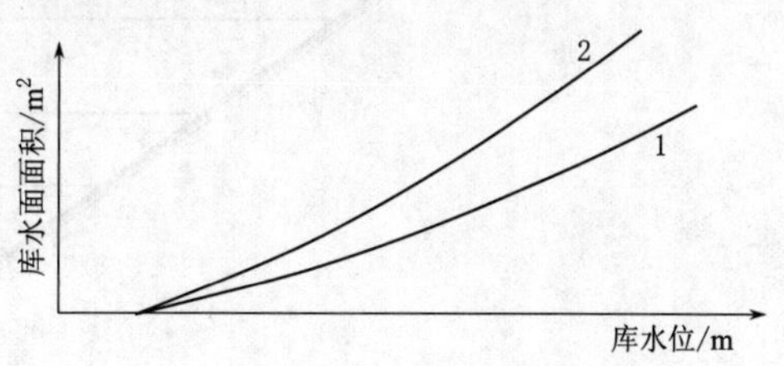

图 4-2　水库面积特性曲线

绘制水库面积特性曲线有很多种方法，主要涉及两个参数：水位、水面面积。水库水位的观测可以用水位标尺、经纬仪、GPS 等。不同水位的水面面积计算可以采用绘制地形等高线图、不同水位的遥感影像图量测等方法。

（二）水库容积特性

水库容积特性是指水库水位与容积的关系曲线，它可由水库面积特性推算绘制。水库库容是水库面积曲线的积分，即

$$V_Z=\int_0^Z F(Z)\mathrm{d}Z$$

式中：Z 为水库水位；$F(Z)$ 为水库水面面积曲线；V_Z 为水库水位 Z 对应的库容。

当然，通常可以采用两相邻等高线间的水层容积（见图 4-3 中 ΔV）从库底叠加近似计算，再绘制水库库容特性曲线。

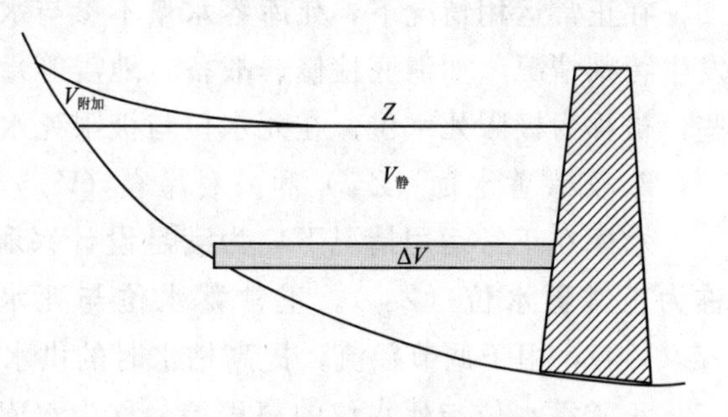

图 4-3　水库容积及附加库容

需要说明的是，以上绘制的水库面积和容积曲线是按照水平面进行计算的。只有当水库中水的流速为 0 时才呈水平面，上述计算的库容为静库容（见图 4-3 中 $V_{静}$），对应的库容曲线为静库容曲线。现实中，很多水库有上游来水流入，库中水流有一定流速，在上游入流影响区域形成一个往上游翘的楔形库容，称为附加库容（见图 4-3 中 $V_{附加}$），对应的 $V_{静}+V_{附加}$ 库容曲线为动库容曲线。

通常情况下，采用静库容曲线进行计算能满足要求，但当附加库容较大，特别是涉及水库淹没面积计算和水库移民问题时，这部分附加库容非常关键，需要重点考虑。

三、水库的特征水位和特征库容

水库为完成不同任务在不同时期和各种水文情况下，需控制达到或允许消落的各种库水位，统称为特征水位。相应于水库特征水位以下或两特征水位之间的水库容积，称为特征库容。如图 4-4 所示，标示出水库各种特征水位和特征库容，下面逐一介绍。

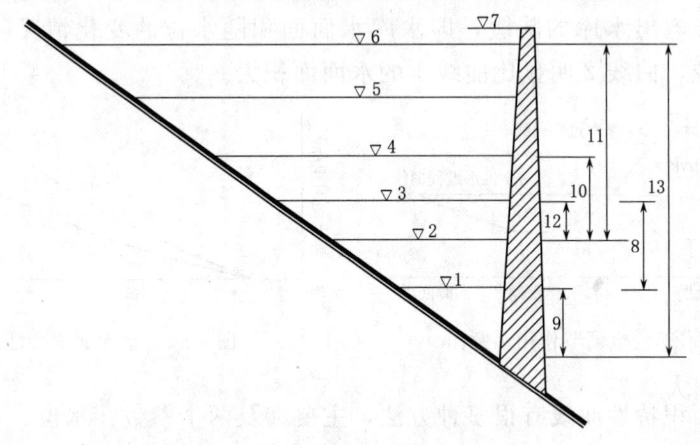

图 4-4　水库的特征水位和特征库容

1—死水位；2—防洪限制水位；3—正常蓄水位；4—防洪高水位；5—设计洪水位；6—校核洪水位；7—坝顶高程；8—兴利库容；9—死库容；10—防洪库容；11—调洪库容；12—重叠库容；13—总库容

1. 死水位（$Z_{死}$）和死库容（$V_{死}$）

在正常运用的情况下，允许水库消落的最低水位，称为死水位。死水位以下的水库容积，称为死库容。设置死库容的作用：①垫底。水库的发电、灌溉、航运、养鱼、旅游、维持库区环境等，都需要保持一个最低水位；②容纳泥沙淤积。

在正常运用情况下，死库容水量不参与水量调节。只有当遇到特殊枯水年份或者发生特殊情况（如清底检修、战备、地震等）时，水库运行水位允许比死水位还低一些，被称为极限死水位。在死水位与极限死水位之间的库容，称为备用库容（$V_{备}$）。

2. 正常蓄水位（$Z_{蓄}$）和兴利库容（$V_{兴}$）

水库在正常运用情况下，为满足设计兴利要求而在开始供水时应蓄到的高水位，称为正常蓄水位（$Z_{蓄}$）。正常蓄水位与死水位间的库容，称为兴利库容或调节库容（$V_{兴}$），用于调节径流，提高枯水时的供水量。

正常蓄水位与死水位的高程差，称为水库消落深度或工作深度。

正常蓄水位是一个很重要的特征水位，在很大程度上决定水库的规模、水工建筑物尺寸和型式、水库的效益和调节方式。

3. 防洪限制水位（$Z_{限}$）

水库在汛期允许兴利蓄水的上限水位，称为防洪限制水位（$Z_{限}$），它是水库汛期防洪运用时的起调水位，也称为汛前限制水位。当汛期不同时段的洪水特性有明显差异时，可考虑分期采用不同的防洪限制水位。

防洪限制水位一般不是计算得到的，而是综合考虑水库防洪与兴利的需求选定的，当然，选定前需要进行多方面的论证分析。

4. 防洪高水位（$Z_{防}$）和防洪库容（$V_{防}$）

当遇到下游防护对象的设计洪水时，水库为控制下泄流量而拦蓄洪水，这时在坝前达到的最高水位，称为防洪高水位（$Z_{防}$）。防洪高水位与防洪限制水位之间的库容，称为防洪库容（$V_{防}$）。

设置$V_{防}$的目的是用以拦蓄洪水，满足下游防护对象的防洪要求。因此，不是每个水库都设有防洪高水位，只有当水库承担下游防洪任务时，才需确定这一水位。

当防洪限制水位低于正常蓄水位时，防洪库容与兴利库容的重叠部分，称为重叠库容或共用库容（$V_{共}$）。此库容在汛期腾空作为防洪库容的一部分，汛末再充蓄作为兴利库容的一部分。当防洪限制水位与正常蓄水位处于同一高程时，重叠库容为0，防洪库容与兴利库容完全不重叠。不存在防洪限制水位高于正常蓄水位的情况。

5. 设计洪水位（$Z_{设洪}$）和拦洪库容（$V_{拦}$）

当水库遇到大坝设计洪水时，在坝前达到的最高水位，称为设计洪水位（$Z_{设洪}$），它是正常运用情况下允许达到的最高水位。设计洪水位与防洪限制水位之间的库容，称为拦洪库容（$V_{拦}$）。

6. 校核洪水位（$Z_{校核}$）和调洪库容（$V_{调洪}$）

当水库遇到大坝校核洪水时，在坝前达到的最高水位，称为校核洪水位（$Z_{校核}$），它是水库非正常运用情况下允许达到的临时性最高洪水位，是确定大坝坝顶高程的主要依据。校核洪水位与防洪限制水位之间的库容，称为调洪库容（$V_{调洪}$），用以拦蓄洪水，确保大坝安全。

7. 总库容（$V_{总}$）、有效库容（$V_{效}$）

校核洪水位以下的全部库容，称为总库容（$V_{总}$），即$V_{总}=V_{死}+V_{兴}+V_{调洪}-V_{共}$。

校核洪水位与死水位之间的库容，称为有效库容（$V_{效}$），即$V_{效}=V_{总}-V_{死}=V_{兴}+V_{调洪}-V_{共}$。

总库容是表示水库工程规模的代表性指标，是划分水库等级的主要依据。比如，我国对水库等级的划分是：水库总库容大于10亿m^3的为大（1）型水库，1.0亿～10亿m^3的为大（2）型水库，0.16亿～1.0亿m^3的为中型水库，0.01亿～0.10亿m^3的为小（1）型水库，0.001亿～0.01亿m^3的为小（2）型水库。

四、水库的水量损失

水库蓄水后，改变了河流的天然状态和库内外水力关系，从而引起额外水量损失。水库水量损失主要包括蒸发损失和渗漏损失。

1. 蒸发损失

水库建成后，库区原有陆地变成了水面，从而增加的蒸发量，就是水库蒸发损

失。各计算时段（月、年）的蒸发损失可用下式进行近似计算

$$W_{蒸}=(h_{水}-h_{陆})(F_{库}-f_{原}) \tag{4-1}$$

式中：$W_{蒸}$为水库蒸发损失，m^3；$h_{水}$为库区水面蒸发深度，m；$h_{陆}$为库区陆面蒸发深度，m；$F_{库}$为水库水面面积，m^2；$f_{原}$为原天然河道水面面积，m^2。

水库蒸发损失在地区间差异大。总体来看，在干旱区建设水库，蒸发损失较大，对供水不利；相对山区，在平原区建设水库，水库深度较浅，同样库容的水面面积大，蒸发损失大，所以，不宜建平原水库，特别是在干旱区更不宜建平原水库。

2. 渗漏损失

水库蓄水后，水位抬高、水压增大、渗水面积加大，从而产生渗漏损失。渗漏损失主要有三种情况：①通过坝身及水工建筑物止水不严处渗漏；②通过坝基及绕坝两翼的渗漏；③通过坝底、库边流向较低渗水层的渗漏。

渗漏损失计算比较复杂，通常可采用经验估算式进行估算，比如：

$$W_{渗}=kW_{蓄} \tag{4-2}$$

式中：$W_{渗}$为水库渗漏损失，m^3；k为经验取值；$W_{蓄}$为水库蓄水量，m^3。

3. 其他损失

水库的水量损失除蒸发损失、渗漏损失两种主要类型外，还可能有其他形式的损失，比如结冰损失。严寒地区的水库，水面结成冰盖，其中部分冰层将因水库水位消落而滞留岸边，引起水库蓄水量的临时损失，这项损失一般不大，可按结冰期库水位变动范围内库面面积之差乘以0.9倍平均结冰厚度估算。

第二节　设计保证率与设计代表期

一、设计保证率

（一）工作保证率与设计保证率的概念

水利工程运用（比如供水、发电等）的正常工作的保证程度，称为工作保证率。工作保证率有不同的表示形式，一种是按照正常工作相对年数计算的年保证率，它是指多年期间正常工作年数占运行总年数的百分比，即

$$P=\frac{正常工作年数}{运行总年数}\times 100\%=\frac{运行总年数-工作遭破坏年数}{运行总年数}\times 100\% \tag{4-3}$$

另一种工作保证率表示形式是按照正常工作相对历时计算的历时保证率，它是指多年期间正常工作历时（日、旬或月）占运行总历时的百分比，即

$$P'=\frac{正常工作历时(日、旬或月)}{运行总历时(日、旬或月)}\times 100\% \tag{4-4}$$

在年保证率中，只要一年中有一次破坏就认为全年遭破坏，不考虑该年的破坏程度和破坏历时，都按照一样的破坏年纳入计算。在历时保证率中，尽管某一年中有部分时段遭破坏，其他时段没有破坏的还计入到正常工作状态，因此，针对同一水库，

一般是 $P < P'$ 。在实际工作中，采用哪种形式计算工作保证率，可视具体情况而定。

针对拟建的水利工程，需要选定一个合适的工作保证率，作为水库建成后正常运用得到保证程度的依据，它是水利工程规划设计需要达到的保证程度，称为设计保证率（$P_{设}$）。设计保证率是水库正常运行的可靠性指标，是兴利设计的标准。

设计保证率是在规划设计阶段确定的水利工程正常运用的保证率，区别于一般的工作保证率，它也有两种表示方式，一种是年设计保证率，另一种是历时设计保证率。

（二）设计保证率的选择

设计保证率是水利工程规划设计的重要参数，对水利工程正常运用和建设规模有重要影响。设计保证率选得太低，正常工作遭到破坏的几率加大，影响效益发挥；设计保证率选得太高，保证程度提高，但工程投资和其他费用增加，也会降低工程的效益。可见，设计保证率选择不是一个简单的事情，需要综合考虑各方面的因素，通过技术经济综合论证来确定。目前的实用方法是，根据各部门的重要性、性质，参照有关规范进行选择。

（1）水电站设计保证率。《水电工程动能设计规范》（NB/T 35061—2015）中规定，水电站的设计保证率，应根据用电地区的电力电量需求特性、水电比重及整体调节能力，设计水电站的河川径流特性、水库调节性能、装机规模及其在电力系统中的作用，以及设计保证率以外时段出力降低程度和保证系统用电可能采取的措施等因素进行分析，宜按85%～95%选取，水电比重大的系统取较高值，比重小的系统取较低值。

（2）工业和城市供水设计保证率。工业生产和城市生活供水要求较高，一般年保证率取值范围为95%～99%。

（3）灌溉设计保证率。通常根据灌区水、土资源情况、作物种类、水文气象条件、水库调节性能以及国民经济条件等因素分析确定。一般来说，南方水资源丰富地区的灌溉设计保证率比北方高，大型灌区的比小灌区的高，自流灌溉的比提水灌溉的高，远期规划的比近期规划的高。在缺水地区或水资源紧缺地区，旱作物地面灌溉年设计保证率为50%～75%，水稻的为70%～80%；在湿润地区或水资源丰富地区，旱作物地面灌溉年设计保证率为75%～85%，水稻的为80%～95%。各类地区、各类作物的喷灌、微灌年设计保证率为85%～95%。引洪淤灌系统的灌溉设计保证率可取30%～50%。

二、设计代表期

在水利工程规划设计过程中，要进行多方案大量的水利水能计算。根据长系列水文资料进行计算，可获得较精确的结果，但工作量大。在实际工作中可采用简化方法，即从水文资料中选择若干典型年份或典型多年径流系列作为设计代表期进行计算，其成果精度一般能满足规划设计的要求。根据此方法选择的典型年份或典型多年径流系列就是设计代表期。

（一）设计代表年

在水利工程规划设计中，常选择有代表性的枯水年、中水年（也称平水年）和丰水年作为设计典型年，分别称为设计枯水年、设计中水年、设计丰水年，对其统称为设计代表年。

设计枯水年代表少水条件且恰好满足设计保证率要求的兴利情况，设计中水年代表中等来水条件下的兴利情况，设计丰水年代表多水条件下的兴利情况。假如设计保证率为$P_{设}$，设计枯水年对应的频率为$P_{设}$、设计中水年对应的频率为50%、设计丰水年对应的频率为$1-P_{设}$。

选择设计代表年的方法步骤和考虑因素有：

(1) 在年水量频率曲线上，分别确定设计枯水年（频率为$P_{设}$）、设计中水年（频率为50%）、设计丰水年（频率为$1-P_{设}$）的年水量（参考《工程水文学》教材）。

(2) 按照年水量值，选择设计典型年。一般在年水量值附近有多个年份，到底选哪一年，需要考虑：①对设计枯水年，考虑不利的年内分配；对设计平水年，考虑多年平均的年内分配；对设计丰水年，考虑来水较丰年份的平均年内分配；②找不到正好是某一频率年水量值的年份怎么办？比如，设计枯水年（75%），年水量值$Q=125$亿m^3，但在实际年份中没有正好等于125亿m^3的年份，可以选择接近该值的年份，再按照比例缩放。假如找到2018年作为代表年，其年水量值为136亿m^3，可以把2018年的各月径流量同时乘以$\frac{125}{136}$，得到了典型年径流过程。

(3) 对一条河流有多个水文站，每个水文站选择的代表年可能不一样，怎么办？从理论上分析，不能按照每个水文站的设计代表年来计算每个水文站的设计结果，有两种处理办法：①选择控制性水文站的结果；②找各水文站中具有共同丰（或枯）年份的那一年作为代表年。

（二）设计多年径流系列

从长系列资料中选出的有代表性的短系列，作为设计多年径流系列，参与多年调节水库的调节计算。

1. 设计枯水系列

对于多年调节计算，由于水文资料的限制，能获得的完整调节周期的样本数不多，难以应用频率分析方法进行统计分析。比如，某水文站有1956—2020年的水文观测资料，假如其丰平枯周期为12年，该系列最多存在5个周期的“样本”，显然从理论上讲，统计分析样本太少，不应直接进行统计分析。可以采用“扣除允许破坏年数法”，确定设计枯水系列，其步骤是：

(1) 先在水文系列中选择连续枯水年组，按下式计算设计保证率（$P_{设}$）条件下正常工作允许破坏的年数$T_{破}$。如果$T_{破}$整数位后有小数，小数的取舍应根据计算目的选择，如果$T_{破}$越大对计算结果越有利，其小数只进不舍，比如$T_{破}=2.12$，取3。

$$T_{破}=n-P_{设}\times(n+1) \tag{4-5}$$

式中：n表示选择的连续枯水年组系列总年数。

(2) 在实测资料中选出最严重的连续枯水年组，并从该年组最末一年起逆时序扣

除允许 $T_{破}$ 年，余下的即为该设计保证率所选的设计枯水系列。

【例题 4-1】已知某水文站具有 1956—2020 年的年径流量观测数据，选择的连续枯水年组为 1985—1996 年。试计算设计保证率（$P_{设}$）为 75%和 90%的设计枯水系列。

解：

该系列的观测数据有 65 年，选择的连续枯水年组 $n=12$。

$P_{设}=75\%$，代入公式计算：$T_{破}=n-P_{设}\times(n+1)=2.25$，取 $T_{破}=3$，即 1985—1993 年为设计枯水系列。

$P_{设}=90\%$，代入公式计算：$T_{破}=n-P_{设}\times(n+1)=0.3$，取 $T_{破}=1$，即 1985—1995 年为设计枯水系列。

2. 设计中水系列

为计算水库运用多年平均状况，一般取 10～15 年为代表期，称为设计中水系列，其选择的要求：①至少有一个以上的完整的调节循环；②年径流均值等于或接近多年平均值；③包括枯水年、平水年、丰水年，C_v 与长系列接近。

需要补充说明的是：实际工作中，可根据具体设计条件和计算精度要求，确定采用设计代表期还是长系列进行计算；目前一般水文观测系列较长，计算机条件较好，可以编制计算机软件，应尽可能采用长系列进行计算。

第三节　水库兴利调节分类与计算原理

一、水库兴利调节分类

水库兴利调节可按调节周期、水库任务、供水方式等多种方法进行分类，其中，按调节周期进行分类是最常见的一种分类。

（一）按调节周期分类

调节周期是指水库的兴利库容从库空-蓄满-放空的完整的蓄放过程，这个蓄放过程的周期即为调节周期。如果调节周期为 1 日，即为日调节；如果调节周期为 1 年，即为年调节。

1. 日调节

日调节是指调节周期为一昼夜的兴利调节，即利用水库兴利库容将一天内的均匀来水，按用水部门的日内需水过程进行调节（图 4-5）。这种情况多发生在一天内用水过程有变化的区域，比如，晚上城市生活供水和用电相对少些，表现出一昼夜的变化。

2. 周调节

周调节是指调节周期为一周的兴利调节，即将一周内变化不大的来水，按用水部门的周内需水过程进行调节，这种情况多发生在一周内用水过程有变化的区域或部门，比如，工业生产部门，周末休息，周末用水和用电相对少些。

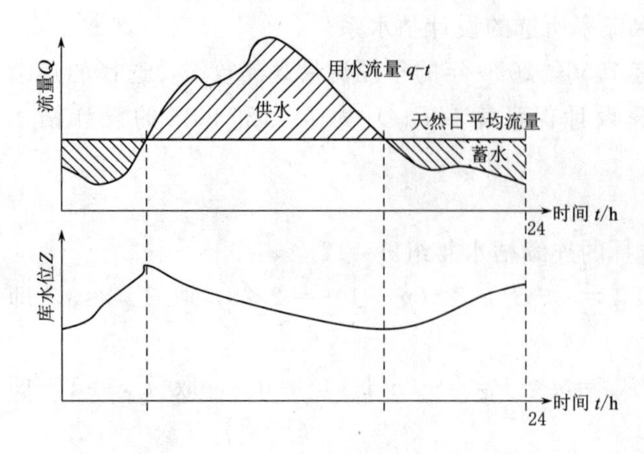

图 4-5　水库日调节水位-流量过程示意图

同样条件下，周调节比日调节需要稍大的兴利库容，周调节水库也可进行日调节。

3. 年调节

年调节是指按照用水部门的年内需水过程，将一年中丰水期多余水量蓄存起来，用以提高缺水时期的供水量，水库调节周期在一年内。这种情况比较多见，因为自然界的降水是随着不同季节变化的，表现为时间上的不均匀性，再加上来水和用水的不一致性，给人们用水带来不便。为了解决这一问题，常采用的措施就是修建水库，将一年中来水按照用水需求进行再分配。

同样条件下，年调节比日和周调节需要更大的兴利库容，年调节水库一般可同时进行周调节和日调节。

当水库蓄满而来水仍大于用水时，将发生弃水（这部分水无法拦蓄利用，直接排入下游），这种年调节称为不完全年调节。能将年内全部来水按用水进行调节，而不发生弃水的，称为完全年调节。对于一个水库，不完全年调节和完全年调节是相对的，可能在一般年份可以做到完全年调节，但在丰水年份可能会发生弃水，属于不完全年调节。

通常可以用库容系数 $\beta\left(\beta=\frac{V_{兴}}{W_{年}}\right)$ 来反映水库兴利调节能力，其中 $W_{年}$ 为多年平均年径流量。当 $\beta=8\%\sim30\%$ 时，一般可进行年调节。当天然径流年内分配较均匀时，$\beta=2\%\sim8\%$ 时，即可进行年调节。至于是否能进行年调节，还需要采用径流调节计算来验证。

4. 多年调节

多年调节是指利用水库兴利库容将丰水年多余水量蓄存起来，用以提高枯水年份的供水量（图 4-6）。调节周期超过一年。这种情况比较多见，因为自然界的降水呈现显著的年际变化，经常出现枯水年甚至连续枯水年情况，为了解决这一问题，需要修建更大库容的水库，将丰水年甚至连续丰水年的多余水量蓄存起来，对枯水年甚至连续枯水年的用水需求进行再分配。

同样条件下，多年调节比年调节需要更大的兴利库容，多年调节水库一般可同时进行年调节、周调节和日调节。

可以根据经验性判别：若年水量变差系数 C_v 值较小，年内水量分配较均匀，$\beta>30\%$ 时，即可进行多年调节。至于是否能进行多年调节，还需要采用径流调节计算来验证。

（二）其他分类

1. 按水库任务分类

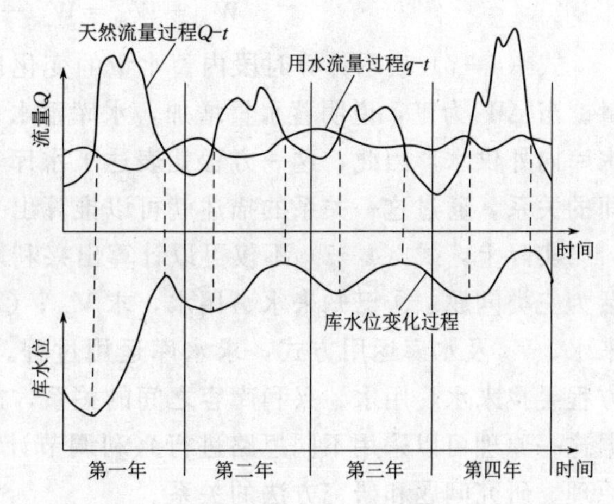

图 4-6　水库多年调节水位-流量过程示意图

除以上按照调节周期分类外，兴利调节还可以按水库任务分类分为：

（1）单一任务径流调节：如灌溉径流调节、工业及城市生活给水径流调节、水力发电径流调节等。

（2）综合利用径流调节：两种以上任务的径流调节。

2. 按水库供水方式分类

（1）固定供水：水库按照固定要求供水（如生活用水）。

（2）变动供水：水库供水随蓄、来、用水不同而变动供水。

3. 其他分类

（1）反调节：下游水库按照用水部门的需水过程，对上游水库泄流的再调节。

（2）单一水库补偿调节：水库与水库下游区间来水互相补偿，以满足有关部门要求的调节。

（3）水库群补偿调节：水库间互相进行水文补偿、库容补偿、电力补偿，共同满足水利、电力系统要求的调节。

二、兴利调节计算原理

根据国民经济各部门的用水需求，利用水库重新分配天然径流所进行的计算，称为兴利调节计算。对于单一水库，计算任务是：研究来水-用水-兴利库容之间的关系，确定不同设计保证率的兴利库容，作为确定水库规模的依据。

兴利调节计算的基本依据是水量平衡原理。水量平衡原理是研究一切水文现象和水资源转化关系的基本原理。兴利调节计算也是根据水量平衡原理来进行计算。

水量平衡是指任意选择的范围，在任意的时段内，其收入的水量与支出的水量之差等于其蓄水量的变化量，即在水循环过程中，从总体上来说水量收支平衡。针对不同范围对象，可以写成不同的水量平衡方程。针对一个水库，计算时段的水库水量平衡方程为

$$W_{末}=W_{初}+W_{入}-W_{出} \tag{4-6}$$

式中：$W_{末}$为计算时段末水库蓄水量；$W_{初}$为计算时段初水库蓄水量；$W_{入}$为计算时段入库水量；$W_{出}$为计算时段出库水量。

采用的计算时段长短取决于调节周期及来水、用水随时间的变化程度，对于日调节水库一般以小时为单位；年或多年调节水库一般以月为单位。

由式（4-6）可知

$$W_{入}-W_{出}=W_{末}-W_{初}=\Delta W \tag{4-7}$$

式（4-7）表示计算时段内蓄水量的变化量，等于所有进入水量减去所有出去水量。当 ΔW 为正，说明蓄水量增加，水库蓄水；当 ΔW 为负，说明蓄水量减少，需要水库向外供水。因此，这一方程就表达了水库来水 $W_{入}$、用水 $W_{出}$、库容变化 ΔW 之间的关系，通过这一关系的描述就可以推算出兴利库容大小。

实际上，式（4-7）不仅可以计算出兴利库容，还可以研究其他内容，大致可概括为三类问题：①已知来水、用水，求 $V_{兴}$；②已知来水、$V_{兴}$，求调节流量；③已知来水、$V_{兴}$及水库运用方式，求水库运用过程。这三类问题的实质还是通过水量平衡方程寻找来水、用水、兴利库容之间的关系，这是水库兴利调节计算的基本原理，根据这一原理可以采用不同思路进行兴利调节计算。图 4-7 示意了水库兴利调节计算原理、研究问题和研究方法的关系。

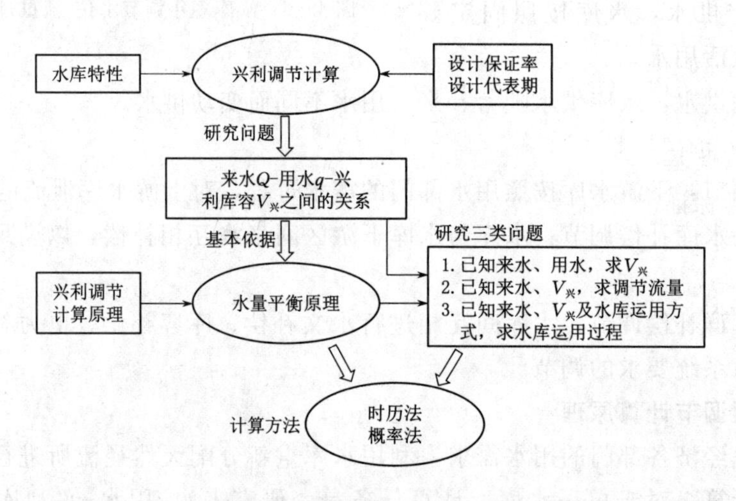

图 4-7 水库兴利调节计算原理、研究问题与研究方法的关系

三、兴利调节计算方法概述

按照对原始径流资料描述和处理方式的差异，兴利调节计算方法主要分为时历法和概率法（也称为数理统计法）两大类：

（1）时历法。是以实测径流资料为基础，按时历顺序逐时段进行水库水量平衡演算的径流调节计算方法，其计算结果（调节流量、水库蓄水量、水库水位）也是按时历顺序给出。时历法按照计算方式不同又分为时历列表法和时历图解法，顾名思义，时历列表法是借助列表的形式进行计算，时历图解法是借助作图的形式进行计算。

（2）概率法。是应用径流的统计特性，按照数理统计原理，对入库径流的不均匀性进行调节的计算方法，其计算成果是以概率分布或保证率曲线的形式给出。

时历法是将过去观测到的按时序排列的水文资料，直接用于调节计算，结果也按时历过程给出，径流过程是确定性描述，假定未来重演以往的水文过程，而实际上未来不可能重演历史水文过程，这种方法不能反映径流变化的随机性，特别是针对多年调节水库，调节周期长达若干年，调节循环次数少，代表性差，难以反映未来径流的多种组合，影响计算结果的可靠性。

概率法是将水文资料进行统计分析，以统计参数或频率曲线反映径流系列的变化规律，以此进行调节计算，计算结果也以概率分布形式给出。对于相对库容较大、调节周期较长的多年调节水库，多采用概率法，但概率法也有缺陷，理论上不够严格，仍需不断探索。

由于教学学时的限制，本书只介绍应用最广的时历列表法，时历图解法和概率法可参阅其他书籍。时历列表法很容易编制计算机程序，便于快速计算，作为学生上课讲授内容比较合适。

第四节　兴利调节计算的时历列表法

一、已知用水过程，确定兴利库容 $V_兴$

下面以年调节水库为例，分别介绍不考虑水量损失和考虑水量损失，其兴利库容确定方法，在此基础上，再进行兴利调节计算总结及确定多次充蓄的兴利库容，以及介绍不同设计保证率的兴利库容确定思路。

（一）不计水量损失的年调节计算

【例题 4-2】某坝址处的多年平均年径流量为 $920.5\times10^6 m^3$，多年平均流量为 $29.2 m^3/s$。设计枯水年的天然来水过程及各部门综合用水过程见表 4-1。调节年度是从当年 7 月到次年的 6 月，属于年调节水库，7—9 月为丰水期，10 月到次年 6 月为枯水期。不计水量损失，求 $V_兴$。

表 4-1　　水库年调节计算已知信息

时段/月		天然来水		各部门综合用水	
		流量/(m^3/s)	水量/$10^6 m^3$	流量/(m^3/s)	水量/$10^6 m^3$
丰水期	7	42.1	110.68	25.0	65.75
	8	83.8	220.27	25.0	65.75
	9	20.8	54.79	20.8	54.79
枯水期	10	7.5	19.73	7.9	20.83
	11	6.3	16.44	7.9	20.83
	12	3.3	8.77	7.9	20.83
	1	2.2	5.70	7.9	20.83
	2	0.8	2.19	7.9	20.83
	3	8.3	21.92	12.5	32.88
	4	6.7	17.53	12.5	32.88
	5	3.8	9.87	12.5	32.88
	6	2.5	6.58	12.5	32.88

解：

（1）一般从供水期开始，计算各月不足水量。10月来水$19.73\times10^6m^3$，用水$20.83\times10^6m^3$，不足水量为$1.10\times10^6m^3$；11月份来水$16.44\times10^6m^3$，用水$20.83\times10^6m^3$，不足水量为$4.39\times10^6m^3$，以此类推，可以计算所有供水期的各月不足水量，填入表4-2中。再计算供水期各月不足水量之和为$126.94\times10^6m^3$。显然，如果要满足供水期的供水需求，水库必须在丰水期存储$126.94\times10^6m^3$水量，兴利库容$V_{兴}$就应该是不足水量之和（$126.94\times10^6m^3$），当然，它的前提条件是在丰水期得到蓄满。

（2）丰水期，计算各月多余水量。在开始月份蓄水，当超过兴利库容时，就形成弃水。7月份来水$110.68\times10^6m^3$，用水$65.75\times10^6m^3$，多余水量为$44.93\times10^6m^3$就蓄在水库中，未形成弃水；8月份来水$220.27\times10^6m^3$，用水$65.75\times10^6m^3$，多余水量为$154.52\times10^6m^3$，但只有$82.01\times10^6m^3$的水蓄在水库中，形成弃水$72.51\times10^6m^3$，此时水库蓄满到$126.94\times10^6m^3$。9月份来水量$54.79\times10^6m^3$，此时$V_{兴}$已蓄满，为了减少弃水，水库按天然来水进行供水。丰水期结束时水库库容仍维持在$V_{兴}$，满足兴利库容要求。

（3）为了校核水库蓄满-放空过程，继续往下计算各月库容。从10月份开始从兴利库容中供水，10月供水$1.10\times10^6m^3$，月末库容减小到$125.84\times10^6m^3$；11月供水$4.39\times10^6m^3$，月末库容减小到$121.45\times10^6m^3$；以此类推，计算到枯水期末时，即6月末库容为0。水库兴利库容从空到满，再放空，正好是一个调节年度，因此，也验证了$V_{兴}=126.94\times10^6m^3$。

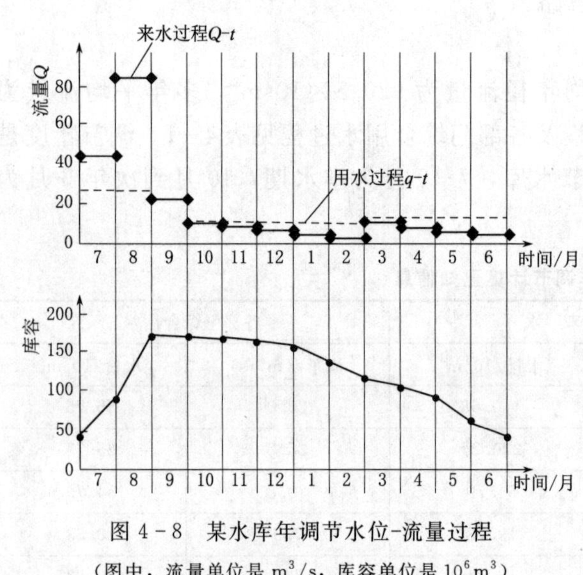

图4-8　某水库年调节水位-流量过程

（图中，流量单位是m^3/s，库容单位是10^6m^3）

为了进一步描述水库兴利库容的蓄水-放水的变化过程，绘制水库年调节水位-流量过程如图4-8所示。假设该水库死库容为$41.7\times10^6m^3$，7月末库容为$86.63\times10^6m^3$，8月末、9月末为$168.64\times10^6m^3$，10月末为$167.54\times10^6m^3$，11月末为$163.15\times10^6m^3$，以此类推，到6月末为$41.7\times10^6m^3$，回到死库容。

（二）考虑水量损失的年调节计算

【例题4-3】在【例题4-2】中，增加已知条件：各月损失水层深度如表4-3所列，包括蒸发损失和渗漏损失；死库容为$41.7\times10^6m^3$，水库水面面积、库容特性曲线如表4-4所列。考虑水量损失，求$V_{兴}$。

表 4-2 水库年调节计算结果一览表

时段/月		天然来水		各部门综合用水		多余或不足水量		弃水		时段末兴利库容蓄水量 $/10^6m^3$	备注
		流量 $/(m^3/s)$	水量 $/10^6m^3$	流量 $/(m^3/s)$	水量 $/10^6m^3$	多余 $/10^6m^3$	不足 $/10^6m^3$	水量 $/10^6m^3$	流量 $/(m^3/s)$		
丰水期	7	42.1	110.68	25.0	65.75	44.93		0	0	44.93	水库蓄水
	8	83.8	220.27	25.0	65.75	154.52		72.51	27.1	126.94	库满有弃水
	9	20.8	54.79	20.8	54.79					126.94	保持库满
枯水期	10	7.5	19.73	7.9	20.83		1.10			125.84	水库在供水期，库水位逐月下降
	11	6.3	16.44	7.9	20.83		4.39			121.45	
	12	3.3	8.77	7.9	20.83		12.06			109.39	
	1	2.2	5.70	7.9	20.83		15.13			94.26	
	2	0.8	2.19	7.9	20.83		18.64			75.62	
	3	8.3	21.92	12.5	32.88		10.96			64.66	
	4	6.7	17.53	12.5	32.88		15.35			49.31	
	5	3.8	9.87	12.5	32.88		23.01			26.30	
	6	2.5	6.58	12.5	32.88		26.30			0	6月末兴利库容放空
合计		15.7	494.47	13.4	421.96		126.94				

表 4-3 某水库蒸发和渗漏损失深度

月份	1	2	3	4	5	6	7	8	9	10	11	12	全年
蒸发损失/mm	17	38	78	102	155	155	132	123	89	72	34	23	1018
渗漏损失/mm	50	50	50	50	50	50	50	50	50	50	50	50	600
总损失/mm	67	88	128	152	205	205	182	173	139	122	84	73	1618

表 4-4 某水库水面面积、库容与水位关系值

水位/m	15.5	17.0	18.5	20.0	21.5	23.0	24.5	26.0	27.5	29.0	30.5	32.0
水面面积/$10^6 m^2$	7.8	8.4	9.1	9.8	10.5	11.6	12.7	13.7	14.7	16.2	17.8	19.7
库容/$10^6 m^3$	41.7	47	54	62	70	80	92	106	121	138	164	200

解：

(1) 先不计水量损失，如【例题 4-2】调节计算的方法，并根据各月水库蓄水量，确定平均水面面积，填入表 4-5 中。水面面积的确定是根据时段平均蓄水量，查表 4-4，采用内插的方法计算水面面积。

(2) 用各月损失深度乘以相应的平均水面面积，得各月损失水量。月损失水量是在近似计算的平均水面面积的情况下计算得到的，是近似计算值。

(3) 把用水量与水量损失值相加，得到毛用水量，作为考虑水量损失时的用水量。根据来水、用水、水量损失，再采用列表计算方法，求出此时所需的兴利库容 $V_{兴}$。

供水期各月不足水量之和为 $142.41\times10^6 m^3$，即为 $V_{兴}$，同样，符合水库蓄满-放空过程的校核。

需要补充说明的是：①以上计算得出的水量损失值，仅仅是一种近似计算，如果有更详细的水量损失计算结果，也同样可以采用上述方法；②本例是先假定不考虑水量损失计算水面面积和水量损失，这肯定是近似的。如果想提高精度，可在第一次计算的基础上，按上述同样的方法再算一次，直至满意为止。

另外，特别注意，对比是否考虑水量损失的变化，不考虑水量损失计算的兴利库容为 $126.94\times10^6 m^3$，考虑水量损失计算的兴利库容为 $142.41\times10^6 m^3$，后者比前者多了 $15.47\times10^6 m^3$，正好等于供水期水量损失的总量。

（三）兴利调节计算总结及确定多次充蓄的兴利库容

根据以上算例和兴利调节计算原理，可以归纳出以下几点结论：

(1) 径流来水过程与用水过程差别越大，则所需 $V_{兴}$ 越大。

(2) 在一次充蓄条件下，整个供水期累计不足水量和损失水量之和，即 $V_{兴}$，当然，其前提是在蓄水期能得到蓄满。任意改变供水期各月用水量，只要供水期总用水量不变，其不足水量之和不变，则 $V_{兴}$ 不变，与供水期用水过程无关。也正是基于这一特性，可以假定整个供水期为均匀供水，不影响调节计算结果，但简化了调节过程，这种径流调节计算称为等流量调节。

表 4－5　　考虑水量损失的水库年调节计算结果

时段/月	天然来水量 $/10^6 m^3$	未计入水量损失情况				水量损失		计入水量损失情况				
		用水量 $/10^6 m^3$	时段末水库蓄水量 $/10^6 m^3$	时段平均蓄水量 $/10^6 m^3$	时段内平均水面面积 $/10^6 m^2$	损失水量深度/m	水量损失值 $/10^6 m^3$	毛用水量 $/10^6 m^3$	多余水量 $/10^6 m^3$	不足水量 $/10^6 m^3$	时段末水库蓄水量 $/10^6 m^3$	弃水量 $/10^6 m^3$
			时段初死库容 41.7								时段初 41.7	
7	110.68	65.75	86.63	64.165	9.99	0.182	1.818	67.568	43.11		84.81	
8	220.27	65.75	168.64	127.635	15.29	0.173	2.644	68.394	151.88		142.41	52.58
9	54.79	54.79	168.64	168.64	18.04	0.139	2.508	57.298				
10	19.73	20.83	167.54	168.09	18.02	0.122	2.198	23.028		3.30		
11	16.44	20.83	163.15	165.345	17.87	0.084	1.501	22.331		5.89		
12	8.77	20.83	151.09	157.12	17.38	0.073	1.268	22.098		13.33		
1	5.70	20.83	135.96	143.525	16.54	0.067	1.108	21.938		16.24		
2	2.19	20.83	117.32	126.64	15.20	0.088	1.337	22.167		19.98		
3	21.92	32.88	106.36	111.84	14.09	0.128	1.803	34.683		12.76		
4	17.53	32.88	91.01	98.685	13.18	0.152	2.003	34.883		17.35		
5	9.87	32.88	68.00	79.505	11.55	0.205	2.367	35.247		25.38		
6	6.58	32.88	41.70	54.85	9.17	0.205	1.881	34.761		28.18		
合计	494.47	421.96								142.41		

(3) 兴利部门全年用水量不大于设计枯水年来水量时，枯水期不足水量可由径流年调节解决。当全年用水量大于设计枯水年来水量时，必须借助于丰水年份之水量，即需进行径流多年调节才能解决问题。

(4) 上述算例是在调节年度内进行一次充蓄、一次供水［图 4-9 (a)］。有时水库在一年内会充水、供水两次以上［图 4-9 (b)］，这时就要进行判断，再确定兴利库容。

如图 4-9 (a) 所示，是年调节水库一次运用，只要 $V_1 \geqslant V_2$，则 $V_{兴}=V_2$；如图 4-9 (b) 所示，是年调节水库二次运用，可以通过如下情况判断兴利库容：如果 $V_1>V_2$，$V_3>V_4$，则 $V_{兴}=\max\{V_2, V_4\}$；如果 $V_1>V_2$，$V_3<V_4$，且 $V_2>V_3$，则 $V_{兴}=V_4+(V_2-V_3)$；如果 $V_1>V_2$，$V_3<V_4$，且 $V_2<V_3$，则 $V_{兴}=V_4$。如果是三次运用，可以类似推出兴利库容。在编制计算机程序计算时，需要先判断充蓄－供水次数，再进行判断确定兴利库容。

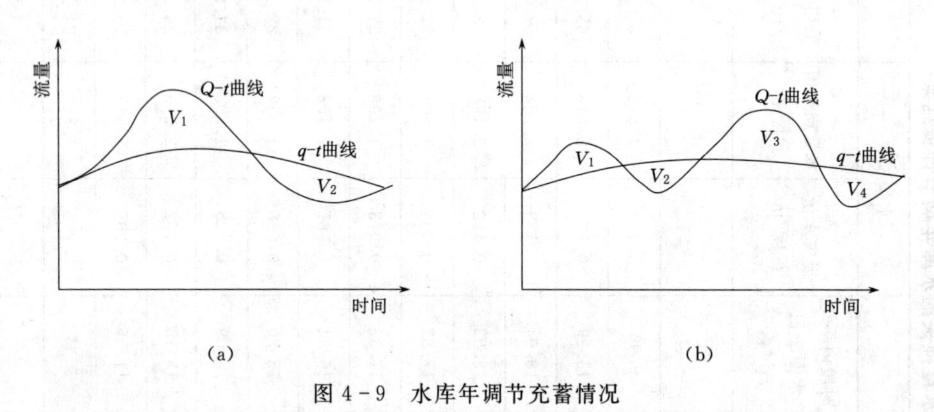

图 4-9　水库年调节充蓄情况

【例题 4-4】 某水库属于年调节，设计枯水年的天然来水过程及各部门综合用水过程见表 4-6。不计水量损失，求 $V_{兴}$。

表 4-6　　水库年调节计算已知信息

时段/月	来水量/$10^4 m^3$	综合用水量/$10^4 m^3$	时段/月	来水量/$10^4 m^3$	综合用水量/$10^4 m^3$
7	46508	18383	1	2904	4246
8	18832	6470	2	2761	737
9	14058	2046	3	3271	11449
10	16192	1408	4	5553	24572
11	9900	4851	5	7396	31715
12	4092	4198	6	10177	27599

解：

根据已知的来水量、用水量，计算各月的余水量或缺水量，见表 4-7。从表中可以看出，该调节不是一次供蓄，属于二次供蓄情况。

表 4-7　　水库年调节计算结果一览表

时段/月	来水量 /$10^4 m^3$	综合用水量 /$10^4 m^3$	余水 /$10^4 m^3$	缺水 /$10^4 m^3$	水库月末蓄水量 /$10^4 m^3$	弃水量 /$10^4 m^3$
7	46508	18383	28125		28125	
8	18832	6470	12362		40487	
9	14058	2046	12012		52499	
10	16192	1408	14784		67283	
11	9900	4851	5049		68938	3394
12	4092	4198		106	68832	
1	2904	4246		1342	67490	
2	2761	737	2024		68938	576
3	3271	11449		8178	60760	
4	5553	24572		19019	41741	
5	7396	31715		24319	17422	
6	10177	27599		17422	0	
合计	141644	137674	74356	70386		3970

根据各月余缺水量计算结果，属于图 4-9（b）中 $V_1>V_2$，$V_3<V_4$，且 $V_2<V_3$ 情况，则 $V_兴=V_4$，即兴利库容 $V_兴=68938\times10^4 m^3$。需要补充说明的是，为了防止判断错误，在最后，最好再校核水库蓄满-放空过程，判断是否实现水库兴利库容从空到满、再放空的过程。

（四）确定不同设计保证率的兴利库容

根据径流资料的情况，水库兴利调节时历列表法可分为长系列法和代表期（年、多年系列）法。

长系列法是针对实测径流资料算出各年所需兴利库容值，再按由小到大顺序排列并计算、绘制兴利库容频率曲线，然后根据设计保证率（$P_设$）在库容频率曲线上定出欲求的水库兴利库容（见图 4-10 中 $V_{兴设}$）。

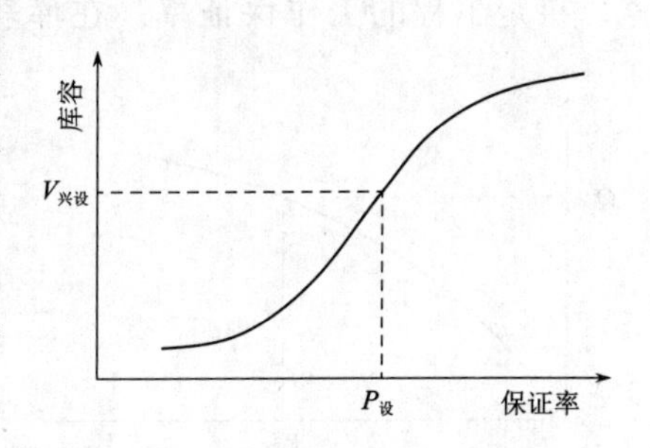

图 4-10　长系列法确定设计兴利库容

代表期法是以设计保证率的代表期径流代替长系列径流进行调节计算的简单方法。也就是，先确定代表年，再按照上述的年调节计算方法，计算该代表年的兴利库容，作为设计保证率的兴利库容。

二、已知兴利库容 $V_兴$，确定调节流量

经水库调节后供水期所能达到的平均供水流量，称为调节流量（$Q_调$）。上节对调节流量可以按照平均流量进行计算作过说明。为了计算的方便，采用平均流量作为调节流量，且不影响计算结果。从大类上来看，主要有两类计算方法，一类是公式试算法，另一类是作图法。

（1）公式试算法，就是假定供水期，计算供水期平均流量，再反过来判断假定供水期是否正确。如果不正确就需要重新调整；如果正确就终止计算。下面以一个例子来说明。

【例题 4-5】 已知某水库兴利库容 $V_{兴}=110\times10^6\mathrm{m}^3$，月平均流量如表 4-8 所列，试计算调节流量。

表 4-8　　某水库月平均流量一览表

月份	7	8	9	10	11	12	1	2	3	4	5	6
月平均流量/(m³/s)	33	54	28	11	8	7	5	5	8	6	7	5

解：

先假定 11 月到次年 6 月为供水期，计算调节流量：

$$Q_{调}=\frac{\sum W_{供}+V_{兴}}{T_{兴}}=\frac{51\times2.63\times10^6+110\times10^6}{8\times2.63\times10^6}\approx11.60\mathrm{m}^3/\mathrm{s}$$

由于计算得到的 $Q_{调}$ 大于 10 月份天然流量，故 10 月份也应包含在供水期内，即实际供水期为 10 月到次年 6 月。

$$Q_{调}=\frac{\sum W_{供}+V_{兴}}{T_{兴}}=\frac{62\times2.63\times10^6+110\times10^6}{9\times2.63\times10^6}\approx11.54\mathrm{m}^3/\mathrm{s}$$

（2）作图法。假定多个 $Q_{调}$ 已知，按前面（已知用水，求 $V_{兴}$）方法，计算 $V_{兴}$，就得到多个对应的 $V_{兴}$；再绘制 $Q_{调}$-$V_{兴}$ 图（图 4-11），在这个图上就可以查到任意 $V_{兴0}$ 对应的 $Q_{调0}$。

三、已知兴利库容 $V_{兴}$ 和水库操作方案，推求水库运用过程

水库运用过程主要内容为确定水位、下泄流量和弃水等的时历过程，并进而计算、核定工程的工作保证率。在库容已定的条件下，水库运用过程与其操作方式有关，水库操作方式有定流量操作和定出力操作。

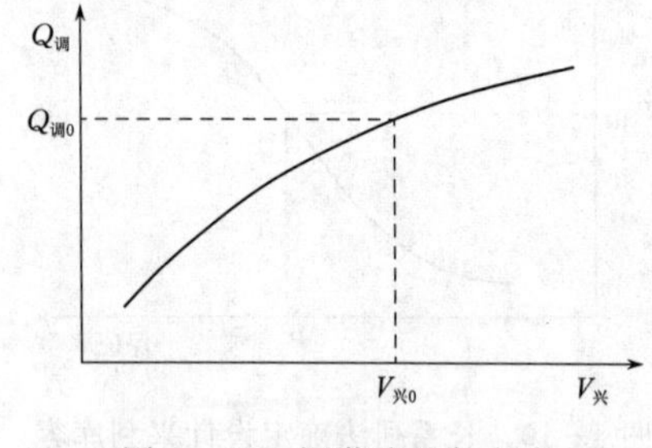

图 4-11　调节流量与兴利库容关系曲线

（1）定流量操作。就是各时段调节流量为已知值，当各时段调节流量相等时，称为等流量操作。对于灌溉、城市、工业等部门的供水，水库多根据需水过程按定流量操作。可分时段直接进行水量平衡计算，推求出水库运行过程。

（2）定出力操作。为满足用电要求，水电站调节水量要与电力系统中负荷变化相适应，这时水库按定出力操作。由于水电站出力取决于流量和水头，而流量和水头又彼此相关，所以，按照定出力操作要比定流量操作更加困难。

推求水库运用过程一般不是一个简单的问题，针对大型水库、多目标需求的问题，需要构建水库调度模型进行研究，这些内容是“水库调度”课程的主要内容，可参阅相关书籍。

四、时历列表法计算机程序编制说明

根据以上介绍的时历列表法，可以编制一个通用的计算机软件。建议有条件和愿意编程的学生，可以组建一个编程小组，来开发这个软件；另外，在安排课程设计的学校，也可以安排学生做这方面的课程设计。

在时历列表法计算程序编制过程中需注意以下问题：

(1) 需要针对一个通用的兴利调节问题编写计算机程序。输入、输出应该建立一个数据库，可动态读入数据和更新数据。

(2) 针对的兴利调节过程可能是多次供蓄过程，需要作出仔细的判断，在选定好兴利库容后需要再进行校核。

(3) 针对多年径流过程，可以选择长系列法或代表期法，计算不同设计保证率的兴利库容。

(4) 注意计算过程的小数点保留问题，需要进行规范和统一。

(5) 针对考虑水量损失的兴利调节计算，需要考虑计算精度要求，并可能循环计算，直至满足精度要求，这时需要做好循环计算终止判断，在达到精度后终止进行循环计算。

(6) 为了使得计算机软件比较人性化，需要对各种输入、参数属性、输出格式作出规定，防止不符合要求的符号产生错误提示而终止计算。

(7) 需要设计好计算的输入和输出程序，尽可能满足应用需求。

课 程 思 政 教 育

(1) 通过对水库兴利调节计算方法及应用实例的学习，培养学生从事水资源工作的分析问题能力和计算能力，激发学生学习水利专业的兴趣，感受到水库兴利调节带来的社会效益，培养学生提出问题并独立解决问题的自豪感。

(2) 通过学习水库兴利调节计算实例，感受学习报国的重大意义，增强学生专业责任感和使命感。

(3) 通过水库兴利调节工程的实例介绍，以典型案例和社会热点话题为载体，从学科角度再次深入挖掘其中蕴含的家国情怀，挖掘水工程文化、社会主义核心价值观和责任与担当等思政元素。

思 考 题 或 习 题

[1]　关于水库特征水位、特征库容，以下哪些内容是正确的？

(1) 死水位是正常运用情况下允许水库消落的最低水位。在任何情况下，水库都不允许比死水位还低

(2) 正常蓄水位是水库在正常运用情况下能蓄到的高水位，是由水库蓄水能力决定的

(3) 防洪限制水位是水库在汛期允许兴利蓄水的上限水位，是水库汛期防洪运用时的起调水位

(4) 防洪高水位是当遇到下游防护对象的设计洪水时，水库在坝前达到的最高水位，如果水库不承担下游防洪任务，就不确定这一水位

[2]　关于工作保证率、设计保证率，以下哪些内容是正确的？

(1) 工作保证率是水利工程正常工作的保证程度，可用年保证率和历时保证率表示

(2) 对某一个水利工程，计算得到的年保证率小于历时保证率

(3) 设计保证率是在规划设计阶段确定的正常运用得到保证的程度，不是实际统计计算得到的值

(4) 设计保证率是在规划设计阶段确定的，不能采用年保证率和历时保证率两指标表达

[3]　关于设计代表期，以下哪些内容是正确的？

(1) 设计代表年就是设计保证率对应选择的年份

(2) 设计保证率75%频率的设计枯水年，就是在实际年份中找与75%频率径流量接近的某一年

(3) 设计多年径流系列是从长系列资料中选出的有代表性的短系列

(4) 设计枯水系列的确定，可以采用扣除允许破坏年数法

[4]　某拟建水库坝址处多年平均径流量为 $6160\times10^4\text{m}^3$，多年平均流量为 $1.95\text{m}^3/\text{s}$。设计枯水年的天然来水过程及各部门综合用水过程见表4-9，属于年调节水库。不计水库水量损失，求 $V_{兴}$。[要求写出主要计算步骤或 $V_{兴}$ 的确定理由]

表4-9　水库年调节计算已知信息

时段/月	天然来水		各部门综合用水	
	流量/(m^3/s)	水量/10^4m^3	流量/(m^3/s)	水量/10^4m^3
6	1.32	342	0.68	175
7	1.18	317	0.68	183
8	1.43	383	0.62	167
9	0.68	175	0.71	183
10	0.59	158	0.68	183
11	0.58	150	0.74	192
12	0.65	175	0.68	183
1	0.62	167	0.68	183
2	0.71	183	0.80	208

续表

时段/月	天然来水		各部门综合用水	
	流量/(m^3/s)	水量/10^4m^3	流量/(m^3/s)	水量/10^4m^3
3	0.50	133	0.72	192
4	0.48	125	0.77	200
5	0.47	125	0.72	192

[5]　某水库属于年调节，设计枯水年的天然来水过程及各部门综合用水过程见表 4-10。不计水量损失，求 $V_{兴}$。[要求写出主要计算步骤或 $V_{兴}$ 的确定理由]

表 4-10　某水库来水与用水月过程一览表

时段/月	来水量/10^4m^3	综合用水量/10^4m^3	时段/月	来水量/10^4m^3	综合用水量/10^4m^3
7	21140	8356	1	1320	1930
8	8560	2941	2	1255	335
9	6390	930	3	1487	4204
10	7360	640	4	2524	9169
11	4500	2205	5	3362	14416
12	1860	1930	6	4626	12545

第五章　防洪减灾与水库调洪计算

洪涝灾害是最常见的自然灾害之一，对经济社会发展和人民生命财产安全构成严重威胁。利用水库库容，可以拦蓄洪水、削减洪峰，达到防洪减灾的目的。本章将介绍洪涝灾害和防洪的基本知识、水库调洪计算方法以及防洪减灾规划措施。水库调洪计算是本教材安排的三大计算内容的第二个，也是为了“除水害”防洪规划所做的一项计算工作。

第一节　洪涝灾害与防洪减灾

一、洪涝灾害

洪水，是暴雨、急骤冰雪融化、风暴潮和水库溃坝等自然或自然-人为因素引起的江河湖库水量迅速增加、水位迅猛上涨或海水侵袭淹没部分陆地的现象。

当流域内发生暴雨或融雪产生径流时，河水流量开始增加，水位相应上涨，这时称洪水起涨。当高强度地表径流汇集河流断面时，河水流量增至最大值，称为洪峰流量，其相应的最高水位称为洪峰水位。暴雨停止以后的一定时间，河水流量及水位慢慢回落，最后回落至原来状态。洪水从起涨至峰顶再到回落的整个过程连接的曲线，称为洪水过程线，其形成的总水量称为洪水总量。

洪水可分为：暴雨洪水、风暴潮洪水、融冰融雪型洪水、冰凌型洪水等类型。在我国，暴雨洪水发生最为频繁，影响范围最广，危害最严重。风暴潮洪水发生在近海地区，比如，2012年第11号台风“海葵”对浙江造成严重影响，中国气象局启动了五年来的首个一级应急响应。融雪洪水主要出现在西北高寒山区，比如新疆的额尔齐斯河流域。冰凌型洪水发生在东北、西北和华北地区，比如黄河冰凌洪水每年都有发生。

由洪水造成的灾害称为洪涝灾害，是洪灾和涝灾的总称，包括洪水灾害和雨涝灾害两类。由于洪水水位过高、洪量过大，淹没城市和农村所造成的灾害称为洪水灾害；因降雨过于集中而产生大量的积水和径流，排水不及时，致使土地、房屋等渍水、受淹而造成的灾害称为雨涝灾害。

我国是一个洪涝灾害频发的国家。据史书记载，从公元前206年至公元1949年中华人民共和国成立的2155年间，大水灾就发生了1029次，几乎每两年就有一次。新中国成立后我国政府非常重视防洪减灾工作，取得了卓越成就，基本建成以堤防为基础、江河控制性工程为骨干、蓄滞洪区为主要手段、工程措施与非工程措施相结合的防洪减灾体系，到2021年洪涝灾害损失率（直接经济损失占当年GDP的比值）降低到0.22%，灾害防御能力明显增强。

洪涝灾害产生的不利影响主要有：

（1）对经济发展的影响。洪涝灾害会对地区和国家的经济发展造成直接破坏和消极影响，主要体现在洪涝灾害对地区产业和基础设施造成严重破坏，造成农田受灾、工业停产、交通中断、通信受阻等直接后果，给地区带来重大经济损失，严重影响地区经济体系的正常运行和可持续发展。据水利部2022年发布的《中国水旱灾害防御公报2021》显示，2021年全国30个省（自治区、直辖市）发生不同程度洪涝灾害，因洪涝共有5901.01万人次受灾，农作物受灾面积476.04万hm^2，15.20万间房屋倒塌，公路、铁路、水运航道、电力路线部分损毁，直接经济损失2458.92亿元，占当年GDP的0.22%，对我国经济发展产生了严重负面影响。

（2）对自然生态环境造成的影响。自然生态环境也会受到洪涝灾害带来的不利影响，主要体现在：暴雨洪水会引起水土流失、加重土壤侵蚀；洪水容纳大量污染物，导致河道水体污染；引发河道损毁，弱化河流生态功能；破坏水生生物生境，导致生态失衡；洪泛区的自然景观和文物古迹也会受到一定程度破坏。已有研究表明，河南"7·21"特大暴雨导致的河南省中北部地区严重汛情，加剧了汇流区水土流失问题，导致黄河下游部分河段含沙量异常，同时引发了黄河干流河南段总氮和总磷严重超标现象，增加了暴雨期水生态环境失衡风险。

（3）对社会生产生活造成的影响。洪涝灾害会对社会生产和人民生活产生巨大威胁，主要体现在：洪涝灾害会损毁房屋、污染饮用水、破坏水利基础设施、加重疫病传播进而恶化人民生存条件和财产安全，甚至直接威胁人民的生命安全。据《中国气象灾害年鉴》记载，2020年南方地区洪涝灾害及其引发的滑坡和泥石流灾害共造成7868.3万人次受灾，农作物绝收面积132.6万hm^2，倒塌房屋9.1万间，直接经济损失2685.8亿元。

（4）对国家事务产生的影响。严重洪涝灾害的救灾工作将会消耗大量的人力、物力和财力，给国家带来巨大的救灾压力，一定程度上打乱或延误地区经济发展规划，不利于宏观经济和社会秩序稳定，严重时甚至影响国家声誉，给国家政治生活带来不利影响。例如，2011年泰国大面积洪涝灾害导致900万人受灾，首都曼谷变成水城，近20%的面积被洪水浸泡，洪灾持续时间长达4个月，以泰国为主要生产基地的全球企业供应链受到严重影响；2015年马拉维遭受连续暴雨袭击引发洪灾，造成超过20万人流离失所；2020年"非洲之角"地区遭遇罕见连续降雨，多地发生洪涝灾害，苏丹和肯尼亚发生严重人口伤亡和大规模流离失所。

洪涝灾害是一系列自然因素和社会因素综合作用的结果。自然因素是产生洪水和形成洪灾的主导因素，人类活动又加剧了洪水产生和洪灾形成。总体来看，人类活动对洪涝灾害的影响主要表现在：①破坏植被，引起水土流失，导致入河泥沙增多，影响河道行洪；②围湖造田，与河争地，导致河湖蓄泄洪能力降低；③占用河道，破坏防洪工程，导致工程出现病险，抵抗洪水能力不足；④蓄泄洪区安全建设受到人为因素干扰，难以达标，运用效果不佳；⑤防洪非工程措施不完善，难以适应防洪减灾的要求。因此，认真分析人类活动对洪涝灾害的影响作用，对制定防洪减灾科学对策具有重要意义。

二、防洪减灾

防洪减灾是根据洪水规律和洪涝灾害特征，采用相应对策和措施，以防止或减轻洪水灾害所开展的工作。产生洪灾的根本原因是河流最大下泄流量（Q_m）大于河流断面安全下泄流量（$q_{安}$），即 $Q_m > q_{安}$，因此，防洪减灾的基本原理就是要采用一定措施使 $Q_m \leqslant q_{安}$。防洪减灾措施分为工程措施与非工程措施两类。

防洪减灾工程措施是指按照规定的防洪标准，为控制和抵御洪水以减免洪涝灾害损失而建设的各种工程，主要有：堤防与河道整治、水库与水库调度、分滞洪区建设、防汛抢险工程等。

防洪减灾非工程措施是指通过法律、行政、经济等非工程手段，以减少洪涝灾害损失的措施，主要有：法律法规、行政管理、经济杠杆、预警预报、洪水风险管理、防汛指挥调度、防灾教育、抢险救灾与灾后恢复等措施。

为了说明防洪减灾的原理和成效，以下仅介绍几个代表性措施。

1. 水土保持

水土保持是指对自然因素和人为活动造成水土流失所采取的预防和治理措施，是根治水土流失，保护、改良与合理利用水土资源，提高土地生产力，建立良好生态环境的事业，是国土整治和江河治理的重要措施。

水土保持是降低山洪孕灾风险、减少洪涝灾害威胁的代表性措施。在自然或人为因素的影响下，部分地区雨水不能就地消纳、顺势下流、冲刷土壤，造成水分和土壤同时流失的现象，导致水土流失。水土流失会淤塞河流、渠道、水库，降低水利工程功能和效益，导致洪涝灾害发生，对山区农业生产及洪灾防治带来严重威胁。水土保持措施能够有效涵养水源、截留雨水、减少地表径流、增加地面覆盖、防止土壤侵蚀，进而减少下游河床淤积、削减洪峰、减少山洪、保障水利设施的正常运行，对洪涝灾害防治具有重要意义。

面向防洪减灾目标，水土保持工作要系统运用农、林、牧、水利等措施，综合治理并合理开发水土资源，与洪涝治理工作实现相辅相成。首先，水土保持要与当地农田基本建设相结合，综合利用修梯田，培地埂，等高耕作，合理放牧，合理轮作，合理密植等农牧措施；其次，水土保持需兼顾封山育林，造林种草，甚至退田还林等林业措施，按地形的不同部位广泛利用荒山、荒坡、荒滩营造护坡林、护沟林、护滩林、固沙林；此外，水土保持还需考虑修建塘坝，开挖截流沟，沟壑治理、护岸固滩等水利措施，充分发挥涵养水源和削减洪峰的功能。

2. 修建水库

水库是拦洪蓄水和调节水流的水利工程建筑物，修建水库一般指在山沟或河流的狭口处建造拦河坝形成人工湖泊，水库建成后，可起防洪、蓄水灌溉、供水、发电等作用。

水库是我国防洪减灾广泛采用的工程措施之一。在防洪区上游河道适当位置兴建能调蓄洪水的综合利用水库，利用水库库容拦蓄洪水，改变天然径流的分配过程，削减进入下游河道的洪峰流量，以满足防洪需要而进行的径流调节，达到减免洪水灾害的目的。在枯水期，通过对径流的调节作用，满足用水部门的需水要求。在汛期，对具有下游防洪任务的水库，通过对洪水的调节作用，减免洪水对下游防洪区的威胁并保障水库自身的安全。

要面向特定地区的特定防洪需求，考虑自然地理特性和水系格局，结合实际、合理论证、科学规划、因地制宜地建造功能性水库，充分发挥水库在洪涝灾害防治中的重要作用。在水库实际运行过程中，要综合利用蓄洪、滞洪两种不同作用方式对洪水进行调节，实现防洪效益最大化。蓄洪过程中，可以通过专门的防洪库容或通过预泄、预留部分库容来拦蓄洪水，削减洪峰流量，满足下游不同程度的防洪要求。滞洪过程中，可以合理利用大坝抬高水位，增大库区调蓄能力，当入库洪水流量超过水库泄流设备下泄能力时，将部分洪水暂时拦蓄在水库内，削减洪峰，待洪峰过后，再将所拦蓄的洪水逐渐泄入河道，充分发挥水库滞洪、蓄洪的双重作用。

3. 疏浚与整治河道

河道疏浚是指按照规定范围和深度采用挖泥船或其他机具以及人工进行水下挖掘，挖掘河道的水底泥、沙、石并加以处理，为拓宽和加深河道而进行的土石方工程。河道整治是指为了满足防洪、航运、供水、排水、生态平衡等特定需求而对天然河道进行的改造和治理工程。

从防洪的角度来看，河道疏浚能够增加河道水深、清除河道淤积，进而提升河道的行洪泄洪能力，稳定水势，是降低河道洪水风险的主要手段之一。河道是行洪排涝的主要通道，河道整治能够按照河道演变规律，因势利导，调整改善水流、泥沙运动和河床冲淤部位，保证足够的泄洪断面和堤防高度，确保河床相对稳定和堤防安全，以适应不同程度防洪要求。

以防洪为目的的河道疏浚和河道整治，需要面向防洪新形势，明确工程任务，通过河道疏浚、护岸控制导流、河道裁弯取直、滩面综合治理等综合措施调整不利河势，稳定主流，防止堤防冲决造成洪水泛滥，确保主要防洪工程安全，以满足洪涝灾害防治工作对河道行洪排涝的各项目标要求。我国大江大河的河道尤其是平原河道长期担任着行洪排涝的核心任务，是保障当地经济社会发展和人民安居乐业的生命线，虽然近年来各地面向洪涝灾害防治目标加大了河道疏浚和整治，部分河道的行洪泄洪能力得到恢复，但整体距离新时期防洪规划目标仍有一定差距，需要根据河道具体情况继续开展针对性疏浚和整治措施。

三、防洪减灾与水库调洪工作总览

洪涝引发洪涝灾害，但可以采取一系列措施开展防洪减灾工作，其中就包括修建水库进行调洪。水库调洪是利用水库的库容对洪水进行蓄存或暂时蓄存，起到调洪的作用。水库调洪计算是在确定防洪标准的情况下，根据计算原理、采取一定的计算方法，为防洪规划提供数据支持，最后开展防洪减灾的工程规划和非工程规划。防洪减灾与水库调洪工作总览如图 5-1 所示。

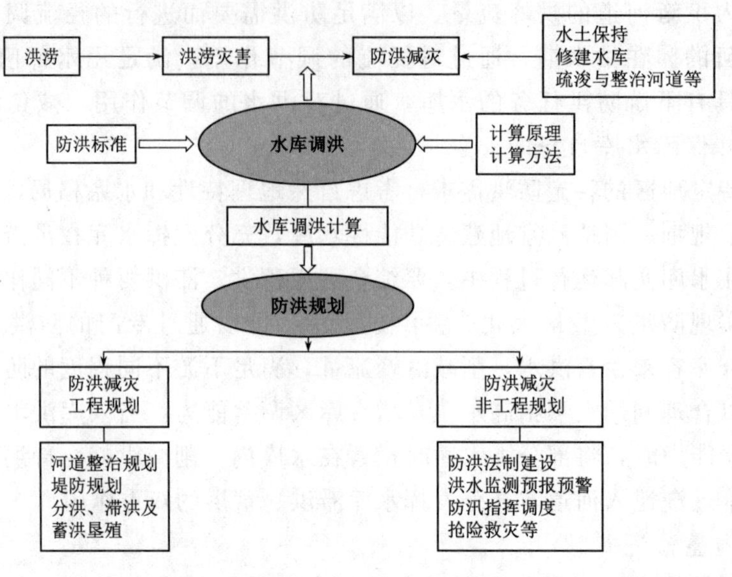

图 5-1　防洪减灾与水库调洪工作总览

第二节　防　洪　标　准

一、防洪标准的概念及意义

防洪标准是各种防洪保护对象或工程本身要求达到的防御洪水的标准。通常以频率法计算的某一重现期的设计洪水为防洪标准，或以某一实际洪水（或将其适当放大）作为防洪标准，比如，重要城市（非农业人口 50 万～150 万人）的防洪标准是 100～200 年重现期。

防洪标准的高低，与防洪保护对象和工程本身的重要性、洪水灾害的严重性及其影响直接有关，并与国民经济的发展水平相联系。国家根据需要与可能，对不同保护对象颁布了不同防洪标准的等级划分。在防洪工程的规划设计中，一般按照规范选定防洪标准，并按照标准进行规划设计和建设。因此，防洪标准的意义在于：在实际发生的洪水小于防洪标准的洪水时，通过合理运用防洪工程，应能保证防洪保护对象或工程本身的防洪安全。

如果防洪标准定得过高，防洪更安全，但需要的防洪投资和运行费用大大增加；相反，如果防洪标准定得过低，防洪投资和运行费用减少，但防洪安全难以保障，所以，从国家层面需要制定具有强制执行力的防洪标准。

二、《防洪标准》介绍及代表标准举例

1995年我国颁布了中华人民共和国国家标准《防洪标准》（GB 50201—94），成为各行业制定防洪标准的重要依据，在与防洪有关的规划、设计、施工和运行管理工作中发挥了重要指导作用，该标准对城市、乡村、工矿企业、交通运输设施、水利水电工程、动力设施、通信设施、文物古迹和旅游设施等，分不同规模、不同情况规定了应采用的防洪标准及处理有关问题的原则。首先根据各防洪对象的规模和重要性等指标进行分等分级，然后根据其等级确定防洪标准。防洪标准的表示方式统一采用洪水重现期。

2014年我国又颁布了修订后的中华人民共和国国家标准《防洪标准》（GB 50201—2014），于2015年5月1日起施行，该标准是在原国家标准《防洪标准》（GB 50201—94）的基础上修订而成。新修订的标准共分11章，主要内容包括总则、术语、基本规定、防洪保护区、工矿企业、交通运输设施、电力设施、环境保护设施、通信设施、文物古迹和旅游设施、水利水电工程，下面选择代表性的类型介绍该标准，供参考。

1. 城市防护区的防护等级和防洪标准

根据政治、经济地位的重要性、常住人口或当量经济规模指标，分级和制定防洪标准如表5-1所列。

表5-1　城市防护区的防护等级和防洪标准

防护等级	重要性	常住人口/万人	当量经济规模/万人	防洪标准［重现期/年］
Ⅰ	特别重要	≥150	≥300	≥200
Ⅱ	重要	<150，≥50	<300，≥100	200～100
Ⅲ	比较重要	<50，≥20	<100，≥40	100～50
Ⅳ	一般	<20	<40	50～20

注　当量经济规模为城市防洪区人均GDP指数与人口的乘积，人均GDP指数为城市防护区人均GDP与同期全国人均GDP的比值。

2. 乡村防护区的防护等级和防洪标准

根据人口或耕地面积，分级和制定防洪标准，如表5-2所列。

表5-2　乡村防护区的防护等级和防洪标准

防护等级	人口/万人	耕地面积/万亩	防洪标准［重现期/年］
Ⅰ	≥150	≥300	100～50
Ⅱ	<150，≥50	<300，≥100	50～30
Ⅲ	<50，≥20	<100，≥30	30～20
Ⅳ	<20	<30	20～10

3. 工矿企业

工矿企业包括冶金、煤炭、石油、化工、电子、建材、机械、轻工、纺织、医药等，根据其规模，分级和制定防洪标准，如表5-3所列。

表 5-3　工矿企业的防护等级和防洪标准

防护等级	工矿企业规模	防洪标准［重现期/年］	防护等级	工矿企业规模	防洪标准［重现期/年］
Ⅰ	特大型	200～100	Ⅲ	中型	50～20
Ⅱ	大型	100～50	Ⅳ	小型	20～10

注　各类工矿企业的规模按国家现行规定划分。

4. 水库工程

根据其级别和坝型，分山区和丘陵区、平原区和滨海区，各区分别制定设计防洪标准、校核防洪标准，如表 5-4 所列。

表 5-4　水库工程水工建筑物的防洪标准

水工建筑物级别	防洪标准［重现期/年］				
	山区、丘陵区			平原区、滨海区	
	设计	校核		设计	校核
		混凝土坝、浆砌石坝	土坝、堆石坝		
1	1000～500	5000～2000	可能最大洪水（PMF）或 10000～5000	300～100	2000～1000
2	500～100	2000～1000	5000～2000	100～50	1000～300
3	100～50	1000～500	2000～1000	50～20	300～100
4	50～30	500～200	1000～300	20～10	100～50
5	30～20	200～100	300～200	10	50～20

5. 水电站工程

水电站工程挡水、泄水建筑物的防洪标准，应按水库工程防洪标准（表 5-4）执行。水电站厂房的防洪标准，应根据其级别制定防洪标准，如表 5-5 所列。

表 5-5　水电站厂房的防洪标准

水电站厂房级别	防洪标准［重现期/年］		水电站厂房级别	防洪标准［重现期/年］	
	设计	校核		设计	校核
1	200	1000	4	50～30	100
2	200～100	500	5	30～20	50
3	100～50	200			

第三节　水库调洪计算

一、水库的调洪作用和任务

在第四章曾提到，可以利用水库的容积 $V_{调洪}$，拦蓄洪水、削减洪峰，以满足防洪需要，水库进行的这类径流调节称为洪水调节或水库调洪作用。

水库库容比一段河槽要大得多，对洪水的调蓄作用也比河槽要强很多，洪水过程线在水库调蓄的作用下会有很大变形。如图 5-2 所示，入库洪水过程线尖陡，在水库调蓄后的下泄洪水过程线变得平缓但历时拉长。图上 A 点处开始，水库的来水流量大于下泄流量，从此时水库水位开始上涨；到达 B 点处洪水下泄流量等于来水流量，水库水位达到最高值；从 B 点起，入库洪水流量小于下泄流量，水位逐渐下降。

概括起来，水库承担调洪作用的主要任务有以下三方面：

(1) 滞洪。在一次洪峰到来时，将超过下游安全泄量的那部分洪水暂时拦蓄在水库中，待洪峰过去后，再将拦蓄的洪水下泄掉，腾出库容以迎接下一次洪水。在多数情况下，水库对下游承担的防洪任务主要是滞洪，湖泊、洼地也能对洪水起调蓄作用，与水库滞洪类似。

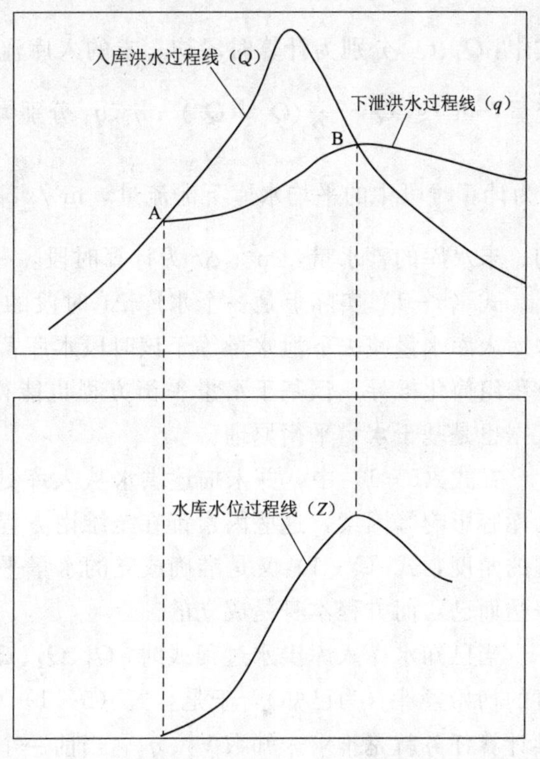

图 5-2　水库调蓄后洪水过程线变形和水位变化

(2) 错峰。当水库下泄的洪水与下游区间洪水或支流洪水相遇、叠加后，其总量超过下游的安全泄量时，要求水库起“错峰”的作用，使下泄洪水与下游区间或支流洪水错开，不同步到达防护地区。

(3) 蓄洪。对防洪与兴利相结合的综合利用水库，通过合理调度，将一部分或全部洪水拦蓄起来，供枯水期兴利之用。比如，多年调节水库在一般年份或库水位较低时，有可能将全年各次洪水都拦蓄起来供兴利之用；年调节水库在汛初水位低于防洪限制水位，以及汛末水位低于正常蓄水位时，也可以拦蓄一部分洪水供兴利之用。

以上三方面任务是有区别的：①蓄洪既能消减下泄洪峰流量，又能减少下泄洪量，还兼顾到兴利之需；②滞洪只能消减下泄洪峰流量，基本不减少下泄洪量；③错峰只针对水库以下存在下游区间洪水或支流洪水的情形，如果不存在这一情形，也就不存在错峰之任务。

二、水库调洪计算的原理

洪水在水库、河道中运行，水位、流量、流速等参数均随时间变化较快，与兴利调节计算相比，计算时段应更小，需要建立能表述径流快速变化的方程，这种流态属于明渠非恒定流，在水力学中有圣维南方程组来描述（可见《水力学》书籍）。

圣维南方程组包括连续性方程和运动方程，是一个偏微分方程组，一般难以得到精确的解析解，通常采用简化的近似解，比如通过瞬态法、差分法、特征线法等。在水库调洪计算中，主要采用瞬态法，即用有限差值来代替微分值，以近似进行求解，这种方法比较简便，易于理解，便于手算，也满足水库调洪计算的要求。

采用瞬态法，结合水库的具体变量，对圣维南方程组进行简化，就得到水库调洪计算的实用公式

$$\overline{Q}\Delta t-\overline{q}\Delta t=\frac{1}{2}(Q_1+Q_2)\Delta t-\frac{1}{2}(q_1+q_2)\Delta t=V_2-V_1 \tag{5-1}$$

式中：Q_1、Q_2 分别为计算时段初、末的入库流量，m^3/s；$\overline{Q}$ 为计算时段中的平均入库流量，m^3/s，$\overline{Q}=\frac{1}{2}(Q_1+Q_2)$；$q_1$、$q_2$ 分别为计算时段初、末的水库下泄流量，m^3/s；$\overline{q}$ 为计算时段中的平均水库下泄流量，m^3/s，$\overline{q}=\frac{1}{2}(q_1+q_2)$；$V_1$、$V_2$ 分别为计算时段初、末水库的蓄水量，m^3；Δt 为计算时段，一般取 1～6 小时，转化为秒数，s。

式（5-1）实际上是一个水库 Δt 时段的水量平衡方程式，即在计算时段 Δt 内，水库入库水量减去下泄水量等于该时段水库蓄水量的变化量，也就是说，不从圣维南方程组简化推导，仅基于水量平衡方程也能得到式（5-1），因此，水库调洪计算的依据也是基于水量平衡原理。

在式（5-1）中，并未描述洪水从入库处到泄洪处之间的行进时间、流速变化、动库容影响等因素，这些因素都在圣维南方程组简化中被近似表达，但从水量平衡原理的角度，式（5-1）又是准确成立的水量平衡方程，只是其中的几个变量难以准确表达而已，而方程本身是成立的。

当已知水库入库洪水过程线时，Q_1、Q_2、$\overline{Q}$ 均为已知；V_1、q_1 则是计算时段 Δt 开始时的初始条件（为已知），于是，式（5-1）中就剩下 V_2、q_2 是未知数，该时段的调洪计算任务就是推求未知数 V_2、q_2。当前一个时段的 V_2、q_2 求出后，其值即成为后一时段的 V_1、q_1 值，再同样方法推求这一时段的未知数 V_2、q_2。这样以此类推，就有可能逐时段地连续进行下去。当然，用一个方程式来求解 V_2、q_2 两个参数是不可能的，必须再有一个方程式 $q_2=f(V_2)$，与式（5-1）联合，才能解出两个未知数，这个方程统称为水库蓄泄量方程，表达如下：

$$q=f(V) \tag{5-2}$$

水库的蓄泄量方程式（5-2）有很多形式，可以根据水工建筑物不同形式推求出水力学公式；也可以根据水库的 $q-V$ 观测数据，绘制 $q-V$ 曲线，作为方程式（5-2）的表达，采用查图法进行计算；也可以根据水库的 $q-V$ 观测数据，绘制 $q-V$ 值表格，采用内插方法进行计算。

水库的水量平衡方程式（5-1）和水库的蓄泄量方程式（5-2），组合在一起，就是进行水库调洪计算的基本方程，当然，求解该方程组的方法有多种，比较常用的

有试算法和图解法。水库调洪计算原理与方法如图5-3所示。本教材只介绍列表试算法，有两方面原因，一是该方法比较简单易懂，掌握了该方法后，其他复杂方法可以触类旁通；二是该方法便于手算，可以比较容易编制一个通用的计算机软件，便于推广应用。

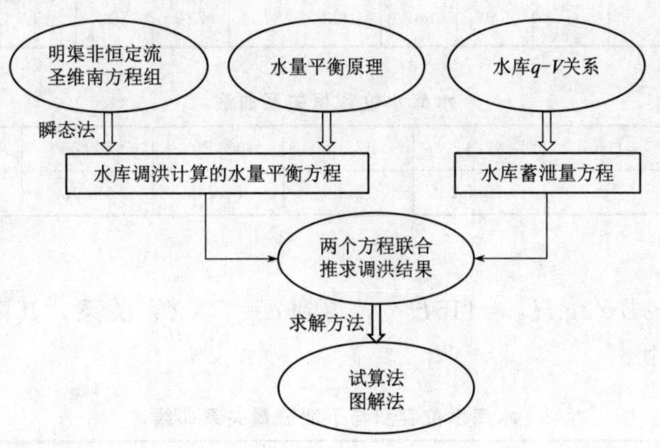

图5-3 水库调洪计算原理与方法

三、水库调洪计算的列表试算法

在水库调洪计算中，水库特征、入库洪水过程以及下游允许水库下泄的最大流量都是已知的，推求下泄洪水过程线、拦蓄洪水的库容和水库水位的变化。列表试算法的步骤大致如下：

(1) 由已知的水库水位容积关系曲线 $V=f(Z)$ 和泄洪建筑物泄流计算公式，求出蓄泄量方程 $q=f(V)$，该方程可以是一个数学方程，也可以是一个曲线或列表。

(2) 选取合适的计算时段 Δt，以秒为计算单位。

(3) 决定开始计算的时刻和此时刻的 V_1、q_1 值，然后列表计算。计算过程中，对每一计算时段的 V_2、q_2 值都要进行试算。

试算的方法：对任一时段，Q_1, Q_2, V_1, q_1 均为已知，先假定一个 q_2 值，代入式(5-1)，求出 V_2 值；再把此值，代入方程式(5-2)或查 $q-V$ 曲线（或表格），得到 q_2 值；将其与假定的 q_2 值相比较，若两值不相等，则要重新假定一个 q_2 值，重复上述试算过程，直至两者相等或近似相等为止；最后得到的 V_2、q_2 值，就是下一时段的 V_1、q_1 值。以此类推得到每一时段的结果。

(4) 如上多次演算得到各时段的计算结果。据各时段计算结果，可以绘制成水库水位、库容、入库流量、下泄流量等参数与时间的关系曲线，供查阅和使用。

【例题5-1】 已知某水库频率 $P=1\%$ 的设计洪水过程线如表5-6所列。溢洪建筑物采用河岸溢洪道，不设闸门，其堰顶高程为31.63m，溢洪宽度为65m，泄流公式 $q=m\varepsilon\sigma B\sqrt{2g}H^{\frac{3}{2}}=115H^{\frac{3}{2}}$（$H$ 为水库水位与堰顶之间的水头差）。水库水位与容积关系如表5-7所列。水库调洪起调水位为31.63m，采用试算法进行调洪演算，推求水库水位、下泄流量过程，确定拦洪库容和设计洪水位。

表 5-6 设计洪水过程

时间/h	0	1	2	3	4	5	6	7	8	9	10
入库流量/(m^3/s)	0	340	680	1020	875	729	583	437	291	146	0

表 5-7 水库水位容积关系曲线

水位 Z/m	31.63	32.12	32.95	33.75	34.29	34.45	34.61
容积 $V/10^6m^3$	10	10.54	11.99	14.09	15.95	16.91	18.18

解：

(1) 由 $q=m\varepsilon\sigma B\sqrt{2g}H^{\frac{3}{2}}=115H^{\frac{3}{2}}$，得到 $q=f(Z)$ 关系，其中 $H=Z-31.63$，结果填入表 5-8 中。

表 5-8 水库水位容积与下泄流量关系曲线

水位 Z/m	31.63	32.12	32.95	33.75	34.29	34.45	34.61
库容 $V/10^6m^3$	10.00	10.54	11.99	14.09	15.95	16.91	18.18
q /(m^3/s)	0	39.44	174.40	354.98	498.91	544.59	591.59

(2) 将已知入库洪水流量过程线列入表 5-9 中，选取计算时段 $\Delta t=1h=3600s$。起始库水位为 $Z_{限}=31.63m$，查表对应的 $q=0$。在 $t=0$ 小时以前，水库不蓄水，无需进行调洪计算。从第 0 小时开始蓄水，因此，$t=0$ 为开始调洪计算的时刻，此时 $q_1=0$，$V_1=10\times10^6m^3$。

表 5-9 水库调洪计算过程表 1：入库洪水流量

时间 t /h	入库洪水流量 Q/(m^3/s)	时段平均入库流量/(m^3/s)	下泄流量 q /(m^3/s)	时段平均下泄流量/(m^3/s)	时段内水库存水量变化 /10^6m^3	水库存水量 /10^6m^3	水库水位 /m
(1)	(2)	(3)	(4)	(5)	(6)	(7)	(8)
0	0		0			10	31.63
1	340						
2	680						

(3) 按照方程式 (5-1)（水量平衡方程）进行计算，并列入表 5-10 中。

表 5-10 水库调洪计算过程表 2：试算结果

时间 t /h	入库洪水流量 Q/(m^3/s)	时段平均入库流量/(m^3/s)	下泄流量 q /(m^3/s)	时段平均下泄流量/(m^3/s)	时段内水库存水量变化 /10^6m^3	水库存水量 /10^6m^3	水库水位 /m
(1)	(2)	(3)	(4)	(5)	(6)	(7)	(8)
0	0		0			10	31.63

续表

时间 t /h	入库洪水流量 $Q/(m^3/s)$	时段平均入库流量/(m^3/s)	下泄流量 q /(m^3/s)	时段平均下泄流量/(m^3/s)	时段内水库存水量变化 /$10^6 m^3$	水库存水量 /$10^6 m^3$	水库水位 /m
1	340	170	39.44	19.72	0.54	10.54	32.12
2	680	510	174.40	106.92	1.45	11.99	32.95

第一个时段为第 0～1 小时，$q_1=0$，$V_1=10\times10^6 m^3$，$Q_1=0$，$Q_2=340m^3/s$。采用试算法，计算得到 q_2、V_2，$q_2=39.44m^3/s$，$V_2=10.54\times10^6 m^3$。试算过程：①先假定 $Z_2=33.0m$，计算得到的 V_2，q_2、Z_2，与假定的相差较大，说明假定的不合适。②从计算的 Z_2 值可以看出，假定的 Z_2 偏高，重新假定 $Z_2=32.0m$，重复以上计算。③从得出的 Z_2 值发现假定 $Z_2=32.0m$ 偏低，再假定 $Z_2=32.15m$，重复以上计算。④经过多次试算，不断逼近最终结果，本例 $Z_2=32.12m$。至此，从 $t=0$～1 小时阶段试算结束。

接着，第二个时段为第 1～2 小时，与上方法相同。得到此时 $Z_2=32.95m$。

（4）依此计算下去，并把计算的各个时段末的 V_2，q_2、Z_2 分别填入结果表 5-11 中，还可以绘制洪水调节计算结果图（此略）。近似认为：$t=6$，$Z=34.51$ 是最高洪水位。

表 5-11　水库调洪计算过程表 3：完整结果表

时间 t /h	入库洪水流量 $Q/(m^3/s)$	时段平均入库流量/(m^3/s)	下泄流量 q /(m^3/s)	时段平均下泄流量/(m^3/s)	时段内水库存水量变化 /$10^6 m^3$	水库存水量 /$10^6 m^3$	水库水位 /m
(1)	(2)	(3)	(4)	(5)	(6)	(7)	(8)
0	0		0			10	31.63
1	340	170	39.44	19.72	0.54	10.54	32.12
2	680	510	174.40	106.92	1.45	11.99	32.95
3	1020	850	354.98	264.69	2.10	14.09	33.75
4	875	947.5	498.91	426.95	1.86	15.95	34.29
5	729	802	547.53	523.22	1.04	16.95	34.46
6	583	656	562.72	554.61	0.40	17.39	34.51
7	437	510	556.34	559.28	−0.16	17.23	34.49
8	291	364	530.32	543.33	−0.62	16.61	34.40
9	146	218.5	474.92	502.63	−0.97	15.64	34.20
10	0	73	381.63	428.28	−1.21	14.43	33.85

由本例可以看出，用试算法进行调洪演算，计算过程比较复杂，采用手算比较费时。如果能编制计算机程序就会非常方便，在此问题编程中需要注意：①在每个阶段试算时，需要判断搜索方向。可以根据假定值与计算值的大小，来判断下一步应该增

加一个 ΔZ 还是减少一个 ΔZ；②对每个阶段试算终止选定判断条件，一般可以采用假定值与计算值的差距小于一个 ΔZ 作依据。

四、有闸门控制的水库调洪问题

以上介绍了水库调洪计算的原理和列表试算法，例题中介绍的是没有闸门控制的下泄流量过程，当然，有闸门控制的水库调洪计算与没有闸门控制的计算方法一样。现实水库调洪要比例题介绍的复杂得多，这需要专门学习水库调度课程的内容。

为了进一步说明水库调洪调度的实际操作过程，下面简单介绍有闸门控制的水库调洪问题，以供参考。

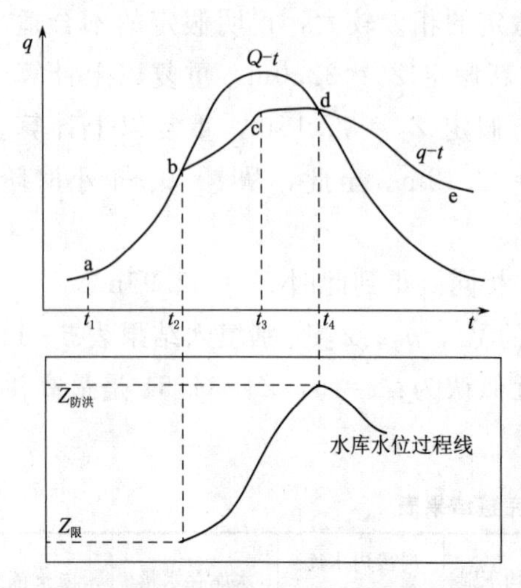

图 5-4　有闸门控制的水库调洪过程

如图 5-4 所示，有闸门控制，水库下游有防洪任务要求，且水库的最大下泄流量 q_{max} 不能超过下游允许的安全泄量 $q_{安}$。入库来水过程线为 $Q-t$，下泄流量过程线为 $q-t$。来水过程、下泄流量过程、水库水位与闸门启闭情况如下：

（1）t_1-t_2 时刻，闸门渐开，使 $q=Q$，$Z=Z_{限}$，此时段 Q 较小，而闸门全开时下泄流量较大，故闸门不应全开，而应以闸门控制，使 $q=Q$，水库水位处于防洪限制水位 $Z_{限}$ 上，直到 t_2 时刻，闸门全部打开。

（2）t_2-t_3 时刻，闸门全开，水库自由泄流，$Q>q$，即来水流量大于可能下泄的流量值，库水位逐渐上升，但到 t_3 时刻，q 达到 $q_{安}$，于是要用闸门控制，使 $q\leqslant q_{安}$，水库水位继续上升，闸门逐渐关小。

（3）t_3-t_4 时刻，闸门逐渐关小，水库水位继续上升，至 t_4 时刻，Q 降落到重新等于 q，水库水位达到最高值，即等于防洪高水位 $Z_{防洪}$，闸门也不再关小。

（4）t_4 之后，水库泄洪过程，水库水位逐渐回落。

第四节　防洪减灾工程规划

一、河道整治规划

1. 河道整治规划的相关概念

河道整治是指，为适应经济社会发展需要，按照河道演变规律，稳定和改善河势，改善河道边界条件、水流流态和生态环境的治理活动。河道在挟带泥沙的水流作用下，常处于变化状态，此外，在流域治理开发过程中，某些工程的实施也常常会改变河道的水文情势，并影响其上下游、左右岸。河道这些变化有时会对水资源开发、河道利用、河堤保护等带来不利影响，因此，河道整治工作成为水利工作和流域治理工作中非常重要的一部分。河道整治分长河段的整治和局部河段的整治。在一般情况下，长河段的河道整治目的主要是为了防洪和航运，而局部河段的河道整治目的是为了防止河岸坍塌、稳定工农业引水口以及桥渡上下游的工程措施。

河道整治规划是指，根据河道演变规律和兴利除害要求，为治理、改造河道所进行的水利工程规划。河道整治规划通常要在流域规划的基础上进行，是流域治理工作的一部分。河道整治规划一般包括洪水、中水、枯水三种不同的整治方案。洪水整治的目的是为了防御洪水泛滥，确保沿河人民生命财产安全；中水整治的目的是稳定河床、控制河势；枯水整治的目的是保障通航和引水。

河道整治工程是指为稳定河槽、缩小主槽游荡范围、改善河流边界条件及水流流态所采取的工程措施，主要工程类别有：控导工程、护岸工程、护滩工程等。控导工程的作用是约束主流摆动范围、护滩保堤，引导主流沿设计治导线下泄，有利于引水和保护滩地；护岸工程的作用是防止主流直接顶冲高岸或堤防，防止高岸坍塌，保护高岸、堤防免遭溃决、防止主流改道；护滩工程主要是防止塌滩而在滩岸线上做的工程。

2. 河道整治规划分类

（1）按河道所处地理位置不同，分为山区、平原、河口整治规划。①山区河道整治：山区河道两岸多为基岩，河底多由粗沙、卵石或基岩组成，坡度较陡，流速较大，水位涨落较快，但河床变形强度较小，一般整治只对局部河段产生影响，其整治措施多为实施渠化工程、爆破、疏浚和修建局部整治建筑物等。②平原河道整治：平原河道发育于冲积平原，由于河道来水、来沙和河岸河床土质的差异，常形成顺直、弯曲、分汊和游荡等四种基本河型，各具不同演变特性，其整治措施也不相同。对顺直型河道，多通过修建河道整治建筑物，以稳定河势；对弯曲型河道，多采取人工裁弯等措施，整治成平顺微弯的河段；对分汊型河道，多采取塞支强干等措施，以稳定、改善汊道；对游荡型河道，多采取淤滩堵汊、护滩导流等措施，整治成较为窄深、稳定的河床。③河口整治规划：河口段受径流和潮流的共同作用，泥沙冲淤变化复杂，整治措施多采取固滩护岸、堵汊并流、疏浚导流等。

（2）按水利工程对河道的影响位置不同，分为库区、坝区、坝下游河段整治规划。①库区河段整治规划：主要研究水库回水变动区的整治。水库回水变动区具有天然河道和水库的两重特性。汛期受回水影响的河段发生累积性泥沙淤积，使河床边界对水流的控制作用减弱，局部河段河势发生变化，某些港口码头、航道、取水口可能因泥沙淤积而受到影响，非汛期该区又和一般河道类似。库区河段整治规划可以采取修建整治建筑物、疏浚工程等措施。②坝区河段整治规划：主要是配合水利枢纽工程设计，研究枢纽上下游局部河段的整治措施，控制枢纽上游近坝段的河势，保证泄水建筑物、电站的正常运行和通航建筑物引航道的畅通，使水利枢纽的防洪、航运、发电等效益得到充分发挥。③坝下游河段整治规划：主要研究针对建坝引起的下游河道变化所采取的整治措施。由于建坝后水沙条件发生变化，坝下游河道一般会出现河道冲刷、水位下降、河势变化，对下游河段的防洪、航运、取水、港口码头的建设和运行都可能会带来一定影响，坝下游河段整治规划中要对这些变化作出分析预测并提出整治方案及措施。

(3) 按部门要求的不同，分为航道、桥渡河段、取水口河段、堤防护岸工程规划等，这些类型均是以某一部门要求为主的河道整治规划，当然也需兼顾其他部门的要求，最大限度地发挥工程的综合效益。①航道工程规划是在航行条件困难的河段，为使船舶顺利安全通行所采取的改善航道工程措施，从而制定的整治规划方案。②桥渡河段工程规划是在道路桥梁与渡河工程建设的河段，为使工程建设和运行安全所采取的整治河道工程措施，从而制定的整治规划方案。③取水口河段工程规划是在重要或大型的取水口工程建设的河段，为保障取水口正常安全运行所采取的整治河道工程措施，从而制定的整治规划方案。④堤防护岸工程规划是为了确保堤防工程运行而制定的整治规划方案。

(4) 按整治阶段和工作程序不同，分为河势控制规划和局部河段整治规划。对于河道整治工程量大或者情况比较复杂的河道，特别是大江大河，整治工程只能分阶段实施。①河势控制规划：主要是研究促成和稳定有利河势的工程措施，通常采用护岸工程并辅以其他措施。②局部河段整治规划：主要是在有利河势基本稳定的基础上，研究对局部河段进一步整治的方案，以满足防洪、航运、取水、港口码头的建设和运行的需要。

3. 河道整治规划应遵循的原则

(1) 全面规划，综合利用。应综合考虑各方面要求，妥善处理上下游、左右岸、各地区、各部门之间的关系，明确重点，兼顾一般，以达到综合利用水资源的目的。

(2) 因势利导，因地制宜。应具体分析本河段的特性及其演变规律，预测其发展趋势，并总结本河段以往整治的经验和教训，提出适合本河段的整治工程措施。

(3) 远近统筹，分期实施。应统筹考虑河道整治的远景目标和近期目标，分清轻重缓急，有计划、有步骤地实施河道整治规划方案。

4. 河道整治规划的主要内容

(1) 河道基本特性及演变趋势分析。包括对河道自然地理概况，来水、来沙特性，河岸土质、河床形态、历史演变、近期演变等特点和规律的分析，以及对河道演变趋势的预测。对拟建水利枢纽的河道上下游整治规划，一般采用实测资料分析、数学模型计算、实体模型试验相结合的方法，尽量就可能引起的变化作出定量估计。这一内容是河道整治规划针对规划对象的全面摸底，是规划的重要基础。

(2) 河道两岸经济社会、生态环境情况调查分析。包括对沿岸城镇、工农业生产、堤防、航运等建设现状和发展规划的全面了解与分析研判。河道整治不仅仅针对河道本身，很重要的内容涉及河道两岸的经济社会和生态环境，问题可能在河道，但根源可能在岸上。这一内容是合理规划河道整治方案的基础。

(3) 河道整治现状调查及问题分析。通过对已建整治工程现状的调查，探讨其实施过程、工程效果与主要的经验和教训，查找问题和分析问题为解决问题提供借鉴。

(4) 河道整治任务与整治措施的确定。根据各方面提出的要求，结合河道特点，确定本河段整治的基本任务，并拟定整治的主要工程措施。选定河道整治任务是开展整治工作的指引，需要根据实际需求和投资情况明确治理任务，既不能确定过大的任务，也不能解决不了问题。

(5) 整治工程的经济效益、社会效益、环境效益分析。包括分析整治后可能减少的淹没损失，论证防洪经济效益；从整治后增加的航道和港口水深、改善航运水流条件、增加单位功率的拖载量、缩短船舶运输周期、提高航行安全保证率等方面，论证航运经济效益；以及分析河道整治后对取水、城市建设等方面带来的效益。

(6) 规划实施程序的安排。河道整治工程的建设有利时机与雨季、洪水季节、用水高峰等有关，具有很强的时机性。因此，应在分析河道整治有利时机的基础上，对整个规划实施程序作出轮廓安排，以减少整治难度和工期，节约投资。

5. 河道整治设计规范及主要内容

我国 2011 年发布了中华人民共和国国家标准《河道整治设计规范》(GB 50707—2011)，2012 年 6 月 1 日起实施，该规范主要内容包括总体规划、河道水力计算、河床演变分析、典型河段治理原则、整治工程设计等。典型河段治理包括顺直型河段、弯曲型河段、分汊型河段、游荡型河段、潮汐河口段；整治工程设计包括堤防工程、防护工程、控导工程、疏挖工程、生物工程、安全监测。

河道整治主要设计确定的内容包括：

(1) 设计流量和设计水位。整治洪水河槽的设计流量，需根据保护地区的重要性，选取其防洪标准相当的洪水流量，其相应的水位即为设计水位；整治中水河槽的设计流量可采用造床流量或平滩流量，其相应的水位即为设计水位；整治枯水河槽的设计水位可根据通航等级或其他整治要求，采用不同保证率的最低水位，其相应的流量即设计流量。

(2) 整治线。河道整治后在设计流量下的平面轮廓线，称为河道整治线。平原河道整治线分洪水河槽整治线、中水河槽整治线和枯水河槽整治线，其中对河势起控制作用的是中水河槽整治线。洪水河槽整治线即两岸堤防的平面轮廓线。堤线与主河槽岸线之间需根据宣泄设计洪水和防止堤岸冲刷的需要留足滩地宽度。

中水河槽整治线一般为曲率适度的连续曲线，曲线之间以适当长度的直线连接。对不能形成单一河槽的游荡型、分汊型河道，其主流线也应为曲率适度的连续曲线。中水河槽整治线的弯曲半径和曲线间直线段的长度，通常可参照邻近的优良河段确定。一般最小弯曲半径为河道直线段平滩河宽的 4～9 倍，曲线段间直线段长度为该段平滩河宽的 1～3 倍，通航河道还要考虑通航要求。在中水河槽整治线的基础上，根据航道和取水建筑物的要求，利用稳定的深槽、边滩或江心洲，设计枯水河槽整治线。为保持航道稳定，要求整治后枯水河槽的流向与中、洪水河槽的交角不大。枯水河槽的弯曲半径和曲线段间直线段的长度，可参照邻近的优良河段选定，其数值一般小于中水河槽整治线。

(3) 河槽断面。主要是选定中水河槽和枯水河槽的横断面尺度。中水河槽的断面可参考邻近的优良河段断面，也可假定河段整治前后的流量和输沙能力不变，将河相关系式与流速公式及水流连续公式联立求解，得出断面设计水深和河宽计算公式（可参见规范或相关书籍），山区河道整治的平面形式与平原河道相同。河槽断面可参考邻近的优良河段确定，并满足粗沙、卵石推移质输沙平衡要求。

二、堤防规划

1. 堤防规划的相关概念

堤防是沿河流、湖泊、海洋或行洪区、分洪区、围垦区、水库库区和湖泊的周边修筑的挡水建筑物，是世界上最早广泛采用的防洪工程。

筑堤的作用为：防御洪水泛滥，保护堤内居民、工农业生产和各种建设；抵挡风浪或抗御海潮；限制分洪区、蓄洪区、行洪区的淹没范围；围垦洪泛区或海滩，增加土地开发面积，扩大人类生产生活空间；约束河道水流，控制流势，使同等流量的水深加大，流速增大，有利于输水输沙。

2. 堤防规划的分类

按照堤所在河湖海渠的位置不同，可以分为河（江）堤、湖堤、海堤、渠堤和围堤，对应分为河（江）堤规划、湖堤规划、海堤规划、渠堤规划和围堤规划。沿河（江）两岸修建的堤称河（江）堤；沿湖泊周围修建的堤称湖堤；沿海岸修建的堤称海堤或海塘；沿渠道两岸修建的堤称渠堤；形成围垸的堤称垸堤、圩堤或围堤。

按照堤所在干支流的位置不同，可以分为干堤、支堤、民堤，对应分为干堤规划、支堤规划、民堤规划。把沿干流修的堤称为干堤，干堤一般修建在大江、大河的两岸，保护重要城镇、大型企业和大片农田，故设计标准较高，由国家或地方专设机构管理。沿支流两岸修建的堤称为支堤，其防洪标准一般低于同流域的干流，并据重要程度而定。民堤是在河道内行洪区、湖区修建的土堤，一般保护范围小，民修民防，防洪能力较低。

3. 堤防工程的防洪标准

按照中华人民共和国国家标准《防洪标准》(GB 50201—2014) 规定，堤防工程的防洪标准应根据其保护对象或防洪保护区的防洪标准，以及流域规划的要求分析确定；蓄、滞洪区堤防工程的防洪标准应根据流域规划的要求分析确定；堤防工程上的闸、涵、泵站等建筑物及其构筑物的设计防洪标准，不应低于堤防工程的防洪标准，并应留有安全裕度。

保护对象的防洪标准用重现期表示。比如，保护对象的防洪标准为重现期 100 年、50～100 年、30～50 年、20～30 年、10～20 年，对应的堤防工程级别分别为 1 级、2 级、3 级、4 级、5 级。

4. 堤防规划应遵循的原则

在进行新建或改建堤防规划时，须遵守如下原则：

(1) 结合水库、分蓄洪工程等其他防洪工程措施，进行堤防规划，以形成合理的防洪工程体系。

(2) 妥善处理上下游、左右岸、各地区、各部门之间的关系，根据河流、河段及其防护对象的不同，选定合适的防洪标准、堤防等级、堤距、堤高和堤型。

(3) 当堤防遭遇超标准特大洪水时应有对策措施，以保证主要堤防重要堤段不发生改道性决口。

(4) 就地取材，便于施工，节省投资。

5. 堤防规划的主要内容

(1) 堤防附近地区经济、社会状况、土壤地质条件、水文及泥沙特性、河床演变规律等调查分析，这些内容是开展堤防规划工作的基础。

(2) 堤线选择、堤距、堤高和堤型的确定，这是堤防设计的主要内容，在规划阶段应根据需要和资料情况作出初步安排。

(3) 工程布局、建设规划及管理。考虑经济社会发展情况、堤防级别和标准以及规划目标要求等因素，合理确定堤防工程布局，做好总体建设规划以及工程建设和运行管理方案。

(4) 堤防工程的经济效益、社会效益、环境效益分析。分析堤防工程可能带来的各种效益，以及可能带来的损失和风险，作为堤防建设的重要参考。

(5) 规划实施程序的安排。对整个规划实施程序作出轮廓安排，做好分期实施方案，并对投资和工期作出初步安排。

6. 堤防设计的主要内容

我国 2012 年发布了中华人民共和国国家标准《堤防工程设计规范》(GB 50286—2013)，2013 年 5 月 1 日起实施，该规范主要内容包括堤线布置及堤型选择，堤基处理，堤身设计，护岸工程设计，堤防稳定计算，堤防与各类建筑物、构筑物的交叉、连接，堤防工程的加固、改建与扩建，安全监测设计，堤防工程管理设计等。

堤防设计主要设计确定的内容包括：

(1) 堤线布置。堤线应与河势流向相适应，与大洪水的主流线大致平行，有利于行洪。堤线走势力求平顺，相邻堤段间应平缓连接，避免急弯和局部突出，以适应洪水流向；尽可能靠岸修建，以减少工程量和不侵占古河道；尽可能选在地势较高、土质较好处，减少筑堤工程量；尽可能避开村庄、交通和城镇景观，少占耕地。湖堤、海堤堤线布置宜避开强风或暴潮正面袭击。

(2) 坝距和堤顶高程确定。堤距和堤顶高程（或堤高）是密切相关的。河道通过相同的设计流量时，堤距越窄，水位就越高，则堤顶越高；相反，堤距宽则堤顶低。堤距和堤顶高程确定的一般步骤是：根据防洪、防潮的要求和经济能力，确定防洪标准和设计洪水，推算沿程设计水位，建立设计流量下堤距与堤高的关系，并考虑风浪要素、沉陷和工程等级，再经过多方案的技术经济比较，选定最佳的堤距与堤高。

(3) 堤型选择。应根据堤防材料、堤身断面形式、防渗体形式等因素确定。土堤具有就近取材、施工方便、适应堤基变形等特点，常作为首选堤型，但土堤易受水流、风浪破坏，一些重要海堤和城市防洪堤采用石堤、土石堤和混凝土堤堤型。

三、分洪、滞洪及蓄洪垦殖

分洪是指当河道洪水位将超过保证水位或流量将超过安全泄量时，为保障保护区安全，而采取的分泄超额洪水的措施。滞洪是指为短期阻滞或延缓洪水行进速度而采取的措施，其目的是与主河道洪峰错开。蓄洪是指将进洪设施分泄的洪水直接或经分洪道进入湖泊或洼地围成的区域蓄存起来，起到蓄洪或滞洪作用。

分洪、滞洪、蓄洪都是我国河流防洪系统中重要的组成部分，也是重要江河上不可或缺的防洪安全措施。

防洪工程只能防御根据防洪标准推求的设计洪水，但对于可能出现的超标准洪水，除可以利用上游水库拦蓄一部分外，还可以依赖平原地区的蓄滞洪区就地蓄存一部分水。蓄滞洪区是指河道周边辟为临时蓄存洪水的湖泊、洼地或扩大行洪、泄洪的区域，其作用是调蓄洪量，削减河道洪峰流量，降低河道洪水位，确保重点防护区安全。蓄滞洪区是江河防洪体系中的重要组成部分，是保障重点防洪区安全，减轻洪水灾害的有效措施。

蓄滞洪区又可分为分洪区、蓄洪区、行洪区、滞洪区。分洪区是利用河道两侧的低洼圩垸，或利用附近的湖泊、洼地，加修围堤而形成的用来分蓄洪水的区域。分洪是牺牲局部，保存全局的措施。比如，长江流域荆江分洪区，位于荆江南岸的湖北省荆州市公安县境内，始建于1952年，是长江中游防洪工程的一个重要组成部分，总蓄洪面积1358平方千米，有效蓄水量71.6亿立方米，对确保荆江大堤、江汉平原和武汉市的防洪安全起到重要作用。

蓄洪区是分泄的洪水直接或经分洪道进入湖泊或洼地围成的区域蓄存起来，主要起存蓄洪水、削减洪峰的作用。比如，淮河城西湖蓄洪区，位于安徽省六安市霍邱县境内，始建于1951年，后经多次扩建、续建，已建成完备的蓄洪区，包括防洪堤、分水闸、进洪闸、退水闸等工程，还建有庄台以保护群众生命财产的安全。

行洪区是河道两侧或河岸之间用以宣泄洪水的区域，大洪水时行洪，小洪水仍垦殖，有些还有人居住。比如，黄河下游滩区，既是滩区人民生产生活的重要场所，又是重要的行洪区。按照河道防洪的要求，下游滩区应该是行洪通道，但由于历史原因，又有一些居民在该滩区生活生产，所以就形成了黄河下游滩区独特的行洪区。

滞洪区是为短期阻滞或延缓洪水行进速度而采取的措施，其目的是与主河道洪峰错开，比如，洞庭湖就是长江上的一个滞洪区。

蓄滞洪区规划的主要内容包括：蓄滞洪区的位置选择、分洪量和分洪水深的确定。蓄滞洪区的位置选择原则：尽可能临近防护区，以利于分洪时迅速降低重点河段的洪水位；尽量利用地势低洼的湖泊、洼地，其蓄洪容量大，淹没损失小，修建围堤工程量小；因地制宜确定其进、退水口门位置，最好具备建闸条件；所在地区人口密度较小，群众在分洪时迁安和灾后重建相对容易。

分洪量和分洪水深的确定步骤和方法：根据拟定的防洪标准，由防洪控制点的防洪设计洪水进行洪水演进计算，求出分洪口处的河道设计洪水过程，其中超过分洪口下游河道安全泄量的部分称为超额洪量，分洪期超额洪量总和即为分洪总量；求得分洪总量后，再按蓄滞洪区范围和地形，求得平均分洪水深和最大分洪水深。

2009年国务院批复了《全国蓄滞洪区建设与管理规划》，规划用20年左右的时间，建成较为完备的蓄滞洪区防洪工程和安全设施体系，建立较为完善的蓄滞洪区管理体制、制度和运行机制，实现洪水“分得进、蓄得住、退得出”，确保区内居民生命安全，保障流域防洪安全，促进区内经济社会又好又快发展。

第五节　防洪减灾非工程措施

防洪减灾除以上工程措施外，还有一类非常重要的非工程措施，顾名思义，非工程措施就是采取工程措施以外的各种措施，通常指通过法律法规、行政管理、经济杠杆、科学技术等手段来减少洪涝灾害损失的措施，从而达到防洪减灾的目的。从世界各国的实践来看，采用防洪工程措施来人为控制洪水是有限的，防洪减灾非工程措施作为减少洪涝灾害的综合措施，越来越受到重视。

防洪减灾非工程措施主要包括：防洪法制建设、洪水监测预报预警、防汛指挥调度、洪泛区管理、洪水风险分析与应对、洪水保险与补偿、超标准洪水防御、抢险救灾、灾后恢复重建和防洪减灾科普教育等。

（1）防洪法制建设。防洪法制建设是指政府为实现防洪减灾目标而开展的法制建设工作，包括法律法规建设和相关政策制定。防洪法制建设能够利用法律法规体系和政策手段鼓励开展积极的防洪减灾经济社会活动，约束不利于防洪减灾的经济社会行为，进而促进人与洪水和谐相处，达到防洪减灾的目的，是一种重要的防洪减灾非工程措施。目前，我国已出台了《中华人民共和国防洪法》《中华人民共和国防汛条例》《中华人民共和国河道管理条例》《蓄滞洪区安全建设指导纲要》等针对性法律法规，能够为防洪减灾提供较为全面的政策和法律保障。

（2）洪水监测预报预警。洪水监测预报预警是指利用多种监测手段提供水情、雨情、洪峰、洪量、流速、洪水历时等实时信息，对未来一定时段的洪水发展情况进行预测，并根据预报结果及时发布洪水灾害预警的综合措施。洪水监测预报预警包括洪水监测、洪水预报和洪水预警，能够为防汛指挥调度、防洪抢险决策、水利工程建设和安全运行管理以及洪水资源合理利用提供重要依据。我国的洪水监测和预报系统发展至今，基本形成了涵盖全国的实时水情接收和预报系统，在理论方法技术上不断取得突破和创新，进一步提高了洪水监测预报预警的准确性。洪水监测预报预警是我国防洪减灾非工程措施体系的重要组成部分，对降低洪水风险、减少洪灾损失发挥了重要作用。

（3）防汛指挥调度。防汛指挥调度是指运用已有防洪措施，有计划地指挥、控制、调节洪水的工作，主要包括水库、蓄滞洪区的工程调度，防守力量调度，防汛物资调度等。防汛指挥调度依据《中华人民共和国防洪法》、国家防汛抗旱总指挥部有关文件、流域防洪规划和洪水调度方案开展相关工作，具体涉及防汛准备与检查、预案编制与法规建设、防汛队伍组织与建设、防汛物资与抢险设备、防洪调度、防汛指挥决策与抢险指挥等。防汛指挥调度能够全面统筹防汛抢险和救灾工作，最有效地发挥防洪系统作用，以最大程度降低洪水威胁、减少洪灾损失。近年来我国积极推进气象卫星、天气雷达、物联网、大数据、人工智能等前沿技术手段在防洪减灾领域的深度融合应用，为面向新时期的防汛指挥调度工作提供了强大动力。

（4）洪泛区管理。洪泛区管理是指通过颁布法令、条例或其他方式对洪泛区进行综合管理以最小化洪灾损失进而实现自然属性和社会属性的统一。洪泛区是指江河两岸、湖周海滨易受洪水淹没的区域，洪泛区管理的内容主要包括：在开发区采取减少洪水灾害损失的措施、限制与洪灾风险不相适应的经济社会发展行为、对土地利用进行综合安排、保持洪泛区的行洪和滞洪作用等。洪泛区管理是一项十分复杂的工作，我国于1998年颁布的《中华人民共和国水法》中正式规定在防洪河道和滞洪区、蓄洪区内，土地利用和各种建设必须符合防洪的要求。洪泛区管理能够有效减轻洪灾经济损失，提升洪泛区的预灾应灾和灾后重建能力，很大程度上缓解了人类行为对洪泛区生态环境产生的消极影响，进而实现洪泛区管理的经济、社会、环境目标，是一种综合性的防洪减灾非工程措施。

（5）洪水风险分析与应对。洪水风险分析与应对是指对洪水风险进行分析评估和应对管理以避免或减轻洪灾损失的非工程措施。洪水风险分析与应对包括洪水灾害风险分析评估和洪水灾害风险应对管理，其中，洪水风险图的编制是洪水灾害风险分析评估工作的核心。洪水风险图是对可能发生的超标准洪水的洪水演进路线、到达时间、淹没水深、淹没范围及流速大小等过程特征进行预测，以标示洪泛区内各处受洪水灾害的危险程度的防洪减灾专用地图，能够对地区洪水灾害风险进行系统分析和模拟。洪水灾害风险应对管理是基于洪水灾害风险分析评估的结果对各类风险因素进行全方位管理，采取综合应对措施，用最小管理成本将洪水灾害风险控制在可接受范围之内，是降低洪水风险的有效手段。

（6）洪水保险与补偿。洪水保险与补偿是对洪水灾害引起的经济损失所采取的一种由社会或集体进行经济赔偿的办法，属于财产保险的一种特殊形式。洪水保险的参保对象包括洪泛区的居民、社团和企事业单位等。我国在20世纪80年代开始在淮河中下游开办洪水保险试点，发展至今在防洪减灾工作中发挥了一定成效。洪水保险体现了国家引导公众和社会资源积极参与洪泛区管理的政策导向，有利于提高洪泛区开发的整体经济效益和社会效益。洪水保险能够在较大甚至全国范围内分摊洪水造成的损失，增强洪水灾害的社会消纳能力，缓解政府财政负担。此外，公众通过参加洪水保险这种社会学行为，能够增强防洪减灾意识，促进形成社会公正和友善互助的良好氛围。洪水保险与补偿能够有效配合洪泛区管理，限制洪泛区不合理开发，利用经济手段减少洪灾带来的社会影响，是多个国家普遍采用的防洪减灾非工程措施之一。

（7）超标准洪水防御。超标准洪水防御是指在应对超过防洪工程设计标准的洪水灾害时采取的一系列防御措施和应急对策，主要包括力保堤防不决口、力保水库不垮坝以及堤坝失事后的应急措施三类重点防御措施。超标准洪水是指超过防洪系统或防洪工程设计防御能力的洪水。超标准洪水一旦发生，水利工程抗击暴雨能力已达到极限，各种紧急防护和临时救援措施随时都可能失效，灾害的发展将不可抗拒，必须采取事先制定的周密的超标准洪水防御应急措施，切实把受影响区域人员、财产安全转移作为第一要务，结合本地防洪工程状况、经济社会和人口发展分布情况、洪水特性、自然条件等，运用综合手段因势利导，最大限度地降低洪灾损失。

（8）抢险救灾。面向洪灾的抢险救灾是指国家集中多方力量抗击洪水形成的灾害，保护人民生命和财产安全，包括组织人力物力去解救或疏散受困人员、抢救或运送重要物资、保护重要目标安全等工作。2022年，国务院印发了新的《国家防汛抗旱应急预案》，对抢险救灾工作提出更高要求。当江河湖泊达到警戒水位并继续上涨时，应急管理部门应组织指导有关地方提前落实抢险队伍、抢险物资，做好抢险救灾的准备。大江大河干流堤防决口的堵复、水库（水电站）重大险情的抢护应按照事先制定的抢险预案进行，并由防汛专业抢险队伍或抗洪抢险专业部队等实施。电力、交通、通信、石油、化工等工程设施因暴雨、洪水、内涝和台风发生险情时，管理单位应当立即采取抢险救灾措施，必要时协调解放军和武警部队增援，提请上级防汛抗旱指挥机构提供帮助。

（9）灾后恢复重建。灾后恢复重建是指洪灾发生后帮助灾民恢复生产、重建家园的措施。洪灾恢复重建的主要目标是：帮助群众克服洪水灾害造成的困难，修复水毁工程措施，恢复灾区生产生活条件和经济社会发展达到或超过灾前水平，实现人口、产业与资源环境协调发展。快速、有效的灾后恢复重建工作是减少洪灾后续损失的有效手段。2019年，国家发展改革委、财政部、应急管理部联合印发了《关于做好特别重大自然灾害灾后恢复重建工作的指导意见》，明确了包括综合损失评估、隐患排查、受损鉴定、资金筹措、配套政策制定、重建规划编制在内的灾后恢复重建工作重要任务。此外，社会化的捐款、捐物能够有效帮助灾区人民恢复生产和重建家园，“一方有难，八方支援”历来是中华民族的传统美德，社会公众力量是支持洪水灾后恢复重建的重要力量。

（10）防洪减灾科普教育。防洪减灾科普教育是指针对防洪减灾开展科学知识和技术的普及教育，是一种通过科普教育的方式提升民众洪灾应对能力、减轻洪水灾害损失的非工程措施。防洪减灾科普教育是防洪减灾非工程措施的重要组成部分，能够普及防汛救灾科普知识，充分提升广大人民的防汛救灾意识和素质，提高公众自救互救能力，可以很大程度上减轻洪灾给人民群众带来的生命财产损失，对于防汛救灾工作意义重大。防洪减灾科普教育需要同时做好常态化防汛减灾科普宣传工作和防汛救灾应急科普工作。科普部门应继续深化与应急管理、水利、气象等相关部门建立的防汛抗灾应急科普联动机制，生产并汇聚相关科普资料，共建共享应急科普资源。通过定期传播政府部门发布的相关信息、组织权威专家有效发声、动员科技志愿者队伍等方式普及防洪科普知识，用好科普中国和科学辟谣平台等权威平台提供的科普内容，充分发挥报刊、电视等传统媒体和微信、微博等网络新媒体，及时回应公众关切，助力有效引导社会舆论，改善人与洪水关系，从而达到防洪减灾目的。

课程思政教育

（1）通过对洪涝灾害与防洪减灾事件的学习，让学生了解到洪涝灾害对人类生存和发展带来的重大影响，激发学生学习水利专业的兴趣，培养学生对“人民至上、生命至上”的理解，增强学生专业责任感和使命感。

（2）通过对防洪工程和历史洪涝事件的了解，以典型案例和重大水患灾害为载体，挖掘防洪工作可歌可泣的先进人物和先进事迹，挖掘防洪工作的责任与担当等思政元素。引导学生在重大水灾害面前，要发挥专业优势，以集体利益、国家利益为重，勇于挑战自我。

思考题或习题

［1］ 关于防洪减灾，以下哪些内容是正确的？

（1）水土保持的作用是减少水沙，对防洪没有直接作用

（2）修造堤坝、疏浚与整治河道，可以增加洪水下泄流量，起到防洪的作用

（3）一个水库如果承担防洪任务，可能有滞洪、蓄洪、错洪作用

（4）分洪、滞洪、蓄洪是大江大河防洪的重要手段

［2］ 关于防洪措施，以下哪些内容是正确的？

（1）分洪区，是人工把洪水引到某一区域，牺牲局部，保存全局的措施

（2）蓄洪区，就是用水库把洪水蓄起来，起存蓄洪水削减洪峰的作用

（3）行洪区，是在大洪水时行洪，小洪水仍垦殖

（4）滞洪区，就是利用上游水库，暂时存蓄洪水，阻滞或延缓洪水行进速度

［3］ 某水库的泄洪建筑物型式和尺寸已定，设有闸门。水库的运行方式是：在洪水来临时，先用闸门控制 q 使其等于 Q，水库保持防洪限制水位（38.0m）不变；当 Q 继续加大，使闸门达到全开，以后就不用闸门控制，q 随着 Z 的升高而加大，流态为自由泄流，q_{max} 也不限制，情况与无闸门控制一样。已知水库容积特性 $V=f(Z)$，并根据泄洪建筑物型式和尺寸，算出水位和下泄流量关系曲线 $q=f(Z)$，见表 5-12。堰顶高程为 36.0m。入库洪水流量过程线如表 5-13 所列，在 $t=18$h，水库达到防洪限制水位。用列表试算法计算在 $t=21$h 的水库水位、下泄流量。

表 5-12　某水库 $V=f(Z)$、$q=f(Z)$ 曲线（闸门全开）

水位 Z/m	36.0	36.5	37.0	37.5	38.0	38.5	39.0	39.5	40.0	40.5	41.0
库容 $V/10^4m^3$	4330	4800	5310	5860	6450	7080	7760	8540	9420	10250	11200
下泄流量 $q/(m^3/s)$	0	22.5	55.0	105.0	173.9	267.2	378.3	501.9	638.9	786.1	946.0

表 5-13　入 库 洪 水 流 量 过 程

时间 t/h	18	21	24	27	30	33	36	39	42	45	48	51
入库洪水流量 $Q/(m^3/s)$	174	340	850	1920	1450	1110	900	760	610	460	360	290

［4］　已知某水库 $P=1\%$ 的设计洪水过程线如表 5-14 所列。溢洪建筑物采用河岸溢洪道，不设闸门，其堰顶高程为 31.63m，溢洪宽度为 65m，泄流公式 $q=m\varepsilon\sigma B\sqrt{2g}H^{\frac{3}{2}}=115H^{\frac{3}{2}}$（$H$ 为水库水位与堰顶之间的水头差）。水库水位与容积关系如表 5-15 所列，并且已知 $t=0$、$t=1$h、$t=2$h 的水库水位为 31.63m、32.12m、32.95m。用试算法进行调洪演算，推求 $t=3$h 的水库水位、下泄流量。

表 5-14　设 计 洪 水 过 程

时间/h	0	1	2	3	4	5	6	7	8	9	10
入库流量/(m^3/s)	0	340	680	1020	875	729	583	437	291	146	0

表 5-15　水库水位容积关系曲线

水位 Z/m	31.63	32.12	32.95	33.75	34.29	34.45	34.61
容积 $V/10^6m^3$	10	10.54	11.99	14.09	15.95	16.91	18.18

［5］　某水库泄洪建筑物为闸门河岸式溢洪道，堰顶高程与正常蓄水位齐平，为 132m，堰顶净宽 $B=40$m，流量系数 $M_1=1.6$，$q=M_1BH^{\frac{3}{2}}$（H 为水库水位与堰顶之间的水头差）。汛期按水轮机过流能力 $Q_{电}=10m^3/s$ 引水发电，尾水再引入渠首灌溉。$P=1\%$ 的设计洪水过程线如表 5-16 所列；水库水位与容积关系如表 5-17 所列。设 $t=0$ 水库起调水位为堰顶高程。用试算法进行调洪演算，推求 $t=8$h 的水库水位、下泄流量。

表 5-16　设 计 洪 水 过 程

时间/h	0	8	16	24	28	30	32	40	48
入库流量/(m^3/s)	0	100	480	840	730	650	560	340	210

表 5-17　水库水位容积关系曲线

水位 Z/m	116	118	120	122	124	126	128	130	132	134	136	137
容积 $V/10^4m^3$	0	20	82	210	418	730	1212	1700	2730	3600	4460	4880

第六章　水能利用与水电站水能计算

水能是一种可再生能源，是人类利用较广泛的重要能源之一，对促进国民经济发展，改善能源消费结构具有重要意义。本章将介绍水能计算的基本原理和方法、水电站运行方式和特征参数选择以及水能资源开发利用等内容。水电站水能计算是本教材安排的三大计算内容的第三个，也是为了“兴水利”水能规划所做的一项计算工作。

第一节　水能利用与我国水能资源概况

一、水能利用

水是流动的物质，一定位置的水同其他物体一样具有势能。水流从高处向低处流动，就形成了势能差，在重力作用下形成动能，这就是水能。因此，从水能的字面意思，可以把水能表述为“重力作用的水的落差”。在专业词汇上，又把水能看成是水能资源，是一种能源，因此，可以把水能表述为“水体的动能、势能和压力能等能量资源”。

广义的水能资源包括河流水能、潮汐水能、波浪能、海流能等能量资源。狭义的水能资源指河流的水能资源。目前人们最易开发和利用的比较成熟的水能是河流的水能资源，也是运用最广的水能资源。当然，潮汐水能、波浪能、海流能的利用也在快速发展中，特别是在临海国家或地区，是未来能源的重点发展方向。

水能是一种可再生能源，主要用于水力发电。如图 6 - 1 所示，水的落差在重力作用下形成动能，从河流或水库等高水位处向低水位处流动，利用水的压力或者流速冲击水轮机，使之旋转，从而将水能转化为机械能，然后再由水轮机带动发电机旋转，产生电能。

水能利用的另一种方式是通过水轮泵或水锤泵扬水，其原理是将较大流量和较低水头形成的能量转换成相对较小流量和较高水头的能量，以实现扬水的目标。在转换过程中会损失一部分能量，但抬高了水头，起到扬水的作用，在交通不便和缺少电力的偏远山区，采用这种方式进行农田灌溉、村镇供水，具有很好的应用价值，我国自20 世纪 60 年代起在部分地区广泛应用。

水能利用的历史相当悠久。早在 2000 多年前，在埃及、中国和印度，已出现水车、水磨和水碓等，把水能用于农业生产。18 世纪 30 年代出现了新型水力站，18 世纪末这种水力站发展成为大型工业的动力，应用于面粉厂、棉纺厂和矿石开采。但从水力站发展到水电站是在19世纪。1878年英格兰出现世界上第一个水电站，随后出现在美国密歇根州（1880年）、纽约州（1881年）、加拿大安大略省（1881年）、德国（1891年）、澳大利亚（1895年）等。中国大陆在云南省建设第一座水电站——石龙坝水电站，于1910年开工建设，1912年投产运行，至今仍在运行。

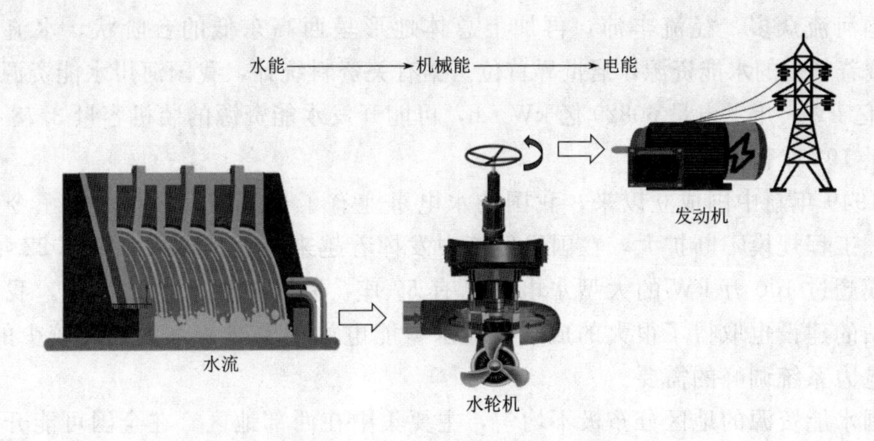

图6-1 水能利用于发电的原理

水能利用的优点：

(1) 水能是可再生的能源，能年复一年地循环使用。与水能对应的煤炭、石油、天然气等能源资源都是消耗性的能源，逐年使用就逐渐减少，甚至完全枯竭。

(2) 水能用的是可循环、不消耗的水来进行发电，发电成本低。发电量与燃料消耗无关，无燃料成本，投资回收快，大中型水电站一般5～10年可收回投资。

(3) 水能利用过程中不产生新的污染，是一种无污染能源。煤炭、石油、天然气等能源资源，燃烧产生能源的过程中释放大量的物质，会带来或多或少的污染。

(4) 水能利用广泛，一般伴随多种用途，综合效益大。水电站一般都伴随着防洪、供水、航运、养殖、旅游、生态等综合效益。

(5) 水能利用效率高，管理人员少，运营成本低。水电投资与火电投资差不多，而施工工期不长，利用效率高，可按需供电，水电站管理人员一般不到火电的三分之一。

水能利用的不利方面：

(1) 会影响生态系统完整性。修建大坝或水库蓄水发电，都会改变水循环过程、水文特征，干扰生态系统，有些情况下，这种改变幅度较小，是可接受的，引起的生态系统变化不大；有些情况下，这个改变巨大，带来生态系统过大的影响作用。因此，考虑生态系统影响是制约水能利用工程建设的主要因素。

(2) 需要筑坝移民，搬迁任务重，同时会提升投资。水库区移民问题是水利工程建设的主要制约因素之一，因搬迁可能会影响社会稳定和人民正常生活；同时由于移民补偿和建设费用较高，会大幅度提升总投资。

(3) 水能分布受水文、气候、地貌等自然条件的影响较大，其应用受到限制。在降水季节变化较大的地区，如果水库库容不大，在少雨季节发电量少甚至被迫停止发电，此外，还受到气候变化的影响，主要取决于来水量的多少。

二、我国水能资源概况

我国河流众多，径流丰沛，再加上总体地形呈西高东低的台阶状，水流落差巨大，蕴藏着丰富的水能资源，居世界首位。据有关资料统计，我国河川水能资源蕴藏量为6.94亿kW，年发电量60829亿kW·h，可能开发水能资源的装机容量3.78亿kW，年发电量19200亿kW·h。

自1949年新中国成立以来，我国的水电事业有了长足的发展，取得了令人瞩目的成绩，工程规模不断扩大，在国民经济中发挥着越来越大的作用。到2022年年底，全国规模超过100万kW的大型水电站已有57座。除了常规水电站以外，我国抽水蓄能电站的建设也取得了很大的成绩。抽水蓄能电站主要建于水力资源较少的地区，以适应电力系统调峰的需要。

我国水能资源的地区分布极不均匀，主要集中在西部地区。在全国可能开发的水能资源中，东部的华东、东北、华北三大区合计约占6.8%，中南5地区占15.5%，西北地区占9.9%，西南地区占67.8%。西南地区水能资源极其丰富，但开发尚少，仍有很大开发潜力；而东部和中部地区水能资源较缺乏，但因人口集中、工农业生产较为发达，水能资源开发率高，总体表现发电量不足。为了解决水能资源空间分布不均匀、用电供需矛盾问题，我国实施了规模巨大、举世瞩目的西电东送工程。

我国水能资源的开发利用率低。我国水能资源总量占世界总量16.7%，居世界之首，但是我国水能开发利用量约占可开发量的1/4，低于发达国家平均水平的60%。

由于我国特殊的气候特征，大多数河流年内、年际径流分布不均，汛期和枯期径流差距大，导致水电站的季节性电能较多。为了解决水电站径流调节问题，需要修建大型水库，增加了投资，特别是在深山峡谷河流中建水库，虽可减少淹没损失，但需建高坝，工程建设艰巨。

三、水能利用与水电站水能计算工作总览

水能转化为机械能，再转化为电能，是水能利用的最基本方式。基于水能计算原理和方法，计算水电站出力、发电量、保证出力等指标，为水电站在电力系统中的运行方式与装机容量选择提供依据；在此基础上研究水能资源开发方式和水电站建设布局和规划。水能利用与水电站水能计算工作总览如图6-2所示。

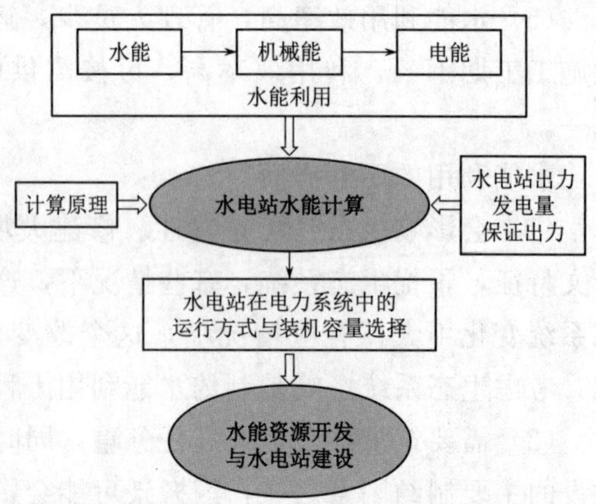

图6-2　水能利用与水电站水能计算工作总览

第二节　水电站水能计算

一、水能计算基本原理

水能计算的目的主要有：确定水电站的工作情况，包括水电站出力、发电量及其变化情况；选择水电站的主要参数（比如水库的正常蓄水位、死水位和水电站的装机容量等）及其在电力系统中的运行方式等，其中，计算水电站的出力和发电量是水能计算的主要内容。本节主要研究水电站的出力和发电量计算问题。

如图 6-3 所示，假设一个河段首尾断面分别为断面 1—1 和断面 2—2，取水平面 0—0 为基准面；设断面流量为 Q（m^3/s），T（s）时段内流经断面的水体体积为 $W=QT$（m^3）。

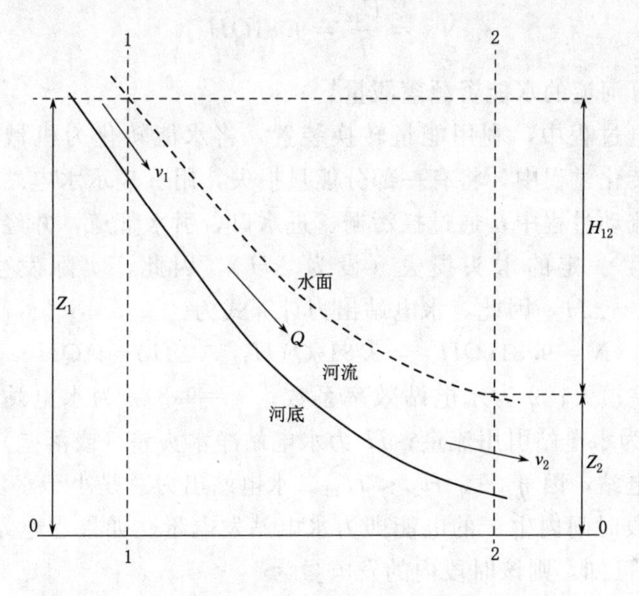

图 6-3　河段水能计算示意图

根据水力学中的能量方程，水体在断面 1—1 和断面 2—2 处的能量分别为

$$E_1=\left(Z_1+\frac{P_1}{r}+\frac{\alpha_1 v_1^2}{2g}\right)Wr$$

$$E_2=\left(Z_2+\frac{P_2}{r}+\frac{\alpha_2 v_2^2}{2g}\right)Wr$$

式中：Z_1、Z_2 为断面的水面高程；P_1、P_2 为断面的大气压强；r 为水的容重；α_1、α_2 为断面流速的不均匀系数；v_1、v_2 为断面的平均流速。

水体在河段两断面的能量差为

$$E_{12}=E_1-E_2=\left[(Z_1-Z_2)+\frac{P_1-P_2}{r}+\frac{\alpha_1 v_1^2-\alpha_2 v_2^2}{2g}\right]Wr$$

在不太长的河段中，大气压强 P_1 和 P_2 近似相等，流速水头 $\frac{\alpha_1 v_1^2}{2g}$ 和 $\frac{\alpha_2 v_2^2}{2g}$ 也相差不大，则两断面的水流能量差近似为

$$E_{12}=E_1-E_2=r(Z_1-Z_2)W=rQtH_{12}$$

式中：H_{12} 为断面 1—1 和断面 2—2 之间的水头差（也称落差）；t 为时间，s。

在电力系统中，能量单位习惯上采用 kW・h，取水的容重 r 为 9807N/m^3，$1\text{kW}\cdot\text{h}=3.6\times10^6\text{J}$，则在 T 小时内两断面的水流能量差为

$$E_{12}=E_1-E_2\approx 9.81QTH_{12}$$

此式即为该河段所蕴藏的水能资源。

单位时间内的水能称为水流功率，在电力系统中，称为水流出力。水流出力计算式为

$$N_{12}=\frac{E_{12}}{T}=9.81QH_{12}$$

此式常被用来计算河流的水能资源蕴藏量。

水电站在发电过程中，利用能量转换装置，将水能转化为机械能，再转化为电能。在实现能量转化过程中，将有一部分能量损失，用 η 表示水电站的总效率系数。

水流在实际流动过程中，通过拦污栅、进水口、引水管道，并经尾水管排至下游河道，必定会产生一定的水头损失（设为 ΔH），因此，实际发生作用的净水头差（$H_{净}$）为 $H_{12}-\Delta H$，因此，水电站出力计算式为

$$N=9.81\eta QH_{净}=9.81\eta Q(H_{12}-\Delta H)=AQH$$

式中：ΔH 为落差损失；η 为水电站效率系数；$A=9.81\eta$ 为水电站出力系数，一般取 6.5～8.5；Q 为水电站引用流量；H 为水电站净水头差（或落差）。

对同一个水电站，因 $\eta<1$，$H_{净}<H_{12}$，水电站出力总是小于水流出力。

水电站在一段时间内生产的电能即为水电站发电量。如果水电站在 t_1 到 t_n 时段内的出力 N（t）已知，则该时段内的发电量为

$$E=\int_{t_1}^{t_n}N(t)\mathrm{d}t$$

如果已知不同时段内的平均出力为 $\overline{N_i}$，可以用下式计算发电量：

$$E=\sum_{i=1}^{n}\overline{N}_i\Delta t$$

式中：E 为水电站在 t_1 到 t_n 时段内所产生的电能，kW・h；$\overline{N_i}$ 为第 i 时段内的平均出力，kW；Δt 为计算时段长；n 为时段数。

二、河川水能资源蕴藏量估算

由以上水能计算原理可知，构成水能资源的基本要素是流量和水头落差。由于单位长度河段的落差（即河流纵向比）和流量都是沿河流变化的，所以在实际估算河流水能资源蕴藏量时，常沿河长分段计算水流出力，然后再逐段累加以求得全河总水流出力。

$$N=\sum_{j=1}^{m}9.81\overline{Q}_jH_j$$

式中：m 为河流分段数；H_j 为河段 j 的落差；$\overline{Q}_j$ 为 j 河段首尾断面流量的平均值。

根据多年平均流量 Q_0，可以计算得到的水流出力 N_0，称为水能资源蕴藏量。

当一条河流各河段的落差和多年平均流量均为已知时，就可以估算该河流的水能资源蕴藏量。

我国河流众多，径流丰沛，落差巨大，蕴藏着丰富的水能资源，居世界首位。据统计，我国河流水能资源蕴藏量为 6.94 亿 kW，其计算方法就是分河流、分河道进行计算，再汇总。

三、水电站出力和发电量计算的基本方法

在规划设计阶段，为了选择水电站及水库的主要参数而进行的水能计算，需假设若干个水库正常蓄水位方案，算出各个方案的水电站出力、发电量等动能指标，以便结合国民经济各部门的需求，进行技术经济分析，从中选择综合效益最大的方案。

在运行阶段，由于水电站及水库的主要参数（正常蓄水位、水电站装机容量等）均为已定，进行水能计算时就要根据当时实际入库的天然来水流量、国民经济各部门的需求以及电力系统负荷等情况，计算水电站在各个时段的出力和发电量，以便确定电力系统中各电站的最有利运行方式。

水能计算的目的和用途可能有所不同，但其计算方法并无区别，都是采用上文介绍的计算公式，先确定已知参数，再计算对应的出力和发电量。关于相关参数的计算，可以采用第四章、第五章介绍的方法，可以编制计算机程序进行快速计算，这里为了介绍计算过程，采用列表法，分别计算相关参数以及出力和发电量。

由于不同调节类型的水电站，其水能计算的参数选择有所不同，需要分别介绍。

1. 无调节水电站

水电站没有水量调节能力，水电站净水头差应为水电站上入水口水位（$Z_上$）与下泄口水位（$Z_下$）之差再减去落差损失（Δh），其中，上水位（$Z_上$）不变，下水位（$Z_下$）应与水电站下泄流量（Q）大小有关，一般可以是一个函数关系或曲线关系，统记作 $Z_下=f(Q)$。另外，代入水能计算公式中的下泄流量 Q，需要根据实际情况作出判断：当 $Q_净$ 小于或等于过水能力 Q_T 时，Q 就按来水 $Q_天$ 一上游引水 $Q_{上引}$ 代入计算；当 $Q_净$ 大于过水能力 Q_T 时，Q 就按过水能力 Q_T 计算，此时，水电站出力计算如下：

$$N=AQH=AQ(Z_上-Z_下-\Delta h)$$

$$Z_上=Z_蓄\quad（正常蓄水位，不变）$$

$$Z_下=f(Q)$$

$$Q=\begin{cases}Q_天-Q_{上引} & 当\ Q_净\leqslant Q_T\ 时\\ Q_T & 当\ Q_净>Q_T\ 时\end{cases}$$

2. 日调节水电站

日调节水电站是将一日内来水量重新分配，其计算出力和发电量所采用的公式与

无调节水电站一样，即 $N = AQH = AQ(Z_{上} - Z_{下} - \Delta h)$，所不同的是 $Z_{上}$ 采用水库的日平均水位，可以根据 $\overline{V} = V_{死} + \frac{1}{2}V_{兴}$，查 $Z - V$ 曲线或表格，得到 $Z_{上}$。

3. 年或多年调节水电站

针对年或多年调节水电站，需要通过水库调节计算得到相应的参数，再代入出力和发电量计算公式，计算得到相应的结果。其中，水电站水库的上下水位、流量需要通过调节计算得到，其调节计算方法与一般水库兴利调节和防洪调节计算方法一致，因此，可以基于一般水库调节计算结果，再进行水电站的水能计算，为了说明其计算过程，举例如下。

【例题 6-1】某水电站的正常蓄水位高程为 195m，某年供水期各月平均的天然来水量 $Q_{天}$、各种流量损失 $Q_{损}$、下游各部门用水流量 $Q_{用}$ 和发电需要流量 $Q_{电}$ 分别见表 6-1。9 月份为供水期起始月，水位为正常蓄水位。此外，水库水位与库容的关系见表 6-2。水库下游水位与流量的关系见表 6-3。水电站效率 $\eta = 0.85$，求水电站各月平均出力及发电量。

表 6-1　水电站出力及发电量计算给定数据

时段 t	月	(1)	9	10	11	12	1	2
天然来水流量 $Q_{天}$/(m^3/s)		(2)	125	95	75	67	52	50
各种流量损失 $Q_{损}$/(m^3/s)		(3)	22	18	16	11	9	9
下游各部门用水流量 $Q_{用}$/(m^3/s)		(4)	108	102	113	68	73	79
发电需要流量 $Q_{电}$/(m^3/s)		(5)	160	160	165	167	160	160

表 6-2　水库水位容积关系曲线

水位 Z/m	183	185	187	189	191	193	195
容积 V/$10^8 m^3$	3.82	6.53	9.41	12.57	16.30	20.52	25.96

表 6-3　水库下游水位与流量的关系

流量/(m^3/s)	145	155	165	175	185	195
下游水位/m	118.74	119.71	120.51	121.08	121.60	122.06

解：

全部计算结果见表 6-4，计算过程及各行说明如下：

第（1）行为计算时段 t，以月为计算时段，从 9 月到次年 2 月。

第（2）行为月天然来水流量 $Q_{天}$，从 9 月份进入水库供水期。

第（3）行为各种流量损失 $Q_{损}$。

第（4）行为下游各部门用水流量 $Q_{用}$。

第（5）行为发电需要流量 $Q_{电}$。以上从第（1）到第（5）为已知，其中，各月中，流量损失 $Q_{损}$ 加上游各部门用水流量 $Q_{用}$，小于发电需要流量 $Q_{电}$，因此，各月中实际下泄流量等于发电需要流量 $Q_{电}$。

第（6）、（7）行为水库供水流量和水量，即（6）＝（2）－（3）－（5），负值表示水库供水，正值表示水库蓄水。

第（8）行为水库弃水量，本例计算时段为供水期，没有弃水。

第（9）行为时段初的水库蓄水量。8 月底、9 月初水库蓄到正常蓄水位 195m，其对应的蓄水量为 25.96 亿 m^3。10 月初的蓄水量等于 9 月末的，11 月初的蓄水量等于 10 月末的，以此类推。

第（10）行为时段末的水库蓄水量，即 $V_{末}=V_{初}-\Delta W$。9 月末的水库蓄水量为 25.960－1.477＝24.483，10 月末的水库蓄水量为 24.483－2.223＝22.260，以此类推。

第（11）行为相应于时段初水库蓄水量的水位。9 月初为正常蓄水位，高程为 195m。10 月初的水位等于 9 月末的，11 月初的水位等于 10 月末的，以此类推。

第（12）行为相应于时段末水库蓄水量的水位。9 月末水位是根据蓄水量 24.483 亿 m^3，参照表 6－2，采用内插方法计算其水位 $Z=194.46$m。其他月以此类推。

第（13）行为月平均上游水位。可以采用月平均库容查表得到水位，也可以采用月初和月末水位平均计算，本例采用后者计算，即 $Z_{上}=(Z_{初}+Z_{末})/2$。

第（14）行为月平均下游水位。根据水电站下游水位与流量关系曲线（表 6－3），内插求得，9 月下泄流量 160m^3/s，对应查得 $Z_{下}=120.11$m。其他月以此类推。

第（15）行为水电站的平均水头 $\overline{H}$，即 $\overline{H}=Z_{上}-Z_{下}$。

第（16）行为计算的月平均出力 $\overline{N}$，$\overline{N}=9.81\eta Q\overline{H}$。

第（17）行为计算的月发电量 E，$E=\overline{N}\times 24\times$ 天数。

表 6－4　　水电站出力和发电量计算结果

时段 t	月	(1)	9	10	11	12	1	2
天然来水流量 $Q_{天}$	m^3/s	(2)	125	95	75	67	52	50
各种流量损失 $Q_{损}$		(3)	22	18	16	11	9	9
下游各部门用水流量 $Q_{用}$		(4)	108	102	113	68	73	79
发电需要流量 $Q_{电}$		(5)	160	160	165	167	160	160
水库供水流量 $-\Delta Q$		(6)	−57	−83	−106	−111	−117	−119
水库供水量 $-\Delta W$	亿 m^3	(7)	−1.477	−2.223	−2.748	−2.973	−3.134	−3.084
弃水量		(8)	0	0	0	0	0	0
时段初水库存水量 $V_{初}$		(9)	25.960	24.483	22.260	19.512	16.539	13.405
时段末水库存水量 $V_{末}$		(10)	24.483	22.260	19.512	16.539	13.405	10.321

续表

时段 t	月	(1)	9	10	11	12	1	2
时段初上游水位 $Z_{初}$	m	(11)	195.00	194.46	193.64	192.52	191.11	189.45
时段末上游水位 $Z_{末}$		(12)	194.46	193.64	192.52	191.11	189.45	187.58
月平均上游水位 $Z_{上}$		(13)	194.73	194.05	193.08	191.82	190.28	188.52
月平均下游水位 $Z_{下}$		(14)	120.11	120.11	120.51	120.62	120.11	120.11
水电站平均水头 $\overline{H}$		(15)	74.62	73.94	72.57	71.20	70.17	68.41
月平均出力 $\overline{N}$	万 kW	(16)	9.96	9.86	9.98	9.91	9.36	9.13
月发电量 E	万 kW·h	(17)	7171	7336	7186	7373	6964	6574

四、水电站保证出力计算

水电站有两个主要动能指标，即保证出力 $N_{保}$、多年平均年发电量 $\overline{E}_{年}$，这两个指标是表征水电站动能的重要指标，也是反映水电站规模和效益的两个主要指标。

水电站保证出力 $N_{保}$ 是指水电站在长期工作中，相应于水电站设计保证率的枯水期（供水期）内的平均出力。保证出力是在规划设计阶段确定水电站装机容量的重要依据，也是反映水电站在运行阶段的一个重要效益指标。

（一）日调节或无调节水电站保证出力计算

这类水电站确定保证出力有 3 种思路：

1. 长系列法

由 n 年径流资料进行 n 年水能计算，得 $n\times365$ 个平均日出力 $\overline{N}_{日}$，按递减排列，由 $P=\frac{m}{n}\times100\%$（m 为排列的序号）计算频率 P，和绘制水文频率曲线一样的方法，绘制 $\overline{N}_{日}-P$ 曲线，如图 6-4 所示。由设计保证率 $P_{设}$，查 $\overline{N}_{日}-P$ 曲线，即可得到保证出力 $N_{保}$。

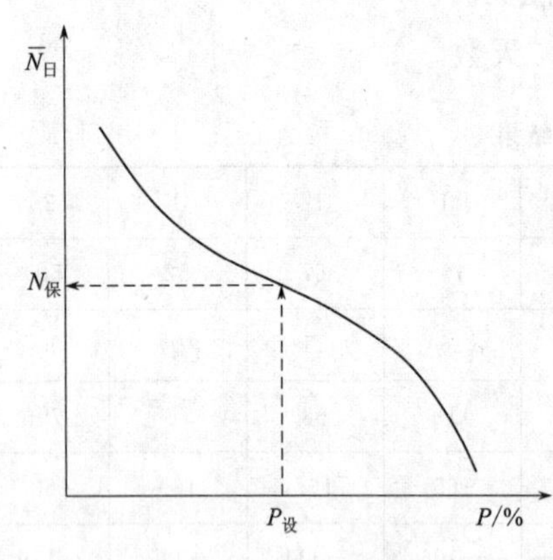

图 6-4　水电站 $\overline{N}_{日}-P$ 曲线

2. 典型年法

典型年法就是选择丰、平、枯三个典型年，用这 3 个典型年的数据，进行 3 年水能计算，得到 3×365 个平均日出力 $\overline{N}_{日}$，再按照上面同样的方法，绘制 $\overline{N}_{日}-P$ 曲线，同样查曲线可得 $N_{保}$ 结果。典型年法与长系列法的不同在于，选择了 3 个典型年，不需要进行全部年水能计算。

3. 简化法

先绘制日平均流量 $\overline{Q}_{日}-P$ 曲线，查该曲线得到设计保证率 $P_{设}$ 对应的日平均流量 $\overline{Q}_{保}$，代入计算平均日出力，即认为是保证出力 $N_{保}$。

(二) 年调节水电站保证出力计算

年调节水电站的保证出力 $N_{保}$ 是指，水电站在多年工作期间，与设计保证率（$P_{设}$）相应的供水期的平均出力。因为年调节水电站能否保证正常供电主要取决于枯水期，所以可以用相应设计保证率的典型枯水期的平均出力，作为年调节水电站的保证出力，其确定方法同样有3种思路：

1. 长系列法

对 n 年资料，进行逐年逐时段（月或旬）水能计算，可求出 n 年（个）供水期的平均出力 $\overline{N}_{供}$，绘制 $\overline{N}_{供}-P$ 曲线，由设计保证率 $P_{设}$，查 $\overline{N}_{供}-P$ 曲线，即可得到保证出力 $N_{保}$。

2. 典型年法

典型年法就是从多年系列中，由 $P_{设}$ 选择设计枯水年，对此年供水期进行水能计算，得到的出力即认为是保证出力 $N_{保}$。

3. 简化法

根据设计保证率 $P_{设}$，确定对应的调节流量，确定相应的水头差，代入水电站出力计算公式，即得到对应的保证出力 $N_{保}$。

(三) 多年调节水电站保证出力计算

多年调节水电站保证出力计算方法与上述年调节水电站保证出力的计算基本相同，可对实测长系列水文资料进行兴利调节与水能计算得到，也可以采用简化计算方法，用设计枯水系列的平均出力作为保证出力 $N_{保}$。

【例题6-2】 某拟建水库坝址处多年平均流量为 $\overline{Q}=23.8\text{m}^3/\text{s}$，多年平均年水量 $\overline{W}=750.6\times10^6\text{m}^3$。按设计保证率 $P=90\%$ 选定的设计枯水年流量见表6-5。拟建水库为年调节水库，兴利库容为 $V_{兴}=135\times10^6\text{m}^3$。供水期上游平均水位为296m，下游平均水位为177m，水头损失为2.2m，水电站出力系数 $A=8.5$，试求水电站保证出力。

表6-5　设计保证率 P=90%选定的设计枯水年流量

月份	7	8	9	10	11	12	1	2	3	4	5	6
$\overline{Q}/(\text{m}^3/\text{s})$	39	48	26	12	8	9	3	4	7	8	4	5

解：

(1) 确定供水期和调节流量

先假定11月到次年6月为供水期

$$Q_{调}=(135\times10^6+48\times2.63\times10^6)/(8\times2.63\times10^6)\approx12.42\text{m}^3/\text{s}$$

计算得到的 $Q_{调}$ 大于10月份天然流量，故10月份也应包括在供水期内，即实际供水期应为9个月，按此供水期计算

$$Q_{调}=(135\times10^6+60\times2.63\times10^6)/(9\times2.63\times10^6)\approx12.37\text{m}^3/\text{s}$$

(2) $N_{保}=AQ_{调}(Z_{上}-Z_{下}-\Delta h)=8.5\times12.37\times(296-177-2.2)=12280.94\text{kW}$

五、水电站多年平均年发电量计算

多年平均年发电量 $\overline{E}_{年}$ 是指，水电站在多年工作时期内，平均每年所能生产的电能量。它反映水电站的规模和多年平均动能效益，也是水电站一个重要的动能指标。

1. 设计中水年法

设计中水年法就是选择一个设计中水年，计算这个中水年的年发电量来代表该水电站的多年平均年发电量。

2. 三个代表年法

如果选择一个设计中水年来计算，其结果不太可靠时，可选择三个代表年，即枯水年、中水年、丰水年作为设计代表年，计算这三个代表年的发电量平均值，作为多年平均年发电量 $\overline{E}_{年}$。

当然，如果选择三个代表年计算结果还不满意，还可以选择枯水年、中枯水年、中水年、中丰水年和丰水年共五个代表年，再计算这五个代表年的发电量平均值，作为多年平均年发电量 $\overline{E}_{年}$。

3. 设计平水系列法

在计算多年调节水电站的多年平均年发电量时，不宜采用一个中水年或几个典型代表年进行计算，而应采用设计平水系列年。设计平水系列年是指，某一水文年段（一般由十几年的水文系列组成），其平均径流量约等于全部水文系列的多年平均值，计算该系列的发电量平均值，作为多年平均年发电量 $\overline{E}_{年}$。

4. 全部水文系列法

有时为了精确地计算水电站在长期运行中的多年平均年发电量，可以对全部水文系列逐年计算发电量，再计算其多年平均值，即为多年平均年发电量 $\overline{E}_{年}$。

需要注意，以上各种计算方法，如果某时段的平均出力大于水电站的装机容量时，只能以该装机容量值作为该时段的平均出力值，即如果 $N > N_{装}$，则按 $N = N_{装}$ 计算；如果水电站下泄流量大于过水能力时，只能按此过水能力代入进行计算，即如果 $Q > Q_T$，则按 $Q = Q_T$ 计算（Q_T 为水电站过水能力）。

第三节　水电站在电力系统中的运行方式与装机容量选择

一、电力系统负荷与容量组成

（一）电力系统

电力系统是由若干发电厂、变电站、输电线路及电力用户等组成（图 6-5），往往由各种不同类型的电站（包括水电站、火电站、核电站、抽水蓄能电站等）协同联合供电，使各类电站相互取长补短，改善各电站的工作条件，提高供电可靠性，最大可能发挥发

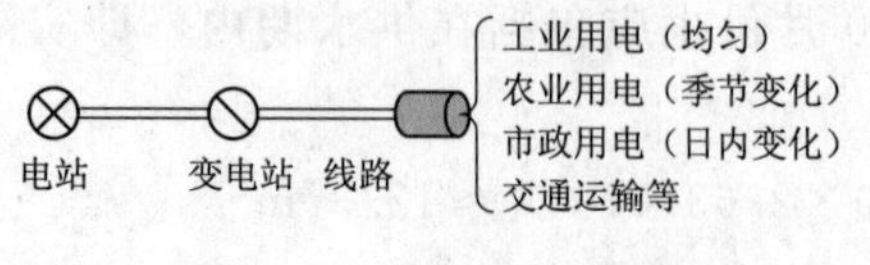

图 6-5　电力系统示意图

电效益、节省电力系统投资和运行费用。电力用户包括工业用电、农业用电、市政用电、交通运输用电用户等。

（二）电力负荷图

电力负荷是指，在任何时间内，电力系统中各电站的出力过程和发电量必须与用电户对出力的要求和用电量相适应，这种对电力提出的出力要求，就称为电力负荷。电力负荷 N 应等于电力用户所需出力＋厂用电＋输电损失。

电力负荷图是指电力系统中所有用户所需出力 N（负荷）随时间 t 的变化过程曲线。

1. 日负荷图

电力负荷 N 在一昼夜 24 小时内的变化过程所作的曲线即为日负荷图（图 6－6），这一类电力负荷变化规律是在一昼夜内变化，常发生在城市区，一般上、下午各有一个高峰，晚上因增加大量照明负荷而形成尖峰，午休和夜间各有一个低谷。日负荷图上有三个特征值：最大负荷 N''，平均负荷 $\overline{N}$，最小负荷 N'。最小负荷 N' 以下的负荷为基荷，平均负荷 $\overline{N}$ 与最小负荷 N' 之间的负荷为腰荷，平均负荷 $\overline{N}$ 以上的负荷为峰荷。峰荷随时间的变化最大，基荷在一昼夜 24 小时内不变，腰荷介于峰荷和基荷之间，在某时段内变化。

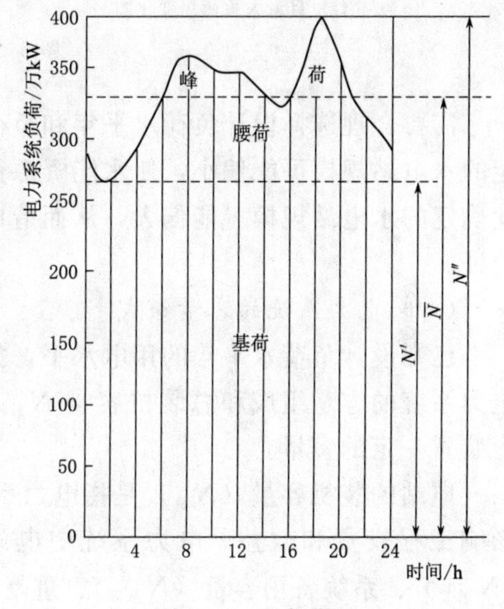

图 6－6 日负荷图

2. 年负荷图

年负荷图是指电力负荷 N 在年内的变化过程所作的曲线图（图 6－7）。在一年内，由于各季节的照明、空调、灌溉、排涝、特殊生产等用电有变化，从而表现出负荷年内变化。一般，年负荷图有两种情况，一是按照日最大负荷所作的年变化图，称为日最大负荷年变化图；二是按照日平均负荷所作的年变化图，称为日平均负荷年变化图。针对同一电力系统，日最大负荷大于日平均负荷。

（三）设计负荷水平年

在规划设计电站时，必须考虑远期电力系统负荷的发展水平，与此负荷发展水平相适应的年份，称为设计负荷水平年。可以把某一远期水平年的负荷水平作为规划设计的依据。

设计负荷水平年的选择需要根据研究问题需要以及实际情况来确定，比如，以第一台机组投入运行后的 5～10 年，并与国民经济五年计划相一致，作为设计负荷水平年。例如，葛洲坝第一台机组于 1979 年规划建设，往后推 10 年就是 1989 年，考虑与五年计划相一致，则取 1990 年作为设计负荷水平年，即以此年的供电范围、用电水平编制设计水平年的最大负荷 N''、平均负荷 $\overline{N}$ 以及典型日负荷图。

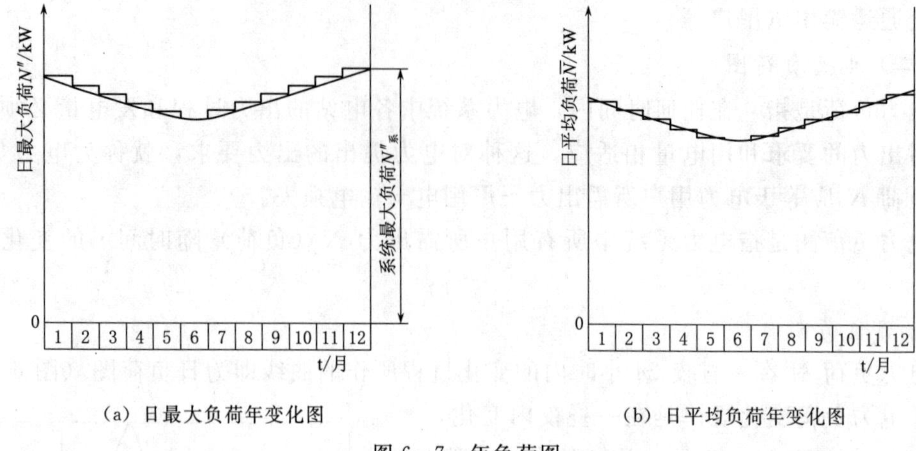

(a) 日最大负荷年变化图　　(b) 日平均负荷年变化图

图 6-7　年负荷图

需要合理选择设计负荷水平年和负荷图，如果选择的设计水平年过近，则据此确定的水电站规模可能偏小，使水能资源得不到充分利用；反之，如果选得过远，则据此确定的水电站规模可能偏大，从而造成投入资金过大，因此，需要通过详细科学地论证。

（四）电力系统的容量组成

已知设计负荷水平年的用电水平，如何确定电力系统的规模，就需要进一步了解电力系统的容量组成和总装机容量 $N_{系装}$。为了满足电力用户的要求，必须在各电站上装置一定的容量。

电站的装机容量（$N_{装}$）是指电力系统中所有电站的装机容量的总和。$N_{装}$的大小影响工程投资和效益。电力系统中电站总装机容量（$N_{系装}$）由系统最大工作容量（$N''_{系工}$）、系统备用容量（$N_{系备}$）、重复容量（$N_{重}$）组成，有如下表达式：

$$N_{系装} = N''_{系工} + N_{系备} + N_{重}$$

系统最大工作容量 $N''_{系工}$ 是指设计水平年电力系统负荷最高（一般在冬季枯水季节）时，所有电站能担负的最大发电容量。

系统备用容量 $N_{系备}$：为了确保系统供电的可靠性和供电质量，当系统在最大负荷时发生负荷跳动，因而短时间超过了设计最大负荷时，或者机组发生偶然停机事故时，或者进行停机检修等情况，都需要准备额外的容量，称为系统备用容量 $N_{系备}$。系统备用容量 $N_{系备}$ 是由负荷备用容量 $N_{负备}$、事故备用容量 $N_{事备}$ 和检修备用容量 $N_{检备}$ 所组成，即 $N_{系备} = N_{负备} + N_{事备} + N_{检备}$。

系统最大工作容量 $N''_{系工}$ 和系统备用容量 $N_{系备}$ 是系统容量之必需，所以又称为系统必需容量。水电站必需容量是以设计枯水年的来水情况作为计算依据，如果遇到丰水年或中水年，其汛期水量会有富余。如果仅以必需容量工作，常会产生大量弃水，为了利用这部分弃水额外增发季节性电能，只增加额外容量，不增加水库、大坝等水工建筑物的投资，由于这部分容量并非保证电力系统正常工作所必需，故称为重复容

量 $N_{重}$。

系统总装机容量 $N_{系装}$ 又包括水电站装机容量、火电站装机容量等，各种容量之间的关系如图 6-8 所示。

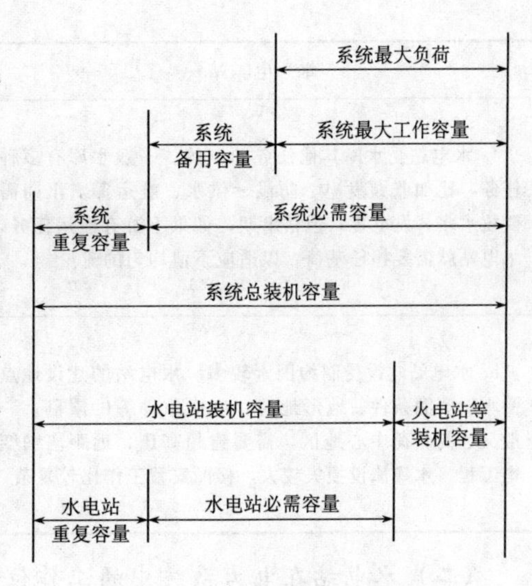

图 6-8　电力系统容量组成示意图

二、水电站在电力系统中的运行方式

目前我国各电力系统中发电站主要是水电站和火电站。在水电和火电比较匮乏时，可考虑核电站以及其他电站。为了使系统供电可靠、经济，需要分析水电站在电力系统负荷图上的工作位置（不同时期）或系统负荷在各电站间的最优分配问题，这就是水电站在电力系统中的运行方式。确定水电站运行方式的目的是使各电站扬长避短，供电可靠，经济、资源充分利用。

水电站和火电站比较常见，特点差异比较大，供电方面可以扬长避短，本节主要探讨这两类电站，只简单介绍运行方式的大致内容，详细计算和选择过程可参考有关书籍。

（一）水电站、火电站的工作特性对比

为了说明不同类型电站在电力系统中的运行方式选择问题，只针对一般的水电站、火电站，把二者的主要工作特性描述于表 6-6 中。需要强调的是，这里仅仅针对一般情况，只为了叙述上的方便，未能概括全面。

表 6-6　水电站与火电站的工作特性对比

水电站	火电站
1. 水电站启闭灵活，宜任峰荷。从水电站停机状态到满负荷运行仅需 1～2min，并可迅速变化出力大小，以适应负荷的需要，从而保证电力系统稳定。水电站适宜担任系统的调峰、调频和事故备用等任务	1. 火电站启动缓慢，宜任基荷。火电站启动比较费时，需要先生火，再逐渐增加出力，机组从冷状态启动到满负荷运行需要 2～3h。考虑单位煤耗，火电站宜担任电力系统的基荷
2. 水电站运行费用和电能成本较低。水能是再生性能源，水电站的运行费用与所生产的电能量无关，所以在丰水期尽可能多发电。水电站的电能成本约是火电站的 1/7～1/2	2. 火电站运行费用和电能成本较高。火电站必须消耗燃料，运行费用与发电量成正比，燃料费用所占比重较大，且厂用电及管理人员较多，发电成本比水电站要高很多
3. 水电站工作可靠性相对较差。主要针对径流式水电站或调节性能差的水电站，受径流变化影响较大，在特殊枯水年或枯水期，发电量不足。对于低水头水电站，洪水期下泄流量过大会引起下游水位猛涨，使水电站工作水头差减少，导致发电不足	3. 火电站工作可靠性相对较高。火电站工作可靠性主要与燃料供应有关。只要保证燃料供应，火电站就可以全年按额定出力工作，不像水电站那样可能受天然来水的制约

续表

水　电　站	火　电　站
4. 水电站受水库其他任务的制约。一般水库有多种任务，比如兼顾发电、防洪、供水、航运等。汛期需要放水多，发电多；但枯水期，如果下游有航运任务，水电站就需要担任基荷，以适应下泄均匀的流量	4. 火电站可以根据本身任务运行。火电站运行方式的制约因素较少，主要与燃料供应有关。对于高温高压机组，连续不断地接近满负荷运行，可以获得最高的热效率和最小的煤耗。对于中温中压机组，可以担任变动负荷，但单位电能的煤耗增加较多
5. 水电站建设受制约因素较多。水电站的建设地点受水能资源条件、地形地貌、地质条件等的限制。一般又远离负荷中心地区，需要建超高压、远距离输变电工程。水库淹没损失较大，移民安置工作比较复杂	5. 火电站建设制约因素和投资较少。一般，火电站单位千瓦的投资比水电站低，但如果考虑到环境保护、输煤铁路等工程的投资，可能与水电站的投资相近。如果供应火电站的燃煤质量较高，则火电站可以修建在负荷中心地区附近，其输变电工程可以较小

（二）水电站在电力系统中的工作位置（运行方式）

1. 无调节水电站

无调节水电站的出力主要取决于河流中天然流量的大小。①在枯水期，天然流量在一日内变化不大，无调节水电站应担任系统日负荷图的基荷。②在丰水期，河流径流量增大，但仍只宜于担任系统日负荷图的基荷［图 6-9（a）］。只有当水电站的出力大于系统的最小负荷 N' 时，可承担系统的基荷和一部分腰荷，这时还可能会发生弃水。

针对不同设计保证率的来水情况，无调节水电站的运行方式有所变化。①在设计枯水年的枯水期，水电站以最大工作容量（$N''_{水工}$）或大于最大工作容量的某个出力运行；在丰水期，超出最大工作容量运行，会有一部分重复容量（$N_{重}$），即使以全部装机容量（$N_{水装}$）运行，有时仍有弃水［图 6-9（b）］。②在丰水年，全年装机容量（$N_{水装}$）都是基荷，仍有弃水［图 6-9（c）］，可以尽可能利用弃水多发电。

2. 日调节水电站

日调节水电站对河流流量的调节周期是一日，可以根据一日的负荷需求，调整下泄流量和发电出力。除弃水期外，日调节水电站在一日内所能生产的电能量与该日天然来水量（扣除其他用水）所能发出的电能量相等。为了使电力系统中的火电站能在日负荷图上的基荷部分工作，以降低单位电能的燃料消耗量，原则上在不发生弃水情况下，尽量让水电站担任系统的峰荷，以充分发挥水电站能迅速灵活地适应负荷变化的优点。①在枯水期，一般总是让日调节水电站担任峰荷，火电站担任基荷。这样，火电站在一日内可维持均匀的出力，节省煤耗，降低系统的运行费用；水电站能在一日内灵活调整出力，发挥水电站的灵活变化优势。②在丰水期，为了增加水电站的发电量，相应地减少火电站的发电量和耗煤，随着流量的增加，全部装机容量逐步由峰荷转到基荷运行。

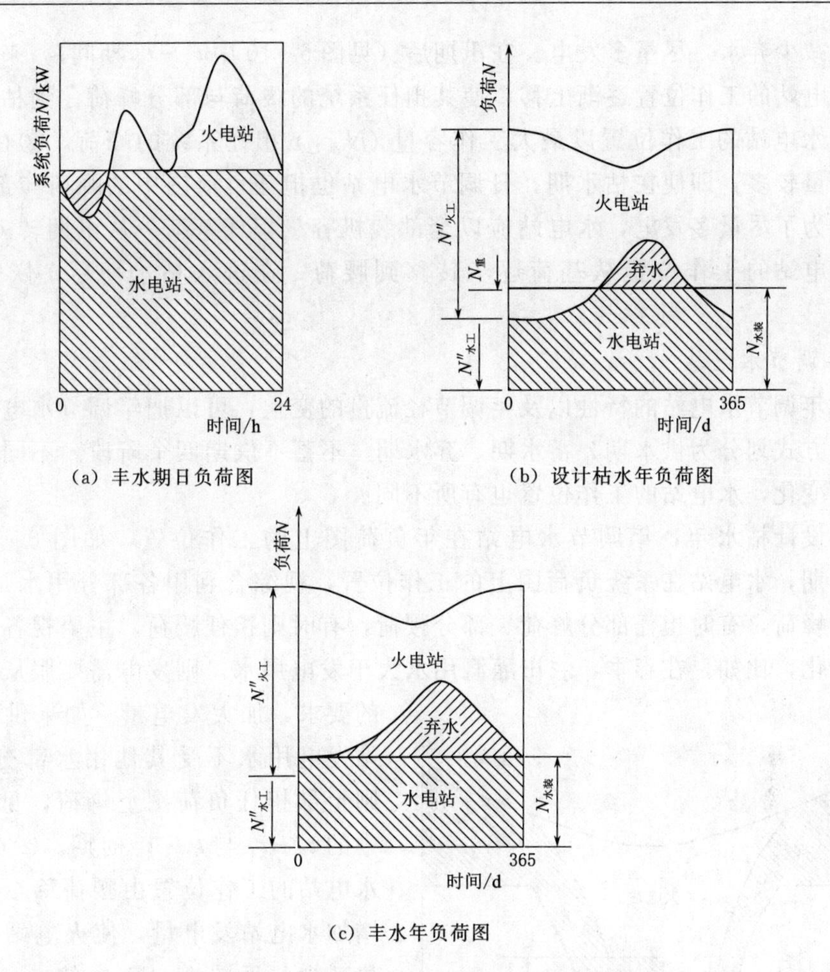

(a) 丰水期日负荷图

(b) 设计枯水年负荷图

(c) 丰水年负荷图

图 6-9　无调节水电站在系统中的工作位置

在水电站装机容量已定的条件下，为了充分利用水力发电，避免弃水，日调节水电站在电力系统年负荷图上的工作位置，应随着来水的变动进行调整。①在设计枯水年，水电站在枯水期内的工作位置是以最大工作容量（$N''_{水工}$）担任系统的峰荷，见图 6-10 中的 t_0-t_1 与 t_4-t_5 时期。当丰水期开始后，河中来水量逐渐增加，水电站的工作位置逐渐下降到腰荷与基荷，如图 6-10 中 t_1-t_2 期间所示的位置。随着来水量的进一步增加，水电站在负荷图上的工作位置也逐步向下移。到汛期（见图 6-10 中 t_2-t_3 期间），河中水量丰沛，水电站以全部装机容量（$N_{水装}$）在基荷运

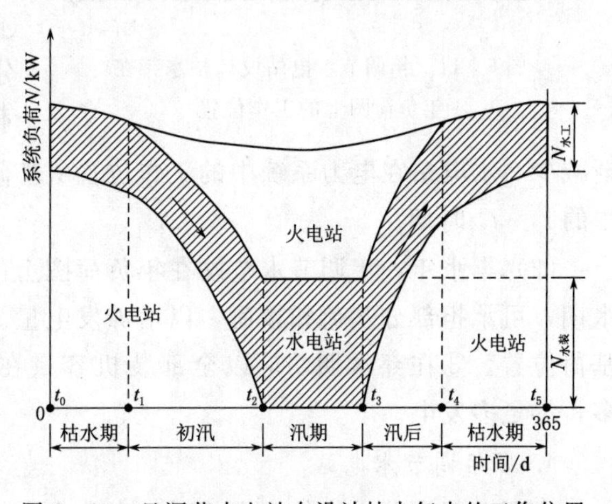

图 6-10　日调节水电站在设计枯水年中的工作位置

行，尽量减少弃水，尽量多发电。在汛期后（见图6-10中t_3-t_4期间），来水量逐渐减少，水电站的工作位置逐渐上移，使其担任系统的腰荷与部分峰荷。到枯水期，从t_4开始，水电站的工作位置以最大工作容量（$N''_{水工}$）担任系统的峰荷。②在丰水年，河中来水量较多，即使在枯水期，日调节水电站也担任负荷图中的峰荷与部分腰荷。在汛期，为了尽量多发电，水电站应以全部装机容量担任基荷。从汛期转入枯水期，日调节水电站的工作位置从基荷逐步转移到腰荷。在进入枯水期后，恢复到峰荷位置。

3. 年调节水电站

针对年调节水电站的特性以及年调节径流量的变化，可以把年调节水电站在一年内的运行方式划分为供水期、蓄水期、弃水期、不蓄不供期四个阶段。不同阶段，调节流量有变化，水电站的工作位置也有所不同。

(1) 设计枯水年，年调节水电站在年负荷图上的工作位置，如图6-11所示。①在供水期，水电站在系统负荷图上的工作位置，视综合利用各部分用水量的大小，有时担任峰荷，有时担任部分峰荷、部分腰荷，有时则担任腰荷。主要视各种用水的需求而变化，比如，在春季，农田灌溉用水大于发电用水，则发电需要服从灌溉用水的要求，加大发电量。如果供水期水电站发电用水不受其他用水部分的限制，则全部担任负荷图上峰荷，见图6-11中的t_0-t_1与t_4-t_5时期。②在蓄水期，水电站的工作位置由腰荷移至基荷，以增加水电站发电量，使火电站燃料消耗量减少，见图6-11中的t_1-t_2时期。③在弃水期，水库已蓄满。为了减少弃水量，将水电站的全部装机容量在基荷运行，见图6-11中的t_2-t_3时期。④在弃水期结束后，水库蓄满，为了充分利用电能，来多少水发多少电，此时不蓄不供。这时，随着河中来水量的逐渐减少，水电站在电力系统中的工作位置从基荷逐渐上升，直至峰荷位置，见图6-11中的t_3-t_4时期。

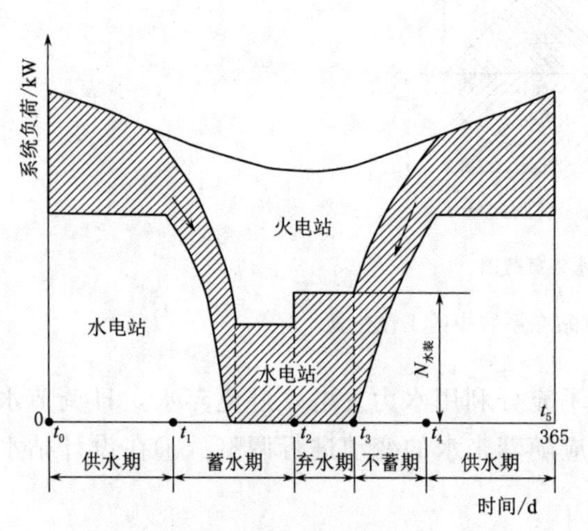

图6-11　年调节水电站设计枯水年在年负荷图上的工作位置

(2) 丰水年，年调节水电站在年负荷图上的工作位置，如图6-12所示。①在供水期，可承担部分基荷和腰荷，以增加发电量。②在蓄水期，尽早将其运行位置移至基荷位置。③在弃水期，应以全部装机容量在基荷工作。需主要考虑，丰水年来水多，尽量多发电。

4. 多年调节水电站

由于多年调节水库的库容相对较大，水电站运行方式受一年内来水变化的影响较小，可以在多年间进行调节，所以，在一般年份，多年调节水电站在电力负荷图上将全部担任峰荷（或峰荷和腰荷），而让火电站担任腰荷和基荷，如图 6-13 所示。

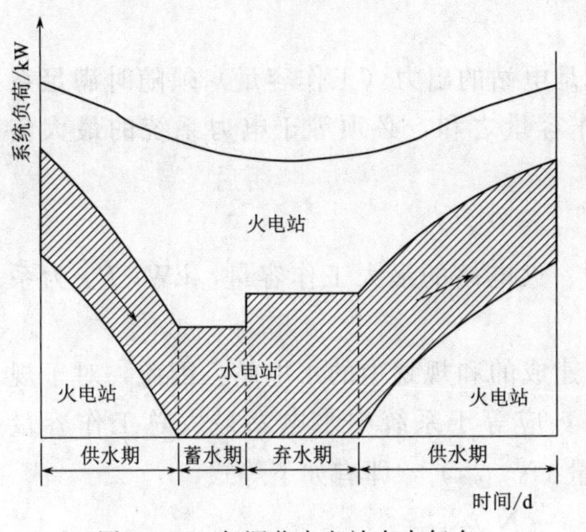

图 6-12　年调节水电站丰水年在年负荷图上的工作位置

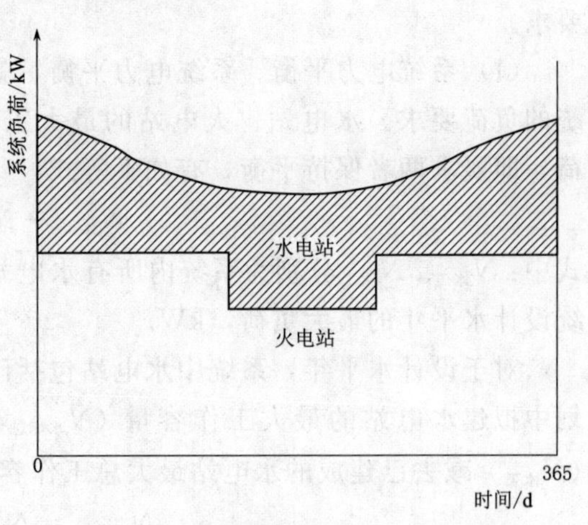

图 6-13　多年调节水电站一般年份在电力系统中的工作位置

三、水电站装机容量选择

上文介绍了电力系统的容量组成，电力系统中所有电站的装机容量的总和称为电站的装机容量（$N_{装}$），包括水电站装机容量以及火电站等其他电站的装机容量，这里只简单介绍水电站装机容量的选择，只介绍大致思路，详细计算过程可参考有关书籍。

水电站装机容量是由水电站的最大工作容量、备用容量和重复容量所组成，可表示为 $N_{水装}=N''_{水工}+N_{水备}+N_{重}$，其中，$N''_{水工}$为水电站最大工作容量，是指设计水平年电力系统负荷最高（一般在冬季枯水季节）时，水电站能担负的最大发电容量；$N_{水备}$为水电站备用容量。为了确保系统供电的可靠性和供电质量，当系统在最大负荷时发生负荷跳动，因而短时间超过了水电站的设计最大负荷时，或者水电机组发生偶然停机事故时，或者进行停机检修等情况，都需要准备额外的容量，称为水电站备用容量；$N_{重}$为重复容量，已在上文介绍。此外，$N''_{水工}+N_{水备}=N_{水必}$，称为水电站必需容量。

（一）水电站最大工作容量 $N''_{水工}$ 的选择

水电站最大工作容量的确定，与设计水平年电力系统负荷图、电力系统已建成电站在负荷图上的工作位置以及拟建水电站的来水情况、水库调节性能、经济指标等有关。

1. 选择原则

在确定水电站的最大工作容量时，须从技术和经济两方面进行综合论证，保证工作可靠、经济合理。从技术上分析，要保证水电站工作可靠，具体有三个基本要求，即系统的电力平衡、电量平衡、容量平衡。从经济上分析，改变水电站在电力系统负荷图上的工作位置，相应的水电站最大工作容量有所变化，其投资和经济收益不同，可以选择总体上经济合理的方案。本节以下内容主要介绍水电站工作可靠的三个基本要求。

（1）系统电力平衡。系统电力平衡，就是电站的出力（工作容量）须随时满足系统的负荷要求。水电站、火电站的最大工作容量之和，必须等于电力系统的最大负荷，即要求两者保持平衡，有如下等式：

$$N''_{水工}+N''_{火工}=P''_{系}$$

式中：$N''_{水工}$、$N''_{火工}$分别为系统内所有水电站、火电站的最大工作容量，kW；$P''_{系}$为系统设计水平年的最大负荷，kW。

对于设计水平年，系统中水电站包括已建成的和规划中的水电站。因此，对于规划中拟建水电站的最大工作容量（$N''_{水规划}$），应等于系统中水电站最大总工作容量（$N''_{水工}$）减去已建成的水电站最大总工作容量（$N''_{水已建}$），即有如下等式：

$$N''_{水规划}=N''_{水工}-N''_{水已建}$$

（2）系统电量平衡。系统电量平衡，就是系统所要求保证的供电量，应等于水电站、火电站所能提供的保证电量之和。一般选择设计枯水年的来水过程，作为计算基础，要求所有电站的保证供电量等于任何时段内系统所要求保证的供电量，即要求两者电量平衡，有如下等式：

$$E_{系保}=E_{水保}+E_{火保}$$

式中：$E_{系保}$为系统所要求的保证供电量，kW·h；$E_{水保}$为水电站的保证供电量，等于该时段水电站能保证的出力与相应时段小时数的乘积，kW·h；$E_{火保}$为火电站的保证供电量，等于该时段火电站有燃料保证的工作容量与相应时段小时数的乘积，kW·h。

（3）系统容量平衡。系统容量平衡，就是要求所有电站各时段在电力系统年负荷图上的最大工作容量、各种备用容量和重复容量无空闲容量和受阻容量。为了满足系统容量平衡，需要在电力系统年负荷图上，确定所有电站各时段工作容量、各种备用容量和重复容量在负荷图上的位置，并检查是否存在空闲容量和受阻容量，如果不存在空闲容量和受阻容量，就算满足系统容量平衡。

2. 无调节水电站最大工作容量的确定

无调节水电站在任何时刻的出力变化，只决定于河流中流量的变化，一般只能担任电力系统的基荷。无调节水电站由于没有径流调节能力，其最大工作容量$N''_{水工}$等于按历时设计保证率所求出的保证出力（见本章第二节）。假如设计枯水日平均流量为$Q_{设}$（m^3/s），相应的日平均净水头为$H_{设}$（m），则无调节水电站的最大工作容量$N''_{水工}$即保证出力$N''_{水保}$为

$$N''_{水工}=N''_{水保}=9.81\eta Q_{设}H_{设}(\text{kW})$$

3. 日调节水电站最大工作容量的确定

与无调节水电站类似，确定日调节水电站最大工作容量时，也需要先求出其保证

出力。日调节水电站的调节周期为一昼夜，水电站的保证流量 $Q_{设}$ 应为某一设计枯水日平均流量，水电站的日平均净水头为 $\overline{H}_{设}$，则日调节水电站的保证出力 $N''_{保日}$ 为

$$N''_{保日}=9.81\eta Q_{设}\overline{H}_{设}\ (kW)$$

相应的日保证电能量为

$$E_{保日}=24N''_{保日}\quad (kW\cdot h)$$

在确定了日调节水电站的保证出力后，需要根据水电站不同工作位置，来确定日调节水电站最大工作容量，主要分两种情况：①水电站作峰荷。从日负荷图的最顶点用水平尺向下移动 H，使其围成的阴影部分面积为日保证电能量 $E_{保日}$，则移动的 H 值就是日调节水电站最大工作容量 $N''_{水工}$，如图 6－14（a）所示；②水电站部分作基荷、剩余作峰荷。如果水电站下游河道承担航运或供水任务，则水电站有一部分工作容量担任基荷，保证在一昼夜内下游河道有一定的流量，此情况下，先保证一部分工作容量担任基荷，计算出基荷的电能量 $E_{基}$，对应的基荷工作容量为 $N_{基}$；再从日保证电能量 $E_{保日}$ 中减去基荷电能量 $E_{基}$，作为峰荷，即峰荷电能量为 $E_{峰}$，再按照水电站作峰荷的方法，确定出峰荷的工作容量为 $N_{峰}$，如图 6－14（b）所示，则此时的水电站最大工作容量 $N''_{水工}$，由基荷工作容量 $N_{基}$ 和峰荷工作容量 $N_{峰}$ 组成，即

$$N''_{水工}=N_{基}+N_{峰}\quad (kW)$$

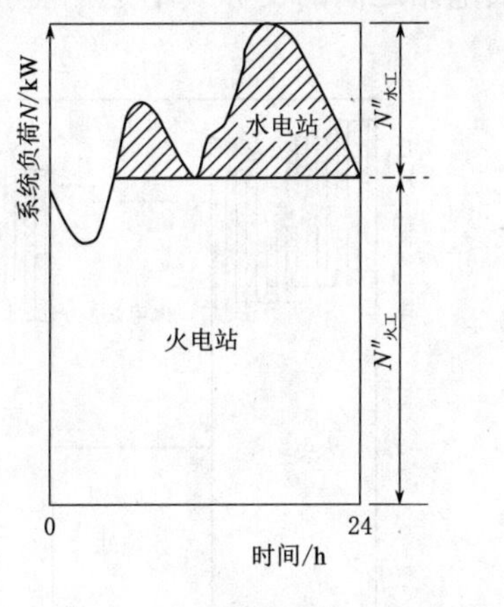

（a）水电站作峰荷

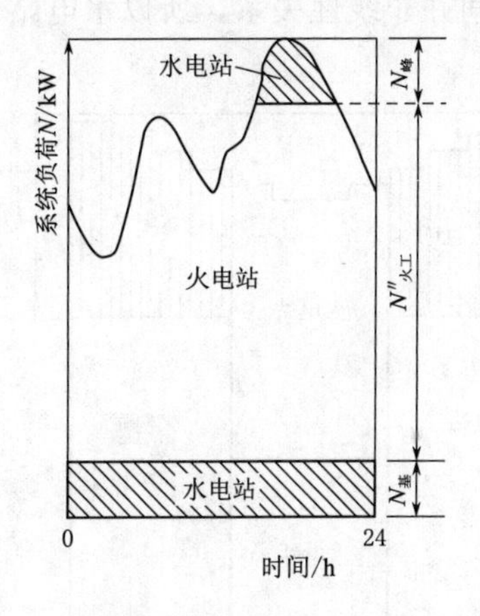

（b）水电站部分作基荷

图 6－14　日调节水电站最大工作容量的确定

4. 年调节水电站最大工作容量的确定

年调节水电站的水库调节库容较大，针对设计枯水年供水期（$T_{供}$），计算平均调节流量、相应的保证出力（$N_{保供}$）以及保证电能量（$E_{保供}$）。与日调节水电站相似，年调节水电站的最大工作容量 $N''_{水工}$ 主要取决于设计供水期内的保证电能量 $E_{保供}$。

$$E_{保供}=N_{保供}\ T_{供}\quad (kW\cdot h)$$

在供水期内，尽量使拟建水电站担任系统的峰荷或腰荷。可以采用多方案计算方法，如图 6－15 所示，假定不同方案的最大工作容量值 $N''_{水工}$（已知值），计算其对应的

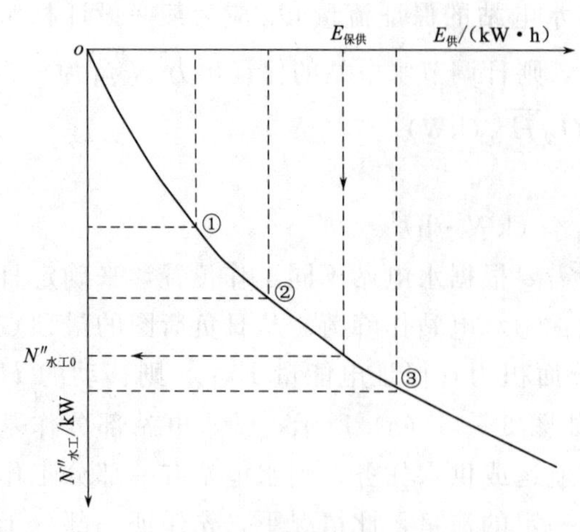

图 6-15　年调节水电站最大工作容量确定的曲线作图法

供水期保证电能量 $E_{保供}$（未知值）；把不同方案的（$N''_{水工}$，$E_{保供}$）点绘在坐标图上，作出连接各个方案（$N''_{水工}$，$E_{保供}$）点的关系曲线；然后根据水电站设计枯水年供水期内的保证电能量 $E_{保供}$（已知值），就可以从关系曲线上求出年调节水电站的最大工作容量值 $N''_{水工0}$（未知值）。

在电力系统日最大负荷年变化图（图 6-16）上，定出水电站工作位置。为了使水电站、火电站最大工作容量之和最小，且等于系统的最大负荷，两者之间的交界线应是一根水平线，再根据电能量要求，作出系统出力平衡图，显示水电站在电力系统中的工作位置以及最大工作容量值 $N''_{水工}$（图 6-16）。

在电力系统日平均负荷年变化图（图 6-17）上，同样的方法定出水电站的工作位置，标示出水电站、火电站各月的供电量，称为电量平衡图。由于水电站最大工作容量与供电量之间并非线性关系，所以水电站、火电站之间的交界线不是一根水平线。

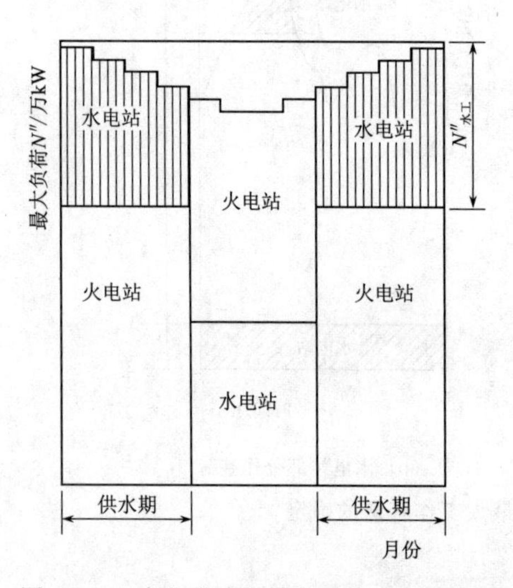

图 6-16　年调节水电站的系统出力平衡图

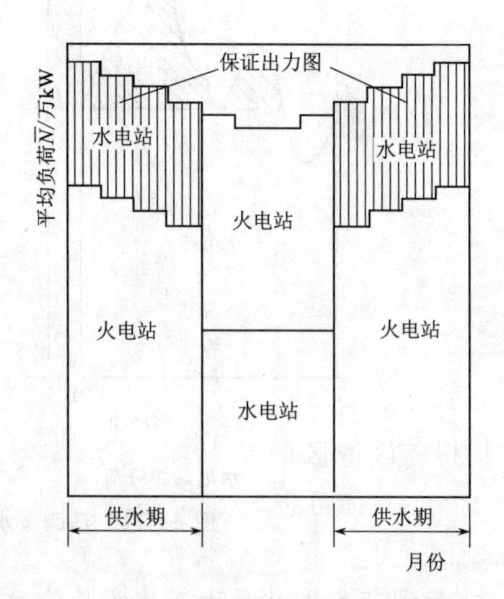

图 6-17　年调节水电站的系统电量平衡图

以上讨论的是供水期的情况。针对供水期以外的其他月份，水电站应尽量担任系统的基荷，以多发电、减少弃水，此时火电站除一部分机组进行检修外，应尽可能担任系统的峰荷或腰荷（图 6-16、图 6-17），满足电力系统的出力平衡和电量平衡。

5. 多年调节水电站最大工作容量的确定

多年调节水电站最大工作容量的确定方法，基本与年调节水电站的情况相同，不同之处在于：年调节水电站只计算设计枯水年供水期平均出力（保证出力）、保证电能量，再按此期间担任峰荷计算所需的最大工作容量；多年调节水电站需计算设计枯水系列年的平均出力（保证出力）、保证电能量，再按枯水年全年担任峰荷的要求，将年保证电能量在全年内加以合理分配，使设计水平年系列内拟建水电站的最大工作容量 $N''_{水工}$ 尽可能大，从而使火电站工作容量尽可能小。基于以上原则，参考年调节水电站确定方法，就可以确定出多年调节水电站最大工作容量。

需要补充说明的是，以上内容只介绍了水电站最大工作容量确定的基本方法，然而针对更加复杂的多用途水库运行问题，确定其结果就更加复杂，可能需要借助定量计算方法或构建复杂的计算模型来求解，针对此内容的相关研究可参考有关文献。

（二）水电站备用容量 $N_{水备}$ 的确定

为了保证电力系统正常工作，保证其可靠供电，电力系统除了具有最大工作容量外，还需要具有一定的备用容量。设置备用容量的目的是为了确保系统供电的可靠性和供电质量，准备的额外容量，以应对系统在最大负荷时发生负荷跳动，或者机组发生偶然停机事故，或者进行停机检修等情况。

系统备用容量 $N_{系备}$ 是由负荷备用容量 $N_{负备}$、事故备用容量 $N_{事备}$ 和检修备用容量 $N_{检备}$ 所组成，即 $N_{系备}=N_{负备}+N_{事备}+N_{检备}$。

1. 负荷备用容量

设置负荷备用容量的目的是为了应付突然增加的冲击负荷。在电力系统实际运行过程中，其负荷图经常处在不断的变动之中，总有一些用电户的负荷变化猛烈，导致负荷图出现一些负荷跳动，为此，电力系统必须随时准备一部分备用容量，以应对突然出现的负荷，从而保证供电质量。

担任电力系统负荷备用容量的电站，称为调频电站，多设在有调节性能（尤其调节性能好、离负荷中心近）的水电站，而无调节水电站、火电站不负担负荷备用容量。

当系统负荷波动的变幅不大时，可由某一个水电站担任调频任务，而当负荷波动较大时，尤其电力系统范围较广、输电距离较远时，应由分布在不同地区的若干水电站分别担任该地区的调频任务。一般，负荷备用容量大小可取系统最大负荷 N'' 的 2%～5%，具体可查阅相关设计规范。

2. 事故备用容量

设置事故备用容量的目的是为了在发电机组发生事故时，能够立刻投入系统替代事故机组工作。系统中任何一座电站的机组都有可能发生事故，如果机组发生事故，就会导致系统工作容量突然减少，为了应对其减少带来的供电损失，就需要有一定容量作为事故备用。

根据相关规范，电力系统的事故备用容量可采用系统最大负荷 N'' 的 8%～10%左右取值，且不得小于系统中最大一台机组的容量。

此外，事故备用容量应分布在各座主要电站上，尽可能安排在正在运转的机组上，还应对事故备用容量在电站间分配作技术经济分析。

3. 检修备用容量

电力系统中各种机组设备都应有计划的检修，对短期检修，主要利用负荷低谷的时间内进行养护性检查和预防性小修理；对长时段停机检修，需安排在系统年负荷低谷的时候进行有计划的大修。

根据有关规范，水电站每台机组的平均年计划检修所需时间为10～15天，火电站每台机组为15～30天。一般，水电机组每两年检修1次，火电机组每一年检修1次。

电力系统的检修备用容量设置，需要根据电站的实际情况，依据容量平衡图，通过技术经济论证确定，一般设置在火电站。

（三）水电站重复容量$N_{重}$的确定

设置重复容量$N_{重}$的目的是额外加大水电站的容量，在汛期利用弃水增发季节性电能，以节省火电站的燃料费用。由于河流径流年内变化大，汛期流量往往比枯水期流量大许多倍，根据设计枯水年确定的水电站最大工作容量，尤其是无调节水电站或调节性能较差的水电站，在汛期会产生大量弃水。为了让弃水也能发电，可考虑额外加大水电站的容量，使它在丰水期内多发电，即重复容量$N_{重}$。

在调节性能差的水电站，设置$N_{重}$可以利用弃水发$E_{季}$，节省火电煤耗，而获得效益。由于$N_{重}$不能替代火电站容量，故要额外增加水电站的投资和年运行费（不需要增加其他水工建筑物投资）。另外，随着重复容量的逐步增大，无益弃水量逐渐减少，因此可发的季节性电能并不能与重复容量呈正比例增加，当重复容量增加到一定程度后其带来的发电效益不显著，所以，需要进行电能经济对比分析，从而合理选定重复容量大小。

1. 无调节水电站重复容量的选定

针对无调节水电站，计算并绘制日平均出力曲线，在该曲线上的最大工作容量$N''_{水工}$以上设置重复容量$\Delta N_{重}$，随着$\Delta N_{重}$的增加，其利用小时数逐渐减少，增加的电能量逐渐减少，发电效益不断降低。根据动能经济分析，选择最经济的小时数$h_{经济}$，对应计算的重复容量，即为选定的重复容量$N_{重}$。

2. 日调节水电站重复容量的选定

日调节水电站重复容量的选定原则、方法与无调节水电站基本相同，所不同的是，日调节水电站在汛期，当必需容量$N_{必}$全部担任基荷后，还有弃水时，才考虑设置重复容量。也就是说，超过必需容量$N_{必}$，额外增加的容量才是重复容量$N_{重}$。

3. 年调节水电站重复容量的选定

对所有水文年资料进行径流调节，统计弃水流量对应的多年平均的年持续时间，绘制曲线；将弃水流量的年持续曲线，换算为弃水出力年持续曲线；再利用电能经济分析方法，计算最经济的小时数$h_{经济}$；从而与以上同样的方法选定应设置的重复容量$N_{重}$。

（四）水电站装机容量 $N_{水装}$ 的确定

水电站装机容量的选择是水资源规划及利用事务中非常重要的一项工作，直接关系到水电站的规模、效率和效益。如果装机容量选得过大，则投入大，资金受积压。如果选得过小，水能资源就不能得到充分利用。因此，合理选择水电站装机容量并非一件易事，需要进行复杂的动能经济分析，再综合考虑各种因素，经充分论证分析后确定。

电力系统中的各种电站，必须共同满足电力系统在设计水平年对容量和电量的要求，因此水电站装机容量的选择需要同时考虑其他电站的情况，还要满足电力系统总体的电量和容量平衡，这里只简要介绍一般的水电站装机容量选择的方法和步骤，详细的分析论证可参阅有关书籍。

(1) 收集基本资料。应包括与水电站装机容量确定有关的所有资料，大致包括：水库径流调节和水能计算成果，电力系统供电范围及其设计水平年的负荷资料，系统中已建和拟建水电站、火电站资料及其动能经济指标，水工建筑物及机电设备等资料。

(2) 确定水电站的最大工作容量 $N''_{水工}$。按照上文介绍的水电站最大工作容量确定的原则和方法，来分析确定。

(3) 确定水电站的备用容量 $N_{水备}$。包括负荷备用容量 $N_{负备}$、事故备用容量 $N_{事备}$ 和检修备用容量 $N_{检备}$，即 $N_{系备}=N_{负备}+N_{事备}+N_{检备}$。按照上文介绍的对应方法进行确定。

(4) 确定水电站的重复容量 $N_{重}$。按照上文介绍的方法，需要进行电能经济对比分析，再综合确定。

(5) 选择水电站装机容量 $N_{水装}$。先基于以上确定结果，计算水电站装机容量 $N_{水装}=N''_{水工}+N_{水备}+N_{重}$。参考水电站制造厂家机组系列，根据水电站的水头与出力变化范围，大致定出机组的机型、台数、出力等，然后进行系统容量平衡分析，检查初选的装机机组是否满足容量要求。

(6) 最后进行检修安排及系统电力电量容量平衡分析，综合确定最终结果。在以上分析的基础上，考虑电力系统的要求和水电站本身特性，进行最后的确定，需要检查分析：系统负荷应能被所有电站所共同承担，在任何时候不应出现容量受阻；应设置足够的负荷备用容量担任系统的调频任务，并已进行合理的分配；应留有足够的事故备用容量，水库应有足够备用蓄水量，并已进行合理的分配；在年负荷低谷时段，应能安排所有机组进行一次检修，检修期间满足出力要求；除发电任务外，水库的其他利用任务都应能得到满足。

第四节　水能资源开发方式及水电站建设

水能资源是客观存在的，但如何把水能资源开发出来，就需要探讨水能资源的开发方式和水电站建设问题。

一、水能资源开发的基本方式

根据本章第二节介绍的水能计算基本原理，水电站出力的大小主要与水电站引用流量 Q 和水电站净水头差或落差 H 两个参数有关，因此，开发水能资源的水电站建设的主要目标就是提升水电站引用流量 Q 和净水头差 H，选择引用流量 Q 和净水头差 H 的方式不同，就表现出不同的水能资源开发方式。总体来看，主要有三大类开发方式：坝式、引水式、混合式（图 6-18）。

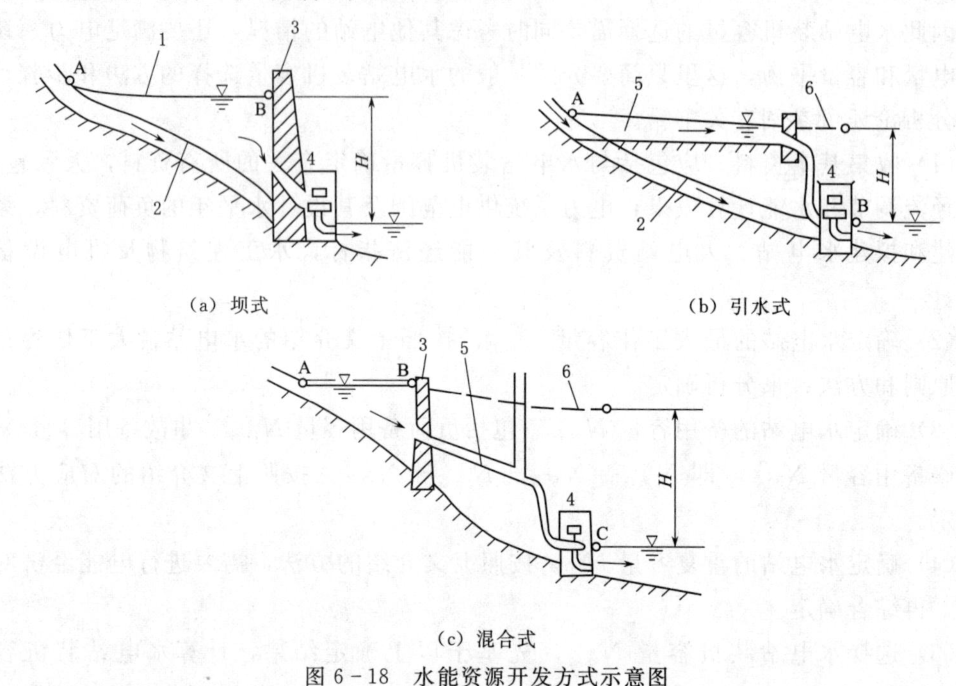

图 6-18 水能资源开发方式示意图

（1）坝式。如图 6-18（a）所示，在开发河段（AB），1 为水库水面，2 为原河道水流面，3 为大坝，4 为水电站厂房。拦河筑坝或闸来抬高开发河段的水位，使原河段的水头落差集中到大坝（B 处），从而获得更集中的净水头（H）。所引取的流量为坝址处的水库下泄流量，修建水库便于调节水电站下泄流量。

（2）引水式。如图 6-18（b）所示，在开发河段（AB），沿河修建引水道，2 为原河道水流面，5 为引水道，6 为能坡线（因水位不同产生的能量坡度），4 为水电站厂房。修建引水道以使原河段的水头落差集中到引水道末厂房处，从而获得水电站更集中的水头差。引水式水电站不用建设水库，避免水库淹没，减少移民和投资。因此，当地形、地质和淹没等条件不允许筑高坝时，建设引水式水电站是比较好的选择。

（3）混合式，就是坝式和引水式的一种优化组合。如图 6-18（c）所示，在开发河段（ABC），AB 段采用坝式、BC 段采用引水式，水电站厂房设置 C 处。混合式水电站吸收了坝式和引水式水电站的优点，在部分河段修筑高坝困难、部分河段可以修筑高坝的河流，采用混合式形式比较有利。

以上三种是水电站基本开发方式。除这三种基本开发方式外，还有跨流域开发方式、集中闸道式开发方式等，另外还有利用抽水蓄能发电方式、利用潮汐发电方式。

二、以发电为主的水库特征水位选择

（一）正常蓄水位（$Z_{蓄}$）的选择

正常蓄水位（$Z_{蓄}$）是指水库在正常运用情况下，为满足设计兴利要求，在开始供水前应蓄到的最高水位。根据不同调节性能的水库特性和正常蓄水位的概念，在以下情况下才能蓄到正常蓄水位：多年调节水库在连续若干丰水年后才能蓄到正常蓄水位；年调节水库在每年供水期前蓄到正常蓄水位；日调节水库每天在水电站调节峰荷以前蓄到正常蓄水位；无调节水电站任何时候都在正常蓄水位。

正常蓄水位是水库或水电站的重要特征值，直接影响整个工程的规模以及有效库容、调节流量、装机容量、综合利用效益等指标，直接关系到工程投资、水库淹没损失、移民安置规划以及地区经济发展等，因此，正常蓄水位的选择是一个复杂的问题，需要进行深入的分析。

1. 正常蓄水位与各部门效益的关系

（1）防洪。水库发电与防洪在某些情况下是有矛盾的，水库发电一般应适应电力系统负荷的变化，防洪任务主要考虑来水洪水过程，两者有时不匹配，防洪任务可能会影响到发电效益，当然，也可以进行协调应用。如果汛后来水量仍大于兴利设计用水量，防洪库容与兴利库容可以结合，这种情况下，提高正常蓄水位可直接增加水库调蓄库容，同时有利于拦蓄洪水量，提高防洪标准。

（2）发电。随着正常蓄水位增加，水电站的保证出力、发电量、装机容量等指标均将随着增加，当然，正常蓄水位增加到一定程度后，水库调节水量就增加缓慢，保证出力和发电量也增加缓慢，水库发电效益降低，因此，从发电效益上分析，需要合理选择正常蓄水位。

（3）灌溉和城市供水。总体来说，随着正常蓄水位增加，一方面，可以加大水库的兴利库容，有利于增加调节水量，扩大灌溉和城市供水量；另一方面，由于库水位的增高，有利于从水库自流引水或者减少扬程，减少供水成本。

（4）航运。随着正常蓄水位增加，一方面，有利于调节流量，增加下游航运水深，提高航运能力；另一方面，大大改善上游河道的航运条件。当然，也应看到，随着正常蓄水位的增加，上下游水位差加大，船闸结构及过闸通航设备更加复杂，航运投资增加。

2. 正常蓄水位提高带来的问题及解决途径

（1）随着正常蓄水位的提高，水利枢纽投资和运行费用增加。在水利枢纽基本建设总投资中，很大部分是大坝的投资，其与坝高呈正相关。

（2）随着正常蓄水位的提高，水库淹没损失必然增加。水库建设可能会淹没大片农田、村庄、城镇、矿产、铁路、公路、旅游、宗教圣地以及历史文物古迹等。因此，水库淹没不仅是一个经济问题，有时甚至是影响广大群众生产和生活的政治社会问题，需要慎重考虑和处置。

(3) 随着正常蓄水位的提高，坝址选择和建设的制约因素会越多。水库大坝建设需要考虑岩石强度、坝肩稳定和渗漏、水库泥沙淤积、库底渗漏等问题，坝址选择受坝址地质及库区岩性等的制约。

综上所述，在选择正常蓄水位时，既要看到正常蓄水位的提高对各部门效益的有利方面，也要看到它将带来投资增多、水库淹没增多、坝址选择制约因素增多、建设技术复杂性增加的不利因素。一般情况下，随着正常蓄水位的不断提高，各部门效益的增加逐渐变缓，而其建设的工程量和投资的增加速度却在加快。因此，需要综合权衡正常蓄水位提高的有利方面和不利方面，选出一个技术上可行、经济上合理的正常蓄水位方案。

3. 选择正常蓄水位的步骤和方法

(1) 拟定正常蓄水位比较方案。首先根据河流条件和工程具体要求，经过初步分析，确定正常蓄水位的上限、下限，然后在其上、下限范围内拟定比较方案，以供进行深入分析和比较。正常蓄水位的上限确定应考虑因素包括：库区淹没浸没情况、坝址及坝区地形地质条件、河流梯级开发利用规划、水库水量损失、人力、物力、财力、设备和建材、施工期限制条件等；正常蓄水位的下限确定应综合考虑各部门正常工作的最低要求。

(2) 对各方案进行径流调节和水能计算。计算求出各方案水电站的保证出力、多年平均年发电量、装机容量以及其他水能指标。

(3) 对各方案进行水利动能经济计算。进行工程量和建筑材料消耗量计算、淹没和浸没损失和移民投资、工程建设投资与损失计算、经济评价、财务评价等，并分析各个方案之间的水利动能经济指标的差值。

(4) 通过综合分析和评价，确定选择方案。在综合考虑以上各方面之后，还需要从政治、社会、技术以及其他方面进行综合评价，最终选择一个技术上可行、经济上合理、多方需求得到最大满足的方案。

(二) 死水位 ($Z_{死}$) 的选择

1. 选择死水位的作用及原则

死水位 ($Z_{死}$) 是指水库在正常运用情况下，允许消落的最低水位。一般情况下，水库水位在正常蓄水位与死水位之间变动。根据不同调节性能的水库特性和死水位的概念，在以下情况下才能降至死水位：多年调节水库在遇到设计枯水年系列时，才降至死水位；年调节水库在遇到设计枯水年时，才降至死水位。

当遇到特殊枯水年份或发生特殊情况（如水库清底检修、战备、地震）时，水库运行水位允许比设计死水位还低一些，这个水位称为极限死水位。设计死水位与极限死水位之间的库容称为备用库容。

选择死水位的原则：①满足综合利用正常工作的最低要求；②针对以发电为主的

水库，要求动能效益大或年费用最小。

2. 各部门对死水位的要求

当正常蓄水位 $Z_{蓄}$ 一定时，消落深度 $h=Z_{蓄}-Z_{死}$，对于灌溉和供水，h 越大越有利，但如果水位太低又影响引水；对于发电，h 太大、太小都不利，比如，在正常蓄水位一定条件下，随着水库消落深度的加大，兴利库容和调节流量均随着增加，但随着死水位降低，水电站的平均水头却随着减小，因此，需要寻找一个比较有利的消落深度，使一定时段内水电站发电量最大。

当水库承担发电以外的其他各用水部门任务（灌溉、城市供水、航运等）时，则应根据径流调节所需的兴利库容选择死水位，如果其他各用水部门所要求的死水位比发电要求的死水位高，则可按其他各用水部门的要求选择设计死水位；如果情况相反，对于水库任务以发电为主，则在尽量满足其他各用水部门要求的情况下按发电要求选择设计死水位；当水库主要任务为灌溉或城市供水时，则在适当满足发电要求的情况下按其他各用水部门的要求选择设计死水位。

在选择以发电为主的水库死水位时，应尽可能考虑获得最大保证出力的水电站，尽可能多的发电量，同时考虑其他各用水部门的要求，对各方案的水利、动能、经济和技术等进行综合分析，选择最综合有利的死水位。

3. 选择死水位的步骤和方法

（1）在正常蓄水位 $Z_{蓄}$ 一定的条件下，确定死水位 $Z_{死}$ 的上、下限，主要是根据水库库容特性、各部门利用要求、地形地质条件、工程施工、机电设备等要求，确定死水位的上、下限，再拟定若干个死水位方案进行比较。确定的死水位上限应满足水库调节性能（如年调节、日调节）、发电设备要求；确定的死水位下限应满足灌溉、供水、发电等引水要求、泥沙淤积要求、水工机械设备安装要求。

（2）对各死水位方案，计算保证出力 $N_{保}$、多年平均年发电量 $\overline{E}_{年}$，进行系统电力电量容量平衡，求出各个方案的水电站的最大工作容量 $N''_{水工}$、必需容量 $N_{水必}$、装机容量 $N_{水装}$。

（3）对各方案进行经济计算和分析。计算各方案的水工建筑物和机电设备的投资和年运行费用，计算各方案替代电站补充的必需容量和补充的年电量，从而求出不同方案的替代电站的补充年费用。

（4）根据系统年费用最小准则，并考虑综合利用要求以及其他因素，综合选择最合理的死水位方案。

（三）水库防洪特征水位的选择

1. 防洪限制水位的选择

如第四章所述，防洪限制水位（$Z_{限}$）是水库在汛期允许兴利蓄水的上限水位，它是水库汛期防洪运用时的起调水位。防洪限制水位的确定对水库防洪安全、水资源有效利用具有重要意义。在汛期来临前，需要腾空库容，接纳洪水，才能保证防洪安全，但是，如果防洪限制水位定得过低，一旦汛期来水不足，又无法蓄满，导致供水难以保障，因此，需要进行周密、科学的分析论证。

因为河流天然来水过程复杂，随机性大，精准预测困难，再加上用水过程、水库运用相互关联，一般防洪限制水位的确定比较复杂。如果在秋汛期仅发生较小洪水，防洪限制水位就可适当抬高，使防洪库容减小，相应增加兴利库容。如果在汛期可能发生大洪水，防洪限制水位应该低些，以腾出更大的库容。如果汛期不同时段的洪水特性有明显差异时，可考虑分期采用不同的防洪限制水位。确定防洪限制水位需要具体问题具体分析，需要充分论证，再经上级有关部门审批后实施，一经审批后，防洪限制水位一般不能变动，需要严格执行，如果确需变动，需要重新论证和审批。

在综合利用水库中，防洪限制水位 $Z_{限}$ 与设计洪水位 $Z_{设洪}$ 和正常蓄水位 $Z_{蓄}$ 三者之间的相互关系，可以分三种情况：①正常蓄水位与防洪限制水位一致，这是防洪库容与兴利库容完全不结合的情况，既保障了蓄水又保障了防洪，是最保险的一种设置形式。这种设置形式主要针对大洪水随时可能出现，汛期又随时可能结束，以及水库库容较大等情况。②设计洪水位与正常蓄水位一致，防洪限制水位低于设计洪水位和正常蓄水位，这种情况防洪库容与兴利库容完全结合，水库库容在防洪和蓄水方面都能得到充分的利用。这种设置形式主要针对汛期洪水变化规律较为稳定、或者洪水出现时期虽不稳定但所需防洪库容较小的情况。③正常蓄水位介于设计洪水位与防洪限制水位之间，这种情况是防洪库容与兴利库容部分结合，其优点介于上两种情况之间，是一般综合利用水库常遇到的情况。

2. 防洪高水位的选择

如第四章所述，防洪高水位（$Z_{防}$）是水库承担下游防洪任务，为控制下泄流量而拦蓄洪水，在坝前能达到的最高水位。进一步讲，只有当水库承担下游防洪任务时，才需确定防洪高水位。

选择防洪高水位，首先需确定水库下游的防洪标准，就是水库承担下游防洪任务的防洪标准。按照有关规范要求，根据防护对象情况，确定防洪对象的防洪标准，然后，进行水库调洪计算（见第五章），再结合投资、年运行费和总年费用以及其他部门对堤防工程的要求，经综合分析比较后确定防洪高水位。

3. 设计洪水位与校核洪水位的选择

如第四章所述，设计洪水位（$Z_{设洪}$）是保证大坝安全、抵挡大坝设计洪水，在坝前达到的最高水位。$Z_{设洪}$ 是正常运用情况下允许达到的最高水位。校核洪水位（$Z_{校核}$）是抵挡大坝校核洪水，在坝前达到的最高水位。$Z_{校核}$ 是水库非正常运用情况下允许达到的临时性最高洪水位。

选择 $Z_{设洪}$ 和 $Z_{校核}$，首先需确定大坝设计洪水、大坝校核洪水，比如，分别为 $P=0.1\%$，$P=0.01\%$洪水，然后，进行水库调洪计算（见第五章），再结合坝体高程，结合工期、淹没损失、投资、年运行费、总年费用等条件，确定相应的设计洪水位和校核洪水位。

（四）以发电为主的水库参数选择程序

水电站和水库主要参数的选择，一般在初步设计阶段进行，在规划阶段也需要大致了解这些主要参数，在这一阶段需要确定工程规模、投资、工期和效益等，对拟采用的各种工程方案进行技术、经济和政策上的分析论证，大致内容和步骤如下：

(1) 选择正常蓄水位。根据工程兴利任务要求，拟定若干正常蓄水位方案，初步计算水库消落深度和兴利库容。分析确定设计保证率，进行水利、动能、经济方面的计算分析和比较，选择合理的正常蓄水位方案。

(2) 选择死水位。对选定的正常蓄水位，拟定若干死水位方案，对每一方案初步估算水电站的装机容量，进行动能经济分析，选出合理的死水位方案。

(3) 确定水电站装机容量。对选出的正常蓄水位、死水位方案，再按照电力系统水能计算方法，确定水电站的最大工作容量、备用容量、重复容量，再结合机型、机组台数，确定水电站的装机容量。

(4) 进行防洪计算，确定泄洪设备形状、尺寸，推求水库防洪参数 $Z_{限}$、$Z_{防}$、$Z_{设洪}$、$Z_{校洪}$，最终确定坝顶的高程 $Z_{坝}$。

(5) 进行经济评价及财务评价。分析工程最优方案的经济效果、风险大小、财务实现可行性等因素。

需要补充说明的是，水电站和水库主要参数的选择是一件复杂的事情，涉及因素很多，除技术、经济因素外，还受政策制度的制约，往往需要先粗后细考量，反复修改，不断完善，直至符合各方面要求，得到比较合理的方案。

三、抽水蓄能电站

(一) 抽水蓄能电站的概念及工作原理

抽水蓄能电站是以一定水量作为能量载体，能向上水库抽水蓄能，通过能量转换，向电力系统提供电能的一种特殊形式的水力发电站，其上、下游均需设有用以容蓄能量转换所需水体的水库，且需兼备抽水和发电两类设施，如图 6-19 所示。

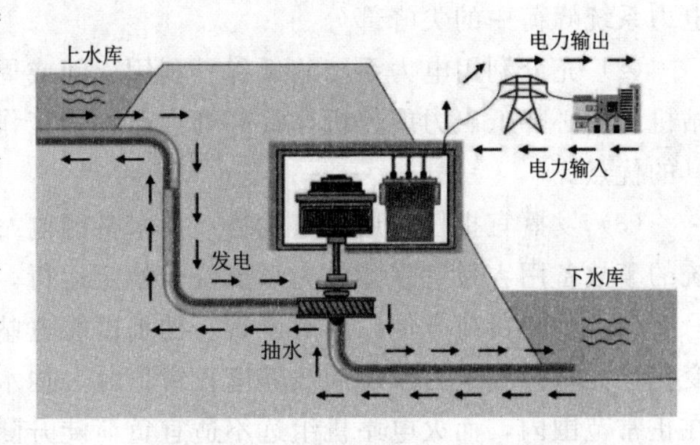

图 6-19 抽水蓄能电站的工作原理

设置抽水蓄能电站，一般用于电网的调峰、调频、调相或事故备用，主要应对两种情况：①用电与发电的高峰、低谷不一致。采用抽水蓄能电站，在用电低谷和发电高峰时，利用多余的电来抽水到上游水库；在用电高峰时，再运用水电站发电并放水至下水库。②将汛期多余水量，抽到上游水库，等到枯水期水量不足时再补充发电，可以增加水能发电利用效率。

(二) 抽水蓄能电站的发展简史

最早的抽水蓄能电站建于 1882 年瑞士苏黎世，功率 515kW，扬程 153m，此后，抽水蓄能电站慢慢发展，到 1930 年，全世界已达 42 座，大多数分布在瑞士和当时的德国，这一时期，抽水蓄能电站的规模还比较小，最大的单机容量为3.3万kW。到20世纪70年代，全世界抽水蓄能电站的装机容量为299万kW。到2005年，全世界抽水蓄能电站的装机容量已达1.2亿kW。

我国的抽水蓄能电站建设起步较晚，但起点却较高，目前已处于世界先进行列。1968年，在河北省石家庄附近，建成了岗南小型混合式抽水蓄能电站，装机容量1.1万kW。1972年，在北京郊区的密云水库，建成了两座小型混合式抽水蓄能电站，装机容量2.2万kW。1979年，在台湾省，建成了明湖抽水蓄能电站，于1985年建成并网发电，装机容量4台共100万kW。自20世纪90年代，随着改革开放的深入，国民经济快速发展，我国的抽水蓄能电站也进入了较快发展期，兴建了广东省的广州抽水蓄能电站、北京市的十三陵抽水蓄能电站、浙江省的天荒坪抽水蓄能电站等一大批抽水蓄能电站。21世纪以来，我国抽水蓄能电站进入了快速发展期。到2005年，全国已经建成投产的抽水蓄能电站13座，在建11座。截至2021年底，全世界抽水蓄能电站装机容量达16500万kW，我国装机容量3669万kW，占世界装机容量的22.2%，名列第一，其次为日本和美国，分别为2750万kW和2200万kW。

我国政府于2020年提出碳达峰碳中和的发展目标（即双碳目标，见第八章第三节），更加注重水电能源开发。2021年发布《抽水蓄能中长期发展规划（2021—2035年）》，大力支持抽水蓄能电站建设，随后快速规划建设一大批抽水蓄能电站，必将迎来抽水蓄能电站建设的高潮。

（三）抽水蓄能电站的作用

（1）解决电力系统的调峰问题。抽水蓄能电站适应负荷变动的能力很强，宜担任电力系统峰荷中的尖峰部分。

（2）充分利用电力系统的低谷。利用夜间或周末电力系统富余电能抽水，使火电站机组不必降低出力或停机，提高电力系统的工作效率。填谷作用是抽水蓄能电站独具的优点。

（3）发挥宜担任备用容量优势。抽水蓄能电站启动灵活、迅速，适合担任电力系统的事故备用容量，保障电力系统安全稳定运行。

（4）承卸负荷方便以应对调频。抽水蓄能电站承卸负荷迅速灵活，跟踪适应负荷变化性能好。当电力系统周波偏离正常值时，抽水蓄能电站可以立即调整周波，使之在正常范围内，而火电站机组远不适宜负荷陡升陡降。

（5）发挥调相作用以稳定电网。抽水蓄能电站一般距离电力系统负荷中心较近，控制操作方便，可用来调相，以稳定电网电压。抽水蓄能电站用作调相运行方式，包括发出无功的调相运行方式和吸收无功的进相运行方式。

（四）抽水蓄能电站的规划

1. 站址选择

抽水蓄能电站站址选择的论证范围要比同级别的常规水电站广泛得多，考虑的因素也多，因此，需要更加详细地分析论证，主要包括以下方面：

（1）地理位置。抽水蓄能电站的位置应尽量接近负荷中心及供电电源，以减少输电线路投资和输电量损失，并更好地发挥电站灵活运行的优势。

（2）地形条件。抽水蓄能电站的站址选择，要考虑有建造上、下水库的合适地形，并尽量选择在上下水库坝址高程差大而水平距离短的位置。

（3）地质条件。抽水蓄能电站的地下工程较多，对抗震和地基稳定性要求较高，因此站址选择应尽量避开区域地质稳定条件较差的地区。

（4）水源条件。抽水蓄能电站的上、下水库应接近天然水域，至少要保证上水库的初期蓄水和运行中的补水水源，以保证能补充水库蒸发、渗漏损失水量。

（5）其他因素。除以上因素外，为了减少投资、增加收益，应尽可能利用天然湖泊以及已有水库，应考虑交通条件、水库淹没情况以及带来的生态环境问题等。

2. 主要参数选择

（1）上、下水库主要参数选择主要包括：死水位、正常蓄水位等特征水位以及相应的死库容、调节库容。如果承担负荷备用容量，还要选择备用容量。

（2）装机容量选择：与上、下水库的特征水位方案选择同时（配套）进行。在电力系统设计负荷水平电力电量平衡成果的基础上，根据负荷特性和系统电源组成，进行调峰容量平衡，以确定抽水蓄能电站规模。

四、潮汐电站

（一）潮汐电站的概念及工作原理

天体运动中，由于太阳和月球的引潮力作用，使地球上海洋水面发生周期性的涨落。通常，将白天的一次涨落称为潮，夜间的一次称为汐，合称潮汐。潮汐作为一种自然现象，为人类的航海、捕捞和晒盐提供了方便。大部分地区海水每日涨落两次。潮汐除了有半日或全日的变化外，还有较长周期的变化。

自然界中海洋存在潮汐现象，水面高程发生涨落，形成势能差，就存在动能和势能，这就是潮汐能。潮汐能是一种丰富的海洋水能资源。潮汐能与一般水能资源相同，是一种可再生能源，以位能和动能形式存在。与河川径流不同的是，潮汐现象不存在丰、枯水年的差别，潮汐能的年发电量比较稳定。

潮汐发电与普通水力发电原理类似，不同的是利用水体有所不同。如图 6－20 所示，通过建设特殊的水库，在涨潮时将海水储存在水库内，以势能的形式保存；然后，在落潮时放出海水，利用高、低潮位之间的落差，推动水轮机旋转，带动发电机发电。

潮汐是一种蕴藏量极大、取之不尽、用之不竭、不需开采和运输、洁净无污染的可再生能源。建设潮汐电站，不需要移民，不淹没土地，没有环境污染问题，还可以结合潮汐发电，发展围垦、水生养殖和海洋化工等有益工作，因此，发展潮汐电站具有显著的效益。

（二）潮汐能利用的发展简史

人类利用潮汐能的历史可以追溯到 1000 多年前，当时，人们通过潮汐磨进行粮食加工，运用最多的是建设潮汐电站，利用潮汐能进行发电。

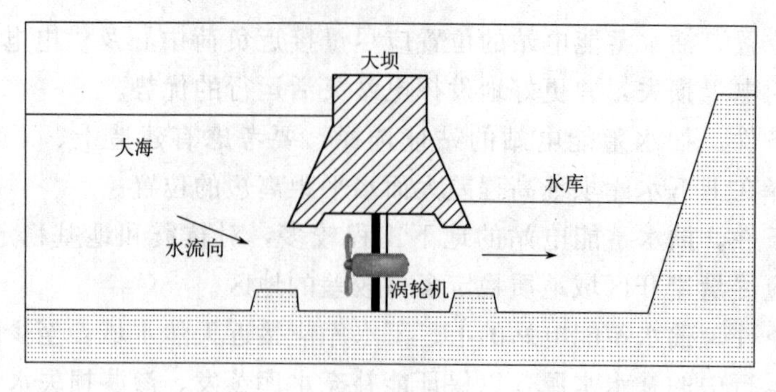

（a）海水上涨

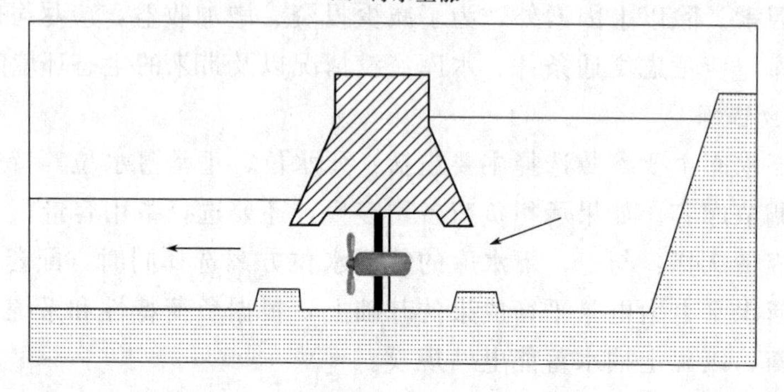

（b）海水下落

图 6-20　潮汐电站的工作原理

近代最早的潮汐电站是 1913 年建于德国的胡苏姆潮汐电站。1967 年法国建成的郎斯河口潮汐电站，是第一座具有商业实用价值的潮汐电站，总装机容量 24 万 kW。1968 年，苏联建成的基斯洛湾试验潮汐电站，1980 年加拿大建成的芬地湾中间试验潮汐电站，这些潮汐电站的建设为兴建更大的实用电站提供了经验。

我国从 20 世纪 60 年代开始建设潮汐电站，早期规模都较小。1964 年浙江乐清湾建成投产了沙山潮汐电站，1976 年江苏苏州建成投产了浏河潮汐电站，1977 年广西钦州建成投产了果子山潮汐电站，1978 年山东乳山县建成投产了白沙口潮汐电站。

利用潮汐能发电，技术已经非常成熟，利用规模越来越大。我国海岸线曲折漫长，主要集中在福建、浙江、江苏等省的沿海地区，具有得天独厚的天然优势。我国潮汐发电行业不仅在技术上日趋成熟，而且在降低成本、提高经济效益方面也取得了较大进展，已经建成一批性能良好、效益显著的潮汐电站。

潮汐能具有显著的特色和优势，发展潮汐能发电，有利于缓解我国东部沿海地区的能源短缺，对促进沿海地区经济社会快速发展和绿色发展具有重要意义。

（三）潮汐电站的作用

（1）增加清洁可再生的发电量。潮汐能是一种清洁可再生的能源，潮水每日涨落，周而复始，是一种相对稳定的可靠能源，很少受气候、水文等自然因素的影响，全年总发电量稳定，不存在丰、枯水年和丰、枯水期影响，因此，潮汐电站是沿海地区重要的补充能源。

（2）降低电站施工和维护成本。潮汐电站不需筑高水坝，即使发生战争或地震等灾害，水坝受到破坏，也不至于造成严重灾害。潮汐电站不需要建设大型水库，不会淹没大量农田和村庄，因此，潮汐电站建设和维护成本要比同级别水电站小得多。

（3）发展绿色能源以保护生态。增加利用潮汐电站发电，相对减少火电站煤炭资源消耗，减少二氧化碳排放量，避免燃煤发电带来的环境污染，同时，还能调节温度，改变盐度，改变气候，生态效益显著。

（4）促进沿海缺电地区社会发展。通过增加潮汐电站发电，提高沿海地区的用电量和用电质量，同时，建设潮汐电站，可以促进水产养殖、海洋化工、交通运输，还可以发展旅游，这对于人多地少、能源缺乏、农田非常宝贵的沿海地区，是非常重要的发展驱动力。

（四）潮汐电站的规划

1. 站址选择

在确认有必要建设潮汐电站之后，电站地址选择主要考虑潮汐条件、地形和地质条件、综合利用条件等因素。

（1）潮汐条件。主要了解高、低潮位和潮差等统计特征值，在设计和建设阶段还需了解潮汐变化过程。潮汐电站的选址一般优先考虑潮差较大的地区，主要是因为发电量与潮差有关。

（2）地形和地质条件。在潮汐电站选址时，需要充分利用天然地形，具备建设潮汐水库或大坝的地形条件，同时，需要具备较为稳定的地质基础条件，便于大坝和电站安全。

（3）综合利用条件。在建设潮汐电站的地区，可以依托水库、大坝以及滩涂，进行综合开发，比如水产养殖、围涂造田、建设交通、发展旅游等，尽可能综合利用各方面条件，产出最大的综合效益。

2. 布置方式

根据潮汐电站中水库数目和关系、电站运行方式、站址地形条件以及综合利用情况等因素，可以规划设计多种布置方式，比如，单库单向、单库双向、双库连续发电和双库单向发电等方式。

（1）单库单向潮汐电站。如图 6－21（a）所示，在海湾或河口只建造一个水库，采用单向水轮发电机组，只在落潮或者只在涨潮时，利用潮汐能进行发电。只在落潮时发电的称单向落潮发电，只在涨潮时发电的称单向涨潮发电。如果水库蓄水不受限制，一般单库单向潮汐电站采用落潮发电方式。

（2）单库双向潮汐电站。在海湾或河口只建造一个水库，在落潮和涨潮时都发电，如图 6－21（b）所示，①线为涨潮发电，②线为落潮发电。

（3）双库连续发电潮汐电站。如图 6－21（c）所示，在海湾或河口利用有利的地形，建造两个相邻的水库，分别用进水闸和泄水闸与外海相通，高水库进潮，低水库出潮，在两个水库间设置发电厂房，单向发电机组，这种布置使水轮机组始终在运行之中，实现连续发电。

（4）双库单向发电潮汐电站。在海湾或河口建造两个相邻的水库，一个是上库，另一个是下库。上库与外海之间形成落潮发电，下库与外海之间形成涨潮发电。落潮发电和涨潮发电是轮番进行的，只建造一个厂房。如图6-21（d）所示，①线为涨潮发电，②线为落潮发电。在发电的同时，伴随着另一个水库进水、泄水，因此需建设控制闸门。

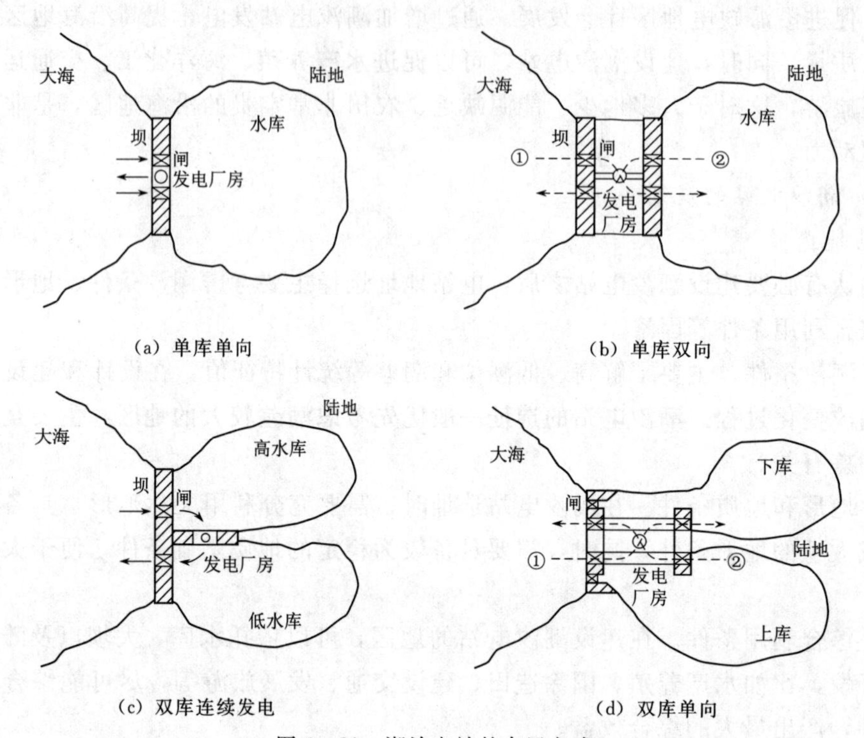

图6-21 潮汐电站的布置方式

3. 主要参数选择

（1）装机容量选择。装机容量是潮汐电站规划设计中最重要的参数，需要考虑潮汐特征、潮汐能资源蕴藏量、电力系统容量以及建设需求等因素，进行综合的技术经济分析论证。

（2）水库特征水位，主要包括死水位和最高发电水位，水位的高低影响着电站发电出力和发电量。特征水位的确定应综合考虑潮汐水位变化、发电需求，以及库区航运、渔业和滩涂围田等要求，经综合分析比较后确定。

课程思政教育

（1）通过水电站工程的实例介绍，以典型案例和水电站工程为载体，深入挖掘大型工程建设中蕴含的家国情怀、国之大者，挖掘水工程文化和社会责任等思政元素。

(2) 通过对水电站水能计算方法及应用实例的学习，提升学生从事水资源工作的分析问题能力和计算能力，让学生认识到水力发电带来的社会效益和重要意义，增强学生专业责任感和使命感。

思考题或习题

[1] 水电站装机容量由哪几部分组成？确定水电站最大工作容量的原则是什么？

[2] 电力系统中为什么要设置负荷备用容量？哪些电站适宜担任负荷备用？

[3] 重复容量的作用是什么？

[4] 不同调节性能的水库，在什么情况下才能蓄到正常蓄水位？

[5] [选择题] 抽水蓄能电站的主要作用是（　）。A. 提高水的势能，增加发电量；B. 提高水的下流速度，增加发电效率；C. 调节电力供应；D. 蓄积山区雨水，提供丰富的电力资源。

[6] 某水电站的正常蓄水位高程为180m，水库水位与库容的关系见表6-7，水库下游水位与流量的关系见表6-8。某年供水期各月平均的天然来水量$Q_{天}$、各种流量损失$Q_{损}$、下游各部门用水流量$Q_{用}$和发电需要流量$Q_{电}$分别见表6-9。9月份为供水期起始月，水位为正常蓄水位。水电站效率$\eta=0.85$，求水电站各月平均出力及发电量。

表6-7　水库水位容积关系曲线

水位 Z/m	168	170	172	174	176	178	180
容积 $V/10^8 m^3$	3.71	6.34	9.14	12.20	15.83	19.92	25.20

表6-8　水库下游水位与流量的关系

流量/(m^3/s)	130	140	150	160	170	180
下游水位/m	115.28	116.22	117.00	117.55	118.06	118.50

表6-9　水电站出力及发电量计算给定数据

时段 t	月	(1)	9	10	11	12	1	2
天然来水流量 $Q_{天}$	m^3/s	(2)	115	85	70	62	56	52
各种流量损失 $Q_{损}$		(3)	20	15	10	9	8	8
下游各部门用水流量 $Q_{用}$		(4)	100	92	125	60	70	78
发电需要流量 $Q_{电}$		(5)	150	150	154	159	150	150

[7] 某年调节水电站的正常蓄水位为760m，死水位为720m，水库水位与库容

的关系见表6-10，水库下游水位与流量的关系见表6-11，入库径流见表6-12。机组效率取常数，$K=8.2$。无其他用水要求。水头损失假定取定值，$\Delta H=1.0$m。在不计水量损失的条件下，用等流量调节的水能计算方法，计算设计枯水年水电站的出力和发电量。

表6-10　水位容积关系曲线

水位 Z/m	630	650	670	700	710	720	730	740	750	760	770
容积 $V/10^8 m^3$	0	0.2	1.0	4.2	5.9	7.9	10.5	13.4	17.0	21.4	26.7

表6-11　水库下游水位与流量的关系

下游水位/m	625.0	625.5	626.0	626.5	627.0	627.5	628.0	628.5	629.0	629.5	630.0	635.0
流量/(m^3/s)	97	153	226	317	421	538	670	806	950	1090	1230	2620

表6-12　水电站出力及发电量计算给定数据

时段 t/月	5	6	7	8	9	10	11	12	1	2	3	4
天然流量 $Q_天$/(m^3/s)	259	751	792	721	458	340	268	147	87	79	75	69

[8]　某拟建水库坝址处多年平均流量 $\overline{Q}=22.5m^3/s$，多年平均年水量 $\overline{W}=710.1\times10^6 m^3$。按设计保证率 $P=90\%$ 选定的设计枯水年各月流量见表6-13。水库为年调节水库，兴利库容为 $V_兴=120\times10^6 m^3$。①试计算调节流量大小；②设供水期上游平均水位为366m，下游平均水位为247m，水头损失为2m，水电站出力系数 $A=8.2$，试求水电站保证出力。

表6-13　水库设计枯水年各月流量

月　份	7	8	9	10	11	12	1	2	3	4	5	6
$\overline{Q}$/(m^3/s)	30	50	25	10	8	6	4	4	8	7	6	4

第七章 水资源利用与保护

水资源是人类生存和发展不可或缺的宝贵资源。自然界一切生命体（包括人）都不可能离开水，人体新陈代谢，植物、动物生存繁衍都需要水，不仅如此，人类发展也需要水的广泛参与，比如，工业生产、农业生产、水力发电、航运、水产养殖等用水，但是水资源是有限的，而用水是多种途径的，因此，人类必须高效利用水资源，必须保护人类赖以生存的水资源。本章将介绍水资源开发利用途径及工程、各种水资源利用矛盾及协调、河流综合利用规划以及水资源保护相关内容。

第一节 水资源利用与保护概述

一、水资源利用与保护的概念

1. 水资源利用的概念

水资源利用（water resources utilization），是指通过水资源开发为各类用户提供符合质量要求的地表水和地下水可用水源以及各个用户使用水的过程。地表水源包括河流、湖泊、水库中的水等，地下水源包括泉水、潜水、承压水等。水资源利用涉及国民经济各部门，按其利用方式可分为河道内用水和河道外用水两类。河道内用水有水力发电、航运、渔业、水上娱乐和水生生态等用水；河道外用水如农业、工业、城乡生活和植被生态等用水。根据用水消耗状况可分为消耗性用水和非消耗性用水两类；按用途又可分为生活、农业、工业、水力发电、航运、生态等用水。

2. 水资源保护的概念

水资源保护（water resources protection），是通过行政、法律、工程、经济等手段，保护水资源的质量和供应，防止水污染、水源枯竭、水流阻塞和水土流失，尽可能地满足经济社会可持续发展对水资源的需求。水资源保护包括水量保护与水质保护两个方面。在水量方面，应统筹兼顾、综合利用、讲求效益，发挥水资源的多种功能，注意避免水源枯竭，过量开采，同时，还要考虑生态保护和环境改善的用水需求。在水质方面，应防止水环境污染和其他环境公害，维持水质良好状态，特别要减少和消除有害物质进入水环境，加强对水污染防治的监督和管理。总之，水资源保护的最终目的是为了保证水资源的永续利用，促进人水和谐，并不断提高人类的生存质量。

二、水资源利用与保护工作总览

人类开发利用地表水、地下水，用于生活、生产、生态。因为自然界中的水资源是有限的，但用水在不断增加，很容易产生水资源利用的矛盾，因此，水资源工作的重要内容之一是协调好水资源利用矛盾，非常重要的途径是，做好河流综合规划工作，采取有效措施保护好水资源。水资源利用与保护工作总览如图 7-1 所示。

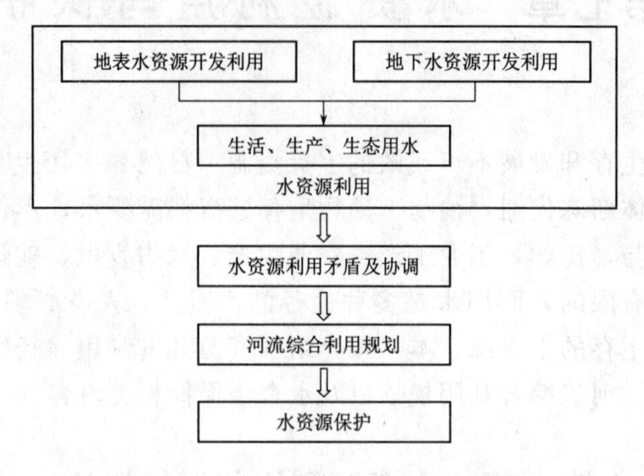

图 7-1　水资源利用与保护工作总览

第二节　地表水资源开发利用途径及工程

人类最早开发利用的水资源是地表水资源，因为地表水离人类最近又显而易见，人类社会出现早期时就伴随着开发利用地表水资源的活动。为了满足经济社会用水要求，人们需要从地表水体取水，并通过各种输水措施传送给用户。除在地表水附近外，大多数地表水体无法直接供给人类使用，需修建相应的水资源开发利用工程对水进行利用。常见的地表水资源开发利用工程主要有河岸引水工程、蓄水工程、扬水工程和输水工程。

一、河岸引水工程

由于河流的种类、性质和取水条件各不相同，从河道中引水通常有两种方式：一是自流引水；二是提水引水。自流引水可采用无坝与有坝两种方式。

1. 无坝引水

当河流水位、流量在一定的设计保证率条件下，能够满足用水要求时，即可选择适宜的位置作为引水口，直接从河道侧面引水，这种引水方式就是无坝引水。

在丘陵山区，若水源水位不能满足引水要求时，亦可从河流上游水位较高地点筑渠引水，这种引水方式的主要优点是可以取得自流水头；主要缺点是引水口一般距用水地较远，渗漏损失较大，用水成本较高。

无坝引水渠首一般由进水闸、冲沙闸和导流堤三部分组成。进水闸的主要作用是控制入渠流量，冲沙闸的主要作用为冲走淤积在进水闸前的泥沙，而导流堤一般修建在中小河流上，平时发挥导流引水和防沙作用，枯水期可以截断河流，保证引水。

2. 有坝引水

当天然河道的水位、流量不能满足自流引水要求时，须在河道上修建壅水建筑物（坝或闸），抬高水位，以便自流引水，保证所需的水量，这种取水形式就是有坝引水。有坝引水枢纽主要由拦河坝（闸）、进水闸、冲沙闸及防洪堤等建筑物组成。拦河坝的作用为横拦河道、抬高水位，以满足自流引水对水位的要求，汛期则在溢流坝顶溢流，泄流河道洪水。进水闸的作用是控制引水流量，其平面布置主要有两种形式，一是正面排沙，侧面引水；二是正面引水，侧面排沙。冲沙闸的过水能力一般应大于进水闸的过水能力，能将取水口前的淤沙冲往下游河道。为减少拦河坝上游的淹没损失，在洪水期保护上游城镇、交通的安全，可以在拦河坝上游沿河修筑防洪堤。

3. 提水引水

提水引水就是利用机电提水设备（水泵）等，将水位较低水体中的水提到较高处，满足引水需要，这部分内容就是本节下文将介绍的“扬水工程”。

二、蓄水工程

当河道的年径流量能满足人们用水要求，但其流量过程与人们所需的水量不相适应时，则需修筑拦河大坝，形成水库。水库具有径流调节作用，可根据年内或多年河道径流量，对河道内水量进行科学调节，以满足用水的要求。水库枢纽由挡水建筑物、泄水建筑物、引水建筑物三类基本建筑物组成。

1. 挡水建筑物

水库的挡水建筑物，系指拦河坝，一般按建筑材料分为：土石坝、混凝土坝和浆砌块石坝。土石坝可分为土坝和堆石坝；常见的混凝土坝的种类有重力坝、拱坝、支墩坝等。浆砌块石坝可分为重力坝和拱坝等，因这种材料的坝体不利于机械化施工，故多采用在中小型水库上。

2. 泄水建筑物

泄水建筑物主要用以宣泄多余水量，防止洪水漫溢坝顶，保证大坝安全。泄水建筑物有溢洪道和深式泄水建筑物两类。

溢洪道可分为河床式和河岸式两种形式。河岸溢洪道根据泄水槽与溢流堰的相对位置的不同可分为正槽式溢洪道和侧槽式溢洪道两种型式。正槽式溢洪道的溢流堰上的水流方向与泄水槽的轴线方向保持一致；而侧槽式溢洪道的溢流堰上的水流方向与泄水槽轴线方向斜交或正交。

深式泄水建筑物有坝身泄水孔、水工隧洞和坝下涵管等，一般仅作为辅助的泄洪建筑物。

3. 引水建筑物

水库常见的引水建筑物型式有水工隧洞、坝下涵管和坝体泄水孔等。水工隧洞和坝下涵管均由进口段、洞（管）身段和出口段组成，不同之处在于水工隧洞开凿在河岸岩体内，坝下涵管在坝基上修建、涵管管身埋设在土石坝坝体下面。

三、扬水工程

扬水是指将水由高程较低的地点输送到高程较高的地点，或给输水管道增加工作压力的过程。扬水工程主要是指泵站工程，是利用机电提水设备（水泵）及配套建筑物，给水增加能量，使其满足兴利除害要求的综合性系统工程。水泵与其配套的动力设备、附属设备、管路系统和相应的建筑物组成的总体工程设施称为水泵站，亦称扬水站或抽水站。扬水的工作程序为：高压电流→变电站→开关设备→电动机→水泵→吸水（从水井或水池吸水）→扬水。

用以提升、压送水的泵称为水泵，按其工作原理可分为两类：动力式泵和容积式泵。动力式泵是靠泵的动力作用使液体的动能和压能增加和转换完成的，属于这一类的有离心泵、轴流泵和旋涡泵等；容积式泵对水流的压送是靠泵体工作室容积的变动来完成的，属于这一类的有活塞式往复泵、柱塞式往复泵等。

目前在城市给排水和农田灌溉中，最常用的是离心泵。离心泵的工作原理是利用泵体中的叶轮在动力机（电动机或内燃机）的带动下高速旋转，由于水的内聚力和叶片与水之间的摩擦力不足以形成维持水流旋转运动的向心力，使泵内的水不断地被叶轮甩向水泵出口处，而在水泵进口处造成负压，进水池中的水在大气压的作用下经过底阀、进水管流向水泵进口。

泵站主要由设有机组的泵房、吸水井和配电设备三部分组成。①吸水井的作用是保证水泵有良好的吸水条件，同时也可以当作水量调节建筑物；②设有机组的泵房包括吸水管路、管路、控制闸门及计量设备等。低压配电与控制启动设备，一般也设在泵房内。各水管之间的联络管可根据具体情况，设置在室内或室外；③配电设备包括高压配电、变压器、低压配电及控制起动设备。变压器可以设在室外，但应有防护设施。除此之外，泵房内还应有起重等附属设备。

四、输水工程

在开发利用地表水的实践活动中，水源与用水户之间往往存在着一定的距离，这就需要修建输水工程。输水工程主要采用渠道输水和管道输水两种方式。渠道输水主要应用于农田灌溉，管道输水主要用于城市生产和生活用水。

第三节　地下水资源开发利用途径及工程

地下水资源在我国水资源开发利用中占有举足轻重的地位，由于地下水具有分布广、水质好、不易被污染、调蓄能力强、供水保证程度高等特点，目前已被全国各地广泛开发利用。

地下水隐蔽于地下，补给作用缓慢，一旦受到破坏其修复更加困难，因此要合理开发利用地下水，这对满足人类生活与生产需求以及维持生态平衡具有重要意义，特别是对于某些干旱半干旱地区，地下水更是其主要的甚至是唯一的水源，一定不能超采地下水，要保护好地下水。

一、地下水的开发利用途径

地下水的开发利用需要借助一定的取水工程来实现。取水工程的任务是从地下水水源地取水，送至水厂处理后供给用户使用，取水工程包括水源、取水构筑物、输配水管道、水厂和水处理设施。地下水取水构筑物与地表水取水构筑物差异较大，而输配水管道、水厂和水处理设施基本上与地表水供水设施一致。

地下水取水构筑物的形式多种多样，综合归纳可概括为垂直系统、水平系统、联合系统和引泉工程四大类型。当地下水取水构筑物的延伸方向基本与地表面垂直时，称为垂直系统，如管井、筒井、大口井、轻型井等各种类型的水井；当取水构筑物的延伸方向基本与地表面平行时，称为水平系统，如截潜流工程、坎儿井、卧管井等；将垂直系统与水平系统结合在一起，或将同系统中的几种联合成一整体，称为联合系统，如辐射井、复合井等。

在修建取水工程之前，首先要对开采区开展水文地质调查，明确地下水水源地的特性，判断是潜水还是承压水，是孔隙水、裂隙水还是岩溶水，进而选择经济合理、技术可行的取水构筑物（类型、结构与布置等）来开采地下水。

二、地下水资源的合理开发模式

不合理地开发利用地下水资源，会引发地质、生态、环境等方面的负面效应，因此，在地下水开发利用之前，首先要查清地下水资源及其分布特点，进而选择合适的地下水资源开发模式。

1. 地下水库开发模式

地下水库开发模式主要分布在含水层厚度大、颗粒粗，地下水与地表水之间有紧密水力联系，且地表水源补给充分的地区，或具有良好的人工调蓄条件的地段，如冲洪积扇顶部和中部。地下水库的结构特征，决定了其具有易蓄易采的特点以及良好的调蓄功能和多年调节能力，有利于“以丰补欠”，充分利用洪水资源。目前，不少国家和地区，如荷兰、德国、英国的伦敦、美国的加利福尼亚州以及我国的北京、淄博等城市已采用地下水库开发模式。

2. 傍河取水开发模式

我国北方许多城市，如西安、兰州、西宁、太原、哈尔滨、郑州等，采用傍河取水的方式开采地下水。傍河取水是保证长期稳定供水的有效途径，特别是利用地层的天然过滤和净化作用，使难于利用的多泥沙河水转化为水质良好的地下水，从而为沿岸城镇生活、工农业用水提供优质水源。

3. 井渠结合开发模式

农灌区一般采用井渠结合开发模式，特别是在我国北方地区，由于降水与河流径流量在年内分配不均匀，与农田灌溉需水过程不协调，易形成“春夏旱”。为解决这一问题，发展井渠结合的灌溉，可以起到井渠互补、余缺相济和采补结合的作用。井渠结合灌溉模式可以提高灌溉保证程度，缓解或解决春夏旱的缺水问题；可以减少地表水引水量，有利于保障河流在非汛期的生态基流；可以通过井灌控制地下水位，改良盐渍化。

4. 排供结合开发模式

在采矿过程中，由于地下水大量涌入矿山坑道，往往使施工复杂化和采矿成本增高，严重时甚至威胁矿山工程和人身安全，因此需要采取相应的排水措施。矿坑排水不仅增加了采矿的成本，而且还造成地下水资源的浪费，如果矿坑排水能与当地城市供水结合起来，则可达到一举两得的效果，排供结合开发模式是目前矿坑水资源综合开发利用的常见模式。

5. 引泉模式

在一些岩溶大泉及西北内陆干旱区的地下水溢出带可直接采用引泉模式，为工农业生产提供水源。大泉一般出水量稳定，水中泥沙含量低，适宜直接在泉口取水使用，或在水沟修建堤坝，拦蓄泉水，再通过管道引水，以解决城镇生活用水或农田灌溉用水。

三、地下水取水工程构筑物

地下水取水工程构筑物是地下水开发利用工程的主体，选择合适的取水构筑物可达到省时省力、经济适用的效果。

1. 管井

管井，是地下水取水工程构筑物中应用最广泛的一种，因其井壁和含水层中进水部分均为管状结构而得名。通常用凿井机械开凿，故又俗称机井。按其过滤器是否贯穿整个含水层，可分为完整井（贯穿整个含水层）和非完整井（穿过含水层的一部分）。

管井主要由井室、井壁管、过滤器及沉砂管构成。当有几个含水层且各层水头相差不大时，可用多过滤器管井。在抽取稳定基岩中的岩溶水、裂隙水时，管井也可不装井壁管和过滤器。

2. 大口井

大口井因其井径大而得名，它是开采浅层地下水的一种主要取水构筑物，是我国除管井之外的另一种应用比较广泛的地下水取水构筑物。小型大口井构造简单、施工简便易行、取材方便，故在农村及小城镇供水中广泛采用，在城市与工业的取水工程中则多用大型大口井。对于埋藏不深、地下水位较高的含水层，大口井与管井的单位出水能力的投资往往相差不大，这时取水构筑物类型的选择就不能单凭水文地质条件及开采条件，而应综合考虑其他因素。

大口井不存在腐蚀问题，进水条件较好，使用年限较长，对抽水设备形式限制不大，但是，大口井对地下水位变动适应能力很差，在不能保证施工质量的情况下会拖延工期、增加投资，亦易产生涌砂（管涌或流砂现象）、堵塞问题。

3. 复合井

复合井是由非完整大口井和井底下设管井过滤器组成，实际上，它是一个大口井和管井组合的分层或分段取水系统，它适用于地下水水位较高、厚度较大的含水层，能充分利用含水层的厚度，增加井的出水量。当含水层厚度大于大口井半径 3～6 倍，或含水层透水性较差时，采用复合井出水量增加显著。

4. 辐射井

辐射井是由集水井（垂直系统）及水平的或倾斜的进水管（水平系统）联合构成

的一种井型，属于联合系统的范畴。因水平进水管是沿集水井半径方向铺设的辐射状渗入管，故称这种井为辐射井。由于扩大了进水面积，其单井出水量为各类地下水取水构筑物之首。

辐射井是一种适应性较强的取水构筑物，一般不能用大口井开采的、厚度较薄的含水层，以及不能用渗渠开采的厚度薄、埋深较大的含水层，均可用辐射井开采。此外，辐射井还具有管理集中、占地省、便于卫生防护等优点，但存在施工难度较高，施工质量和施工技术水平直接影响出水量等缺点。

5. 渗渠

渗渠是水平铺设在含水层中的穿孔渗水管渠。渗渠可分为集水管和集水廊道两种型式；同时也有完整式和非完整式之分。集水廊道由于造价高，很少采用。渗渠由于是水平铺设在含水层中，也称水平式取水构筑物。

渗渠主要是依靠较大的长度来增加出水量，因而埋深不宜大，一般为4～7m，很少超过10m，它适宜于开采埋深小于2m，含水层厚度小于6m的浅层地下水，常平行埋设于河岸或河漫滩，用以集取河流下渗水或河床潜流水。

6. 坎儿井

坎儿井是干旱地区劳动人民在漫长的历史发展中创造的一种地下水利用工程，是在缺乏把各山溪地表径流由戈壁长距离引入灌区的手段以及缺乏提水机械的情况下，根据当地自然条件、水文地质特点，创造出用暗渠引取地下潜流，进行自流灌溉的一种特殊水利工程。

坎儿井按其成井的水文地质条件来划分，可分为三种类型：一是山前潜水补给型，此类坎儿井直接截取山体前侧渗出的地下水，集水段较短；二是山溪河流河谷潜水补给型，此类坎儿井集水段较长，出水量较大；三是平原潜水补给型，此类坎儿井分布在灌区内，水文地质条件差，出水量也较小。

7. 渗流井

渗流井是一种汲取河流渗漏补给量的技术，是利用天然河床砂砾石层的净化作用，将河水转化为地下水，以获得水资源的取水工程。

渗流井由竖井、平巷、硐室和辐射孔（渗流孔）四部分组成，是一种结构较为复杂的地下水取水建筑物。每个渗流井视具体情况一般包含若干个硐室，在各硐室的顶部及侧面一般向上或侧上方向上施工若干辐射孔，辐射孔伸入到河谷区的主要含水段内，硐室之间通过平巷连接，整个平巷-硐室-辐射孔结构体系位于河床之下的地层之中，而竖井则位于河岸边，通过平巷与该结构体系相连，竖井即为渗流井的取水点。

第四节　生活、生产、生态用水途径及工程

一、生活用水途径及工程

因为生活用水对供水的水质、保证率要求高，一般的生活用水途径需要构建一个

完善的生活给水系统，它是由保证城市生活和农村生活用水的各项构筑物（如水池、水塔等）的输配水管网组成的系统，其基本任务是经济合理、安全可靠地供给城市、小城镇、农村居民生活用水和用以保障人们生命财产的消防用水，以满足对水量、水质和水压的要求。

生活给水系统一般由取水工程、净水工程和输配水工程三部分组成：①取水工程，是用来从地表水源或地下水源取水，并输入到输配水工程的构筑物，它包括地表水取水头部、一级泵站和水井、深井泵站。②净水工程，主要任务是满足用户对水质的要求，因此，需建造水处理建筑物，对天然水进行沉淀、过滤、消毒等处理。③输配水工程，主要任务是将符合用户要求的水量输送、分配到各用户，并保证水压要求，因此，需建造二级泵站，铺设输水管道、配水管网，设置水塔、水池等调节建筑物。

二、农业用水途径及工程

农田灌溉渠道系统是农业用水的主要途径，灌溉渠道系统是指从水源取水、通过渠道及其附属建筑物向农田供水、经由田间工程进行农田灌水的工程系统，包括渠首工程、输配水工程和田间工程三大部分。在现代灌区建设中，灌溉渠道系统和排水沟道系统是并存的，二者互相配合，协调运行，构成完整的灌区水利工程系统。

灌溉水源是指可以用于灌溉的水资源，主要有地表水和地下水两类。按灌溉水源产生和存在的形式及特点，又可细分为河川径流、当地地表径流、地下水。另外，城市污水也可作为灌溉水源。城市污水用于农田灌溉，是水资源的重复利用，但必须经过处理，符合灌溉水质标准后才能使用。

农业取用地表水的方式包括无坝引水、有坝引水、提水取水、水库取水等，除这几种方式单独使用外，有时还能综合使用多种取水方式，引取多种水源，形成蓄、引、提结合的灌溉系统。

农业取用地下水的方式包括垂直取水建筑物（如管井）、水平取水建筑物（如坎儿井）和多向取水建筑物（如辐射井）三大类。由于不同地区地质、地貌和水文地质条件不同，地下水开采利用的方式和取水建筑物的形式也不尽相同。

三、工业用水途径及工程

因为不同类型的工业生产对水源的要求不同，在选择水源时，必须充分考虑工厂生产性质、规模与需要用水的工艺等情况，根据建设投资和维护管理费用等情况，对水量、水质等问题进行分析，从中选择合适的供水水源。可供工业利用的水源有河水、湖水、海水、泉水、潜流水、深井水等。

工业用水途径包括工业供水系统、工业循环水系统、工业废水处理系统。由于工业用水的特殊性以及工业废水的危害性，工业用水系统与生活和农业用水不同，一般需设置循环水系统、废水处理系统。

1. 工业供水系统

工业供水系统包括取水工程、输水工程、水处理工程和配水工程四个部分。

①取水工程。取用地下水多用管井、大口井、辐射井和渗渠。取用地表水可修建固定式取水建筑物，也可采用活动的浮船式和缆车式取水建筑物。②输水工程。水由取水建筑物经输水管道送入实施水处理的水厂。③水处理工程。水处理过程包括澄清、消毒、除臭和除味、软化等环节。对于工业循环用水常进行冷却，对于海水和咸水还需淡化和除盐。④配水工程。经过处理后，合乎水质标准要求的水经配水管网送往工业用户。

工业供水系统可以是单一的仅供工业使用的供水系统，也可以是由混合供水系统分配给工业，形成工业供水分支系统。

2. 工业循环水系统

在大量的工业用水中，一部分使用过的水经冷却、处理后，又回到供水系统中，再次被利用，这就是工业循环水系统。在用水日益紧张的形势下，使用循环水系统非常必要。

大多数工业生产中直接或间接使用水作为冷却介质，因为水具有使用方便、热容量大、便于管道输送和化学稳定性好等特点。据估计，工业生产中约为70%～80%的用水是冷却水，实现冷却水的循环利用是工业循环水系统的重要方面。一般来讲，工业冷却水在生产过程中主要作为热量的载体，如果不与被冷却的物料直接接触，使用后一般除水温升高外，较少受到污染，所以经冷却降温后很容易被重新使用。

3. 工业废水处理系统

在工业生产过程中，一般要排出一定量的废水，包括工艺过程用水、机器设备冷却水、烟气洗涤水、设备和场地清洗水等，这些废水一般都有危害，在一定的条件下会造成环境污染。

工业废水的水质因工业部门、生产工艺和生产方式的不同而有很大差别。如电厂、矿山等部门的废水主要含有无机物；而造纸和食品等工业部门的废水，有机物含量很高；造纸、电镀、冶金废水常含有大量的重金属。此外，除间接冷却水外，工业废水中都含有多种原材料有关的物质。因此，工业废水处理比较复杂，需要针对具体情况，设计有针对性的废水处理工艺。

工业废水处理过程，是将废水中所含的各种污染物与水分离或加以分解并使其净化的过程。废水处理方法有物理处理法、化学处理法、物理化学处理法和生物处理法等。

四、生态用水途径及工程

生态用水的水源比其他用水方式都要广泛。从广义生态用水角度来看，降水、地表水、土壤水、地下水等所有水循环过程的水都可作为生态用水的水源。对于森林、草地等陆面植被生态系统而言，降水是主要的生态用水水源；在干旱半干旱地区土壤水、地下水对生态用水的贡献也很大；对于河湖沼泽中的水生生态系统而言，地表水是主要生态用水水源，而按照狭义生态用水概念来看，则主要是指通过水利工程措施供给生态系统的那部分水资源，由于生态用水对水源的水质要求不高（保护区内的河湖用水除外），因此生态用水的水源形式也多种多样，除了地表水、地下水等常规水源外，各种非常规水源（如微咸水、中水等）都可作为生态用水的水源。

生态用水的供水方式多种多样，并视不同的生态系统类型而选取相应的供水方式。对于河道外生态用水来说，由于天然植被系统多依赖于降水补给，因此生态用水的对象主要是针对城市绿地、人工绿洲、防护林草等各种人工植被系统，它们通常采用各种农业输水和灌溉方式来进行供水，特别是城市绿地多以喷灌、滴灌等节水灌溉措施为主。

对于河道内生态用水，则主要通过各种水利工程对河流、湖泊内的水量进行调度和分配，以满足河道内各种生态用水需求。

总体来看，由于生态用水涉及自然水循环全过程以及水资源开发利用的各个方面，因此各种蓄、引、提、调水利工程，在一定情况下都可作为生态用水的供水工程。

第五节　水资源利用矛盾及协调

上节已经介绍了生活、农业、工业、生态用水途径，实际上，水资源的利用还有水力发电、航运、景观娱乐等多种利用途径，由此可见，水资源的用途是多方面的，但是，可以利用的水资源量却是有限的，因此必然会出现不同地区之间、不同行业之间、用水部门之间为争水而引发的矛盾以及生产生活用水与生态用水之间的矛盾。

一、水资源利用矛盾

按照水资源的使用功能和供需关系，可以把水资源利用矛盾分成两大类：

(1) 由于各用水部门对于水资源条件的要求不同、在使用功能上相互排斥，导致用水部门之间存在一定的矛盾。比如，发电、灌溉、养渔等需要拦河筑坝，以抬高水位，但是筑坝后会影响船、筏、鱼通行，影响航运和某些生物生长；再比如，农田灌溉需要拦河筑坝，修建水库，保障灌溉供水，但是由于水位抬高，可能又会造成次生盐碱化，又反过来影响农业生产；又比如，承担发电任务的水库，从发电需求来说，希望水库多蓄水以抬高水位，同时希望按照电力系统需求放水发电，但从灌溉需求来说，希望水库在灌溉季节多放水，在非灌溉季节少放水甚至不放水。

(2) 由于水资源量是有限的，而需水量是不断增加的，导致需水与供水之间存在一定的矛盾，不同部门之间、不同地区之间、上下游之间、人类生产生活用水与生态用水之间为争夺有限水资源产生的矛盾，产生这些矛盾的实例很多，教训也很多。比如，某些北方地区为了发展经济，不顾水资源的承载能力，盲目扩大城市规模、人口数量，兴建工厂、企业，一方面导致水资源严重短缺，另一方面由于挤占了生态用水，导致生态退化，加剧了水资源系统的破坏；再比如，河流上游发展灌溉、工业，大量耗水，则导致下游用水严重短缺，并破坏生态系统；又比如，位于河流两岸的地区，都希望多用些水，但河流可利用水量是有限的，可能会导致争水矛盾甚至水事纠纷。

二、水资源利用矛盾的协调

出现用水矛盾是不可避免的，关键在于如何妥善解决这些矛盾，这是关系着国计民生、社会稳定和人类长远发展的一件大事，水行政主管部门应给予高度的重视，在力所能及的范围内，尽可能充分考虑经济社会发展、水资源充分利用、生态系统保护之间的协调；尽可能充分考虑人与自然和谐共生；尽可能满足各方面的需求，以最小的投入获取最满意的社会效益、经济效益和环境效益。在协调用水矛盾时，应坚持以下原则：

1. 坚持依法治水的原则

我国现行的法律、规范是指导各行业工作正常开展的依据和保障，它也是水利行业合理开发利用和有效保护水资源、防治水害、充分发挥水资源综合效益的重要法律依据。因此，在处理水事纠纷、协调用水矛盾时，必须严格遵守我国相关法律和规章制度，如中华人民共和国《水法》《水污染防治法》《水土保持法》《环境保护法》等，这是我国水行政主管部门行使水管理职能的法律依据，是有效解决用水矛盾的法律手段。

2. 坚持全局统筹、兼顾局部的原则

水，是属于国家所有的一种自然资源，是社会全体共同拥有的宝贵财富。水资源的开发利用也必须站在整体的高度，服从全局。一切片面追求某一地区、某一行业单方面利益的做法都是不可取的。当然，“从全局出发”并不是不考虑某些局部要求的特殊性，而应是从全局出发，统筹兼顾某些局部要求，使全局与局部辩证统一，从而使水资源利用获得的总体效益最大，出现的水事纠纷最少，确保经济社会发展健康有序。

3. 坚持系统分析与综合利用的原则

如上文所述，水问题涉及多个方面、多个部门和多个行业，出现的用水矛盾也多种多样，涉及因素也很多，这就要求人们在协调用水矛盾时，既要对问题进行系统分析，又要采取综合措施，尽可能做到一水多用、一库多用、一物多能，最大可能地满足各方面的需求，让水资源创造更多的效益，为人类做更多的贡献。

4. 坚持人与人和谐、人与水和谐的原则

上文列举的用水矛盾，实际上就是人与人的关系、人与水的关系问题。在处理人与人用水矛盾时，要从全局出发，从构建和谐社会的高度出发。在处理人与水矛盾时，要从人水和谐的角度出发，走人水和谐之路。

第六节　河流综合利用规划的内容

一、河流及综合利用

自古以来，河流是人类社会发展的重要支撑系统，人类文明与河流总是相伴而生，人类前进的每一步也都离不开河流的哺育。人类逐水而居，对河流有着与生俱来的亲近、敬畏以及和谐相处的愿景。河流通常是指由一定区域内地表水和地下水补给，经常或间歇地沿着狭长凹地流动的水流。河流不仅具备物质传输、能量传送和转换、河床塑造、水体自净和生态系统维持等自然功能，还具备城乡供水、水力发电和河道航运、净化环境及文化传承等社会功能，是发展经济和保障居民安居乐业的生命线，然而，随着全球范围内工业化以及城镇化进程的加快，人们盲目地站在自身发展的角度根据自己需求对河流进行各种形式的改造和开发利用，使其经济社会功能得到了极大的发挥，但同时也使河流的生态系统遭受严重的损伤，进而导致其自然功能以及社会功能的下降。21 世纪以来，河流生态系统的恶化问题逐步引起全球的广泛关注，人类需要合理地开发利用河流（或流域）。

河流综合利用，是指兼顾不同用水部门要求而对河流水资源所进行的多目标开发利用。在进行河流综合流域规划（或统称流域综合规划）时，应按遵循规律、统筹兼顾、系统分析、整体布局、综合利用、科学开发的原则，同时考虑除害和兴利、当前和长远，尽可能满足防洪、除涝、灌溉、治碱、水力发电、航运、漂木、给水、水产养殖、水资源保护和生态环境等不同要求。

通过河流综合利用规划，可以协调国民经济各部门对治理和开发河流的具体要求，妥善处理上下游、左右岸以及相邻区域与流域治理和开发相关的利益关系，实现经济、社会、生态的协调，保障人与自然和谐共生，促进区域或流域可持续发展。

二、河流综合利用规划的编制依据及工作步骤

河流综合利用规划的编制，应依据《江河流域规划编制规范》《江河流域规划技术规范》等技术规程，按照经济社会可持续发展的要求，正确处理水利建设与经济社会发展、兴利与除害、治理开发与生态环境保护等之间的关系；与国家重大战略、国家以及地区的国民经济和社会发展规划、国土空间规划、生态环境保护规划、城乡总体规划等相协调；正确处理所涉及的国民经济有关部门之间的关系，与有关部门的发展规划相衔接；统筹协调整体与局部、干支流、上下游、左右岸和地区间的关系，从社会、经济、生态、环境等各个方面，提出治理、开发、保护与管理的方针、任务和目标，确定治理、开发、保护与管理的总体方案及主要工程布局与实施程序，主要工作步骤如下：

1. 准备阶段

（1）明确规划目的、任务、范围、水平年，制定工作计划和技术大纲。

（2）搜集、整理和分析资料，包括水文气象、地形、地质、土壤、资源、生态环境、经济社会资料；以及有关水利工程设施、水灾害防御、水资源开发利用、水土保持、水资源保护及河流湖泊生态保护与修复、水利信息化、流域综合管理等方面的资料。

（3）制定查勘计划，进行查勘前的准备。

（4）对径流等初步分析与计算。

2. 外业查勘阶段

（1）对流域基本情况补充调查，具体内容和工作深度视收集到的资料完缺程度而定。

(2) 河流概况及水库查勘，内容包括地形地质、河流水系、植被、水土保持、工程布置条件、材料、交通、施工场地以及工程占地等情况。

(3) 灌区查勘，内容包括核对有关面积、引水渠道地形地质条件，以及有关建筑物类型和规模。

(4) 洪水与河道调查，内容包括历史洪水情况、现有堤防布设情况、行洪河道情况、洪水可能危害、河道变迁情况等调查。

3. 规划研究阶段

(1) 确定河流综合利用的原则、方针和任务。针对河流特点与治理开发目标任务，在分析总结的基础上，研究确定河流综合利用的原则、方针和任务，提出河流治理开发目标和总体规划方案。

(2) 拟定规划方案。按不同规划水平年，根据治理开发任务的轻重缓急，结合考虑各方面条件，经分析论证，拟定规划方案。

(3) 进行水利水能计算、经济计算及方案比较。

(4) 综合选择规划方案，并选定近期工程。通过方案比较分析，选定规划方案，并对近期工程作出安排。选定的方案应尽可能满足各部门、各地区的基本要求，并具有较大的经济、社会与生态综合效益。

三、河流综合利用规划的主要内容

1. 河流治理开发保护现状与形势分析

(1) 对河流治理开发保护现状进行分析评价。应根据水文水资源和水生态与水环境的情势变化，法律法规、宏观政策、经济社会等方面的新要求，从防灾减灾、水资源开发利用与保护、水生态环境保护、水土保持、水能资源开发、信息化建设、流域综合管理等方面，对河流治理开发保护与管理现状进行全面分析，评价河流治理开发保护与流域经济社会发展、生态环境保护的协调程度。

(2) 在现状分析评价的基础上，分析河流开发治理保护与管理中存在的主要问题，特别是因自然和经济社会条件变化出现的新问题，并总结主要经验。

(3) 分析流域内现状人口及分布，产业发展状况等经济社会发展现状情况。根据国家重大发展战略以及国家、区域发展总体布局，结合流域内土地、能源、矿产等资源分布情况，在国民经济和社会发展规划、有关部门中长期发展规划等基础上，分析预测流域、区域不同规划水平年的经济社会发展有关指标与产业布局。

(4) 分析河流治理与国家需求的符合程度。在流域经济社会发展趋势分析基础上，研究分析经济社会发展对河流治理开发保护与管理的需求，包括防洪安全、供水安全、生态安全、能源安全、粮食安全等方面，分析河流治理开发保护与管理等方面所面临的形势和要求。

2. 总体规划

(1) 研究确定流域开发利用、治理、保护与管理的指导思想和基本原则，提出流域开发利用、治理、保护与管理的总体目标和控制性指标，明确主要任务和总体布局。

（2）确定流域开发利用、治理、保护与管理的指导思想与基本原则，以及需要处理的重大关系。

（3）研究确定防灾减灾、水资源开发利用、水资源和水生态保护、水管理等类型控制指标。根据不同流域实际情况和需要，也可设立水土保持控制指标。控制指标应符合流域开发利用、治理、保护与管理的总体目标，满足严格河湖及水资源、水生态环境管控，保障流域和区域防洪安全、供水安全和水生态安全的要求。

（4）研究河流河段治理开发与保护分区，确定河湖水功能区划和河流河段功能定位。应综合国民经济发展规划、国土空间规划、生态环境保护规划、河流河段的功能定位等确定流域开发利用、治理、保护与管理的任务，明确各河段开发利用、治理保护任务和流域综合管理总体要求，以及流域全局性重大水工程的定位。

（5）确定流域规划总体布局，重点研究干流和主要支流的防洪控制性枢纽、重要综合利用工程、跨流域水资源调配工程、重大河湖水系连通工程等影响流域整体的布局方案。

3. 防洪规划

（1）防洪规划应坚持以人为本、人水和谐、系统治理和可持续发展的原则，以流域为单元，正确处理上下游、左右岸、干支流、重点与一般之间的关系，统筹近、远期经济社会发展的防洪安全保障要求，防洪治理与改善水生态环境相结合、防洪与治涝相结合、防洪与兴利相结合以及工程措施与非工程措施相结合，制定防洪治理方针。

（2）合理划定防洪区划，论证防洪保护区及河段和防护对象的防洪标准，确定防洪、排涝总体布局，制定整体规划方案，确定工程与非工程等主要措施。

（3）根据流域防洪总体布局，在防洪工程体系建设现状的基础上，分类提出治理方案。各类治理方案应与流域、区域水资源综合利用和生态环境要求相协调。

（4）大江大河干流及主要支流应从堤防、河道整治与河势控制、水库、分（蓄、滞）洪工程等方面，提出治理方案。可按主要防洪控制点进行分段，再分段提出治理方案。

（5）具有防洪任务和防洪作用突出的湖泊应以湖堤加固、湖泊清淤、退田还湖、尾闾治理等为重点，提出维持和增强湖泊蓄泄能力的治理措施。

（6）安排分（蓄、滞）洪工程，应根据流域整体防洪方案，结合分（蓄、滞）洪区条件以及当地经济社会情况，进行方案比较综合选定。

（7）承担防洪任务的水库，应研究水库预留防洪库容运用方式。防洪方案中有两个及以上承担防洪任务的水库时，应研究各自分担的防洪任务和联合运用原则。

（8）针对流域特点，提出防洪工程调度与管理、洪水预报预警、防洪区管理、洪水风险管理、防汛智慧化建设、法制体制机制等防洪非工程措施。

（9）研究整体防洪工程体系中重要的防洪水库、堤防、分蓄洪区等防洪工程联合运用方式，拟订调度方案。对重要防洪目标提出超标准洪水防御方案。

4. 涝区治理规划

（1）涝区治理规划应结合当地的经济社会发展条件及行政区划，研究易涝地区自然特点、历史受涝成灾情况、涝水特征及成因与规律，了解已有涝区治理规划实施进展情况、存在问题与新的需求，分析河道、湖泊和排水系统的滞蓄、排水能力和演变规律，确定治涝分区和治涝标准，提出分区治理任务，比选分区适宜的治理方式，拟定整体治理方案。

（2）初步拟定重要治涝设施的设计规模、主要排水河道的治理方案。涉及影响流域或区域防洪安全的干流河道和重要湖泊等承泄区的抽排工程，应分析涝水抽排对干流、重要湖泊的防洪影响，制定排水工程调度原则。

5. 水资源规划

（1）水资源及其开发利用现状评价。根据流域水资源特点及生活、生产、生态环境供用水的实际情况，评价水资源数量、质量及其开发利用现状，分析水资源开发利用存在的主要问题。

（2）水资源供需分析。结合流域经济社会发展趋势，预测不同水平年流域需水量和可供水量，并进行供需分析，明确水资源开发利用的总体安排，提出缓解缺水地区水资源供需矛盾的主要对策。

（3）水资源配置。统筹考虑水资源的特点和开发利用条件，土地、矿产等资源特点，以及对水资源的需求、供水工程的经济技术条件等，对流域水资源进行合理调配，提出水资源配置方案，并针对推荐的水资源配置方案提出相应的水资源配置工程措施和水资源管理措施。

6. 节约用水规划

（1）结合国家和区域有关用水总量控制指标、节水定额指标、用水效率控制目标，与相关规划相协调，统筹考虑流域现状节水程度、经济发展支撑能力、科学技术水平、生态保护要求等，分析计算农业灌溉、工业和城乡生活用水的节水潜力，拟定流域、区域节约用水规划方案。

（2）根据流域水资源配置方案，按照近远结合、以近为主的原则，研究流域、区域节水方案，提出近远期的节水目标、节水发展方向、主要任务和节水措施方案，提出节水型社会建设的配套制度建设、水价政策建议等内容。

7. 城乡供水规划

（1）城乡供水规划应在调查城乡生活和工业供水现状的基础上，分析不同水平年城乡供水安全保障对水量、水质和供水保证程度的要求，分析确定供水目标、主要任务，结合水资源条件拟定城乡供水规划方案，提出工程布局。

（2）城乡供水规划方案内容应包括供水范围、供水水源、供水方式、供水数量、供水保证率以及水源工程、输水线路与调蓄措施等。

8. 灌溉规划

(1) 灌溉规划应在灌溉现状调查的基础上，在节水灌溉发展与农业用水总量相适应的前提下，分析提出农（牧）业生产灌溉合理需求，并根据农（牧）业生产的特点、种植结构与布局，结合综合农业区划、可供水量和水资源配置方案，进行水土资源平衡分析，研究不同水源配合利用的方式，拟定灌区总面积和灌溉总体布置方案。

(2) 严格落实定额管理制度，结合水土资源条件，拟定新建灌区范围、规模，优化节水灌溉技术措施，提出适宜采用管道输水、喷微灌等节水灌溉方式的面积，选定灌溉设计标准、灌溉制度、引水规模和骨干灌排渠系建设方案，并提出对现有灌区进行节水改造和工程整修配套的方案。在缺水地区发展灌溉，应严格论证其技术经济的合理性。

(3) 规划渠灌区应因地制宜地选择引水地点、取水方式、引水数量以及必要的蓄引提等主要工程措施。对已建灌区的配套改造，应根据经济社会发展要求，按照节水灌溉要求与布局，提出渠系及建筑物加固改建配套方案和灌溉面积控制规模。

9. 水力发电规划

(1) 水力发电规划是在分析水能资源及开发现状基础上，统筹考虑经济社会发展、防洪防凌、水资源配置、生态环境保护和水能资源开发等综合利用需求，拟定河流水电开发方案和梯级布设方案，初步拟定枢纽特征水位与水电站装机规模，提出供电方向，分析发电效益。

(2) 河流（河段）开发方案应根据水力发电在治理开发任务中的主次地位，按照流域总体规划的要求，综合考虑水能资源分布特点、经济社会发展对电力的需求、综合利用要求、地形地质条件、水库淹没影响、动能经济指标和环境影响等因素进行方案比选，提出推荐方案。

(3) 规划水电站的正常蓄水位和其他特征水位，选择水电站的装机容量，初步拟定水库调度运用原则。

10. 航运规划

(1) 航运规划是在调查分析河流现状和航运潜力的基础上，预测不同水平年的客货运量，提出航运发展目标，论证确定通航标准，拟定航运规划方案，分析航运效益。

(2) 航运规划方案应根据流域治理开发要求和治理开发后的河流（河段）通航条件，综合渠化以及航道整治、疏浚等措施，经方案比较后确定。妥善协调航运与水资源综合利用、其他运输方式、工农业布局和城市规划的关系。在河道上规划建设航道渠化或航道整治工程，应结合考虑防洪、排涝、灌溉、供水、发电、生态保护等要求。

(3) 航运工程实施，可按照经济社会发展对航运的要求和工程建设条件分期安排。可根据具体情况拟定近、远期不同的通航标准和通航规模。

11. 河道与河口整治规划

(1) 河道与河口整治规划是在综合分析河势演变规律与特点、河势控制、防洪（潮）、航运、排涝、引水、防盐、土地利用、生态环境保护及沿岸工矿企业与城市发展等方面要求的基础上，提出规划原则、目标、任务与主要内容。

(2) 在分析河流水沙动力特性、演变规律与演变趋势和主要问题基础上，统筹考虑上下游、左右岸以及不同部门的治理要求，提出近远期整治目标及不同规划水平年的河势控制格局。通过方案比较，合理确定近远期整治方案，并提出分期、分区或分段实施意见。

(3) 河道整治建筑物规划，应根据规划的治导线、设计整治河宽、堤距和堤线统筹安排，合理布置堤防工程、防护工程、控导工程、疏挖工程、坝垛整治和河口控制等，保证河道有足够的行洪断面并满足航运要求。

12. 水土保持规划

(1) 水土保持规划是根据流域水土流失状况及生态文明建设、防洪安全、经济社会发展对水土保持的要求，按照保护、治理和开发利用相结合，生态效益、经济效益与社会效益相结合的原则，提出规划目标和任务、总体布局，制定水土流失防治措施。

(2) 在水土流失及水土保持现状调查的基础上，分析总结以往水土保持工作的成效、经验与教训、存在的主要问题及原因，从防沙固坡、改善农村生产生活条件、综合整治农村人居环境、发展农村经济等方面分析流域水土保持需求，制定水土保持建设方案。

(3) 根据水土保持的目标与任务，结合水土流失、水土保持现状情况，以及经济社会发展，水土保持分区治理要求，提出水土流失防治方向、途径和技术体系，确定水土流失预防、综合治理、监督和监测等主要内容，合理确定水土流失防治规模。

13. 水资源保持规划

(1) 制定污染物入河量控制方案。计算纳污能力并制定污染物入河量控制方案。分河流、水功能区及行政区进行水域纳污能力的计算、核定。

(2) 入河排污口调整与整治。按行政区域、水资源分区提出入河排污口布局的总体安排和新建、扩建排污口的原则、限制条件等。确定需进行入河排污口调整与整治的水域和需整治的入河排污口，并应确定搬迁、归并、入管网集中处理、调整入河方式，以及入河排污口计量监控设施建设和生态治理与管理等措施方案。

(3) 面源控制与内源治理。重点针对面源和内源污染严重的水源地、河段、湖泊、水库等提出治理措施和要求。对内源污染治理难度大的区域，提出内源综合治理的示范措施及技术要求。

(4) 水生态空间管控。水生态空间分为河流、湖泊、湿地等水域空间，水陆交错类岸线空间，以及与水资源和水生态保护密切关联的涉水陆域空间。依据相关法律法规和生态保护要求，划定水生态空间范围，分类提出管控措施。

(5) 生态需水确定及保障。对于湖泊，应根据生态保护目标，提出生态水位和是否有补水需求。对于重要湿地，应根据生态保护目标，计算生态需水量，判断是否有补水需求。生态需水保障措施主要包括河道内涉水工程生态调度方案和河道外用水管控要求等。

（6）地下水保护规划。划分确定规划分区，评价分区地下水及其开发利用现状；确定规划目标和任务、地下水保护总体方案和布局；提出地下水管控总体方案、地下水超采区划定和治理与修复方案、地下水开发方案、地下水保护方案；提出地下水保护的目标、任务和措施，并应根据地下水保护规划近期目标，提出工程措施、非工程措施近期实施意见。

14. 岸线保护与利用规划

（1）岸线保护与利用规划工作内容包括：对河湖岸线成因和特点、利用类型、利用率、存在问题等现状进行评价；对未来河道整治工程实施后的岸线资源情况进行评价，提出可资利用的岸线和相应的利用条件。

（2）既要确保防洪安全、河势稳定、供水安全，保护水生态环境和维护河流健康，又要充分发挥岸线的社会服务功能，确定岸线保护与利用规划方案。

（3）确定岸线控制线，包括位于河道内的临水边界线和位于河道外的外缘边界线。对各岸线功能分区提出岸线开发利用条件、方向、限制条件等管理意见，提出岸线保护的意见；对现状岸线开发利用项目进行复核，提出岸线开发利用项目复核和调整意见；绘制岸线功能分区规划图。

15. 其他专项规划

（1）水利风景区规划。以推动新阶段水利风景区高质量发展为主题，结合水利工程新建、改建、扩建方案及水域岸线开发利用方案，提出水利风景区建设规划方案。在安排水利工程时，要考虑旅游的需要，并做好旅游规划。

（2）渔业规划。应在调查分析渔业生产条件与自然条件的基础上，根据各地区不同的水域情况，拟定发展渔业生产的方向和鱼种、放养、捕捞相配套的安排意见。

（3）滩涂开发规划。应在调查分析滩涂资源及其开发条件的基础上，根据河道整治和河口综合治理总体布局及要求，拟定开发利用的地点、范围、方式和工程措施方案。

（4）水利灭螺规划。应结合防洪、治涝、河道整治和农田水利工程建设，坚持水利与灭螺结合，工程措施与非工程措施结合，综合防治、因地制宜、突出重点，分区分片集中治理等原则，拟定灭螺方案。

（5）河道采砂管理控制规划。考虑河势稳定、防洪安全、供水安全、通航安全、生态与环境保护以及跨、穿、临河建筑物及设施正常运行的要求，明确采砂控制总量、禁采区范围、可采区范围和可采区控制开采高程、禁采期等，并对采砂作业条件等加以限制。

（6）监测与信息化规划，包括水文监测规划、水资源及水生态保护监测规划、水土流失监测规划、水利信息化规划。

16. 流域综合管理规划

（1）流域综合管理规划是在流域管理与行政区域管理相结合的水管理体制框架

下，研究提出适合流域特点的管理体制与机制和流域涉水法律法规建议，建立和完善综合管理制度，提出满足流域综合管理要求的流域综合管理能力建设方案。

（2）在合理划分流域与区域水行政事权的基础上，提出流域综合管理体制框架，研究提出建立完善流域管理决策协商机制、流域信息交流共享机制、监督考核和协作管理机制、省际水事纠纷调处机制、流域突发公共涉水事件应急管理机制、水利投融资和工程建设管理良性发展机制、与水有关的流域生态补偿机制要求等。

（3）流域综合管理主要包括水利规划管理、防洪管理、水资源管理、河湖管理、水工程建设与运行管理、水文管理、水土保持监督管理、应急管理等内容。

17. 重大工程规划

（1）对拟在近期兴建的、影响全局的关键性水工程进行专门规划，主要包括：重大河湖水系连通工程、防洪骨干控制工程、重大水资源配置工程、重大水资源综合利用工程、重大河（水）道整治工程、重大生态环境治理工程、重大水利信息化工程等。

（2）根据总体规划提出的要求，明确工程的建设任务和目标，初步确定工程规模及主要特征参数，初步拟定工程总体布置方案、主要建筑物型式和轮廓尺寸，初步确定主体工程量和工程投资，分析工程建设的主要制约因素。

（3）按工程规模和重要性，确定工程的等别及主要建筑物的级别，初拟工程布置方案和型式，初拟各主要建筑物的位置、型式和轮廓尺寸，估算工程量和工程投资。

18. 实施意见与实施效果评价

（1）在满足实现规划目标的基础上，统筹考虑防灾减灾、水资源开发利用、生态环境保护的要求，提出规划的实施意见。

（2）采用定量分析与定性分析相结合的方法，对规划实施效果进行评价。分析评价实施规划对国家、流域（或地区）带来的社会、经济、生态与环境效益和影响（包括有利影响和不利影响），主要应包括社会效益评价、经济效益评价、生态效益评价和综合分析与评价。

（3）综合分析与评价规划实施与国民经济发展总的布局、规模和速度的适应性，与产业政策的适应性，对工业、农业、交通及地区经济发展的有利和不利影响，对生态环境的有利和不利影响，对国家或地区物质、资金平衡的影响。

19. 环境影响评价

（1）分析规划总体布局、主要规划方案、重要枢纽选址及规模等与国家和地区资源环境保护法律法规和政策、国土空间规划、生态功能区划、水功能区划等相关功能区划的符合性，与同层位相关规划的协调性。

（2）明确规划实施的资源、生态、环境制约因素，重点关注与生态保护红线及自然保护区等环境敏感区可能存在的冲突和矛盾。

（3）环境现状调查与评价包括：水文水资源、水环境、生态环境、社会环境、环境敏感区的现状及其主要问题与成因分析，环境影响回顾性分析。

(4) 环境影响预测与评价。包括水文水资源影响预测与评价、生态影响预测与评价、水环境影响预测与评价、社会环境影响预测与评价、环境敏感区影响预测与评价、环境风险预测与评价、资源与环境承载力分析与评估等。

20. 保障措施制定

(1) 在规划报告中，需要为实现规划目标、完成规划任务、保障规划顺利实施研究制定具体的保障措施。

(2) 保障措施包括组织保障、法制保障、投入保障、前期工作保障、监督管理保障及科技保障等内容。

第七节　水资源保护

一、水资源保护的基础知识

(一) 水污染来源及危害

随着人类对环境的干扰作用加剧，大量的有害物质进入水体，并造成水的感观性状、物理化学性能、化学成分及生物组成等产生了不利于人类生产、生活的水质恶化现象，即水体受到了污染。严重的水污染，很难恢复到原有的良好状态，会妨碍水体的正常功能，破坏生态环境，造成水质、生物、环境系统等方面的巨大危害和损失。

1. 水体中污染物的来源

通常，天然水体所包含的各种阴阳离子、气体、微量元素以及胶体、悬浮物质等，对人体和生物的健康影响不大。在人类利用和改造自然的过程中，消耗了一定的纯净水体并将大量未经处理的废水、废物直接排放到江河湖海，从而改变了水体的化学成分。当污染物在水体中积累到一定水平时，便形成了水污染。一般来讲，水体中的污染物来源主要包括：工业生产过程排出的废水、污水和废液等，统称工业废水；日常生活中排出的各种污水混合液，统称生活污水；通过土壤渗漏或排灌渠道进入地表和地下水的农业用水回归水，统称农田退水；铁路、公路、航空、航海等交通运输过程中产生的污染。

2. 水污染的主要危害

水污染能使水体产生物理性、化学性和生物性的危害。物理性危害是指恶化感官性状，减弱浮游植物的光合作用，以及由热污染、放射性污染带来的一系列不良影响；化学性危害是指化学物质降低了水体自净能力，毒害动植物，破坏生态系统平衡，引起某些疾病和遗传变异，腐蚀工程设施等；生物性危害主要指病原微生物随水传播，造成疾病蔓延。

水体中氮、磷等营养元素增多会引起富营养化现象。藻类大量繁殖，并成片成团地覆盖水体表面，水体透明度明显下降，溶解氧降低，会使鱼类死亡，相反，过饱和的溶解氧会导致水体中溶解氧含量失衡，产生阻碍血液流通的生理疾病，使鱼类死亡。

重金属毒性强，饮用水含微量重金属，即可对人体产生毒性效应。毒性强的汞、镉产生毒性的浓度为0.1～0.01mg/L。多数重金属半衰期长，一段时期内不易消失，进入水体后，也不能被微生物所降解，这是重金属与有机污染物最显著的区别。

石油类污染物进入水体后会影响水生生物的生长，降低水资源的使用价值，大面积的油膜将阻碍大气中的氧气进入水体，从而降低水体的自净能力。此外，石油类污染物中还包含一些多环芳烃致癌物质，可经水生生物富集后危害人体健康。酚类化合物具有较弱的毒性。长期摄入超过人体解毒剂量的酚，会引起慢性中毒。氰化物具有剧毒性，0.12g氰化钾或氰化钠可立即致死。水体中氰化物含量超标能抑制细胞呼吸，引起细胞内窒息，造成人体组织严重缺氧的急性中毒。

病原微生物可引起各类肠道传染病，如霍乱、伤寒、痢疾、胃肠炎及阿米巴、蛔虫、血吸虫等寄生虫病，另外还有致病的肠道病毒、腺病毒、传染性肝炎病毒等。

（二）水功能区划分

水功能区划分是根据水资源的自然条件、功能要求、开发利用状况和经济社会发展需要，将水域按其主导功能划分为不同的区域，确定其质量标准，以满足水资源合理开发和有效保护的需求，为科学管理提供依据。

我国目前的水功能区划分采用的是两级体系，即一级区划和二级区划（图7-2）。水功能一级区分为四类，即保护区、缓冲区、开发利用区和保留区；水功能二级区是在一级区划的开发利用区内进行，共分为七类，分别为饮用水源区、工业用水区、农业用水区、渔业用水区、景观娱乐用水区、过渡区和排污控制区。一级区划要求在宏观上解决水资源开发利用与保护的问题，主要协调地区间关系，并考虑发展的需求；二级区划主要协调各用水部门之间的关系。

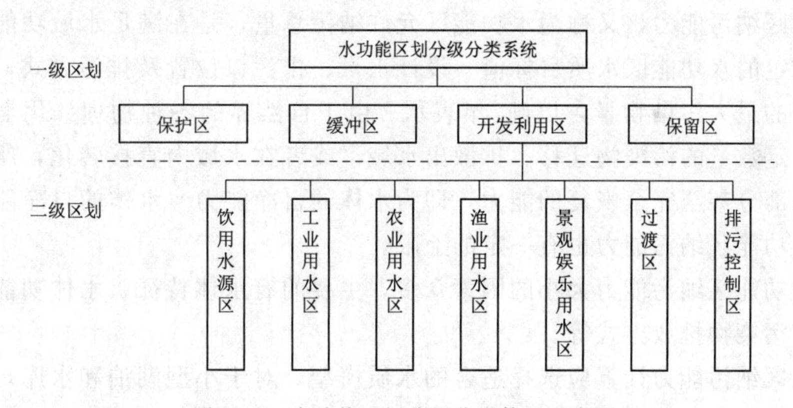

图7-2 水功能区划分级分类体系示意图

水功能一级区划分的程序是：首先划定保护区，然后划定缓冲区和开发利用区，最后划定保留区。

水功能二级区划分的程序是：首先，确定区划具体范围，包括城市现状水域范围以及城市在规划水平年涉及的水域范围；其次，收集划分水功能区的资料，包括水质资料（如取水口和排污口资料）、特殊用水要求（如鱼类产卵场、越冬场，水上运动场等），以及规划资料（包括陆域和水域的规划，如城区的发展规划，河岸上码头规划等）；再次，对各水功能二级区的位置和长度进行适当的协调和平衡，尽量避免出现从低功能区向高功能区跃变的情况；最后，考虑与区域水资源综合规划衔接，并进行合理性检查，对不合理的水功能区进行调整。

（三）污染源调查与预测

污染源调查是指根据控制污染、改善环境质量的要求，对某一地区（如一个城市、一个流域，甚至全国）造成污染的原因进行调查，建立各类污染源档案，在综合分析的基础上选定评价标准，评估并比较各污染源对环境的危害程度及其潜在危险，确定该地区的重点控制对象（主要污染源和主要污染物）和控制方法的过程。

污染源预测就是要估计未来某一水平年或几个水平年污染源所排放的污染物的特性，如排污量、污染物浓度等，从而为水资源保护提供基础数据。

(1) 污染源排放量预测。规划水平年污染源排放量预测由城镇生活污染源预测和工业污染源预测两部分组成。生活污染源排放量的增长主要与城市居住人口数量增长和居民生活水平提高有关；工业污染源排放量的变化主要与区域工业结构、生产工艺条件、工业规模和管理水平等有关。

(2) 污染物入河量预测。在对规划水平年污染源排放量预测的基础上，进而对污染物入河量进行预测，首先，要确定规划水平年的污染物入河系数；然后，再将各规划水平年的污染物排放量预测值与相应规划水平年污染物入河系数相乘，即可求出规划水平年的污染物入河量。

（四）水功能区纳污能力的计算与分配

水功能区纳污能力，又称为水功能区允许纳污总量，是在满足水域功能要求的前提下，按给定的水功能区水质目标值、设计水量、排污口位置及排污方式，功能区水体所能容纳的最大污染物量，以吨/年表示。由于自然界的各种物理、化学和生物作用，能将一定数量的污染物迁移、扩散出水域，或者在水域内直接转化，所以该水域的水质得到部分甚至完全恢复的能力，即为水体的自净能力。水体的自净能力是有限的，因此水功能区纳污能力也有一定的上限。

影响水功能区纳污能力大小的因素众多，主要的有水体特征、水体功能特性、污染物特性、污染物排放方式等。

水功能区纳污能力计算应选择适合的水质模型。对于小型湖泊和水库，可视为水功能区内污染物均匀混合，采用零维水质模型来计算纳污能力；对于宽深比不大的中小河流，污染物基本能在河道断面上均匀混合，可采用一维水质模型来计算纳污能力；对于大型宽阔水域及大型湖泊、水库，当资料比较充分时，可采用二维水质模型来计算纳污能力。具体模型方法可参考《全国水资源综合规划技术细则》等技术文件。

纳污能力的分配，是根据排污地点、数量和方式，结合污染源排污量削减的优先顺序和技术、经济的可行性等因素，对各控制水域分配纳污能力。根据纳污能力，确定控制水域所对应的陆域范围内各污染源的排污控制量或削减量，是实现水资源保护目标的重要环节。对某一水域来说，污染物排放削减量的分配有两种方法：一是将水域的纳污能力作为总量控制目标，分配到各水功能区或污染控制单元，然后再根据相应陆域污染源排放量的计算结果，分别求出各个污染源的削减量；二是根据该水域的纳污能力和总的污染物入河量，计算出水域总的污染物排放削减量，直接将其作为污染物排放削减指标，分配到各个污染源，在具体操作时，可根据实际情况来选取相应的分配方法。

二、水资源保护主要内容及工作步骤

水资源保护的目标是，在水量方面必须要保证生态用水，不能因为经济社会用水量的增加而引起生态退化、环境恶化以及其他负面影响；在水质方面，要根据水功能区纳污能力，来规划污染物的排放量，不能因为污染物超标排放而导致饮用水源地受到污染或危及到其他用水的正常供应。

水资源保护是为了防止因不恰当的开发利用水资源而造成水源污染或破坏水源，所采取的法律、行政、经济、技术等综合措施，以及对水资源进行积极保护与科学管理的做法。由于水资源具有水量和水质双重属性，因此水资源保护也要从这两方面入手：一方面是对水量合理取用及其补给源的保护，包括对水资源开发利用的统筹规划、水源地的涵养和保护、科学合理地分配水资源、节约用水、提高用水效率等，特别是保证生态需水的供给到位；另一方面是对水质的保护，包括调查和治理污染源、进行水质监测、调查和评价、制定水质保护规划目标、对污染排放进行总量控制等，其中按照水功能区纳污能力的大小进行污染物排放总量控制是水质保护方面的重点。由于水资源的数量和质量是不可分割的整体，因此对水资源在总体上进行水量和水质的统一控制和管理，是水资源保护的基本内容。

根据水资源保护的目标和内容，可把水资源保护工作概括为如下几步（图 7－3）：

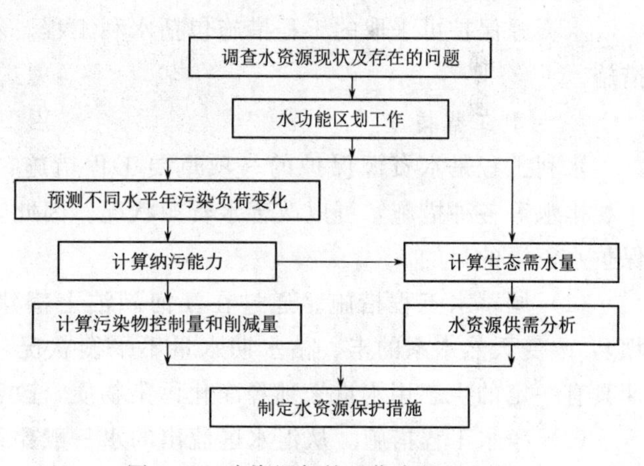

图 7－3　水资源保护工作步骤和流程

（1）调查水体和水资源的现状及存在的问题，包括了解目标水体的概况、特点及其功能。如水体的天然来水及排水条件、水污染现状和污染源的分布、识别主要污染源及污染物的类型和负荷情况、查明主要存在的环境问题及其与水资源的作用关系等。

（2）根据水利部颁布的《中国水功能区划》以及各地具体情况，对各类水体的功能进行区划，并据此拟定各水体的水质目标以及保证能达到该水质目标应采取的工程措施的设计条件。

(3) 根据研究区域的经济社会发展目标、经济结构调整、人口增长、科技进步等因素，同时结合当地城市规划方案、排水管网等基础设施建设的情况，预测在各规划水平年陆域范围内的污染物排放量，再按照污水的流向和排污口设置，将进入水体的污染物量分解到各个水功能区，求出可能进入水功能区的污染物入河量。

(4) 计算水功能区纳污能力，并将各规划水平年进入水功能区的污染物入河量与相应水功能区纳污能力进行比较。当水功能区的污染物入河量大于纳污能力时，计算其污染物入河削减量；当污染物入河量小于纳污能力时，计算其污染物入河控制量。根据水功能区的污染物入河控制量和削减量，反推计算水功能区相应的陆域污染源的排放控制量和削减量。

(5) 根据水资源开发利用现状情况调查，确定当前水功能区内与水相关的环境问题。根据生态与环境保护要求、水功能区纳污能力和用水规划，计算维持现状情况下水功能区所需的生态需水量；再结合当地不同规划水平年的经济社会发展目标、生态与环境保护目标、人口增长预测等因素，预测未来各水平年的生态需水量。

(6) 将生态需水量计算结果与生产和生活需水预测、供水预测及水资源配置等相关部分的分析成果相结合，通过水资源供需平衡分析，设计在不同水平年不同保证率下的水资源配置方案，并进行方案的比选和评价。

(7) 针对由于水资源的不合理开发利用以及不恰当的水事行为所造成的与水有关的环境问题，结合上面的计算结果，提出相应的水资源保护对策措施。

三、水资源保护主要措施

水资源保护是一项十分重要、十分迫切也是十分复杂的工作。一般来讲，水资源保护措施分为工程措施和非工程措施两大类，如图 7-4 所示。

(一) 工程措施

水资源保护可采取的工程措施包括水利工程、农林工程、市政工程、生物工程等措施。

1. 水利工程措施

水利工程是水资源保护的一项重要工程措施，通过水利工程的引水、调水、蓄水、排水等各种措施，可以改善水资源状况。因此，采用正确的水利工程能起到有效保护水资源的目的。

(1) 调蓄水工程措施。通过在江河湖泊上修建一系列的水利工程（如水库和闸坝)，改变天然水系的丰、枯水期水量不平衡状况，控制河川径流量，使河流在枯水期具有一定的生态用水量来稀释净化污染物质，改善水质状况。

(2) 净水工程措施。从汇水区流出的水一般要经过若干沟、渠、支河而后流入湖泊、水库，在其进入湖库之前可设置渗滤沟、渗滤池、小型水库等工程措施来沉淀、过滤掉有害物质，确保水质达标后，再进入到湖库中。

(3) 江河湖库的底泥疏浚工程。通过对江河湖库的底泥疏浚，可以将底泥中的营养元素、重金属等有害物质直接除去，这是解决河道底泥污染物释放的有效措施。

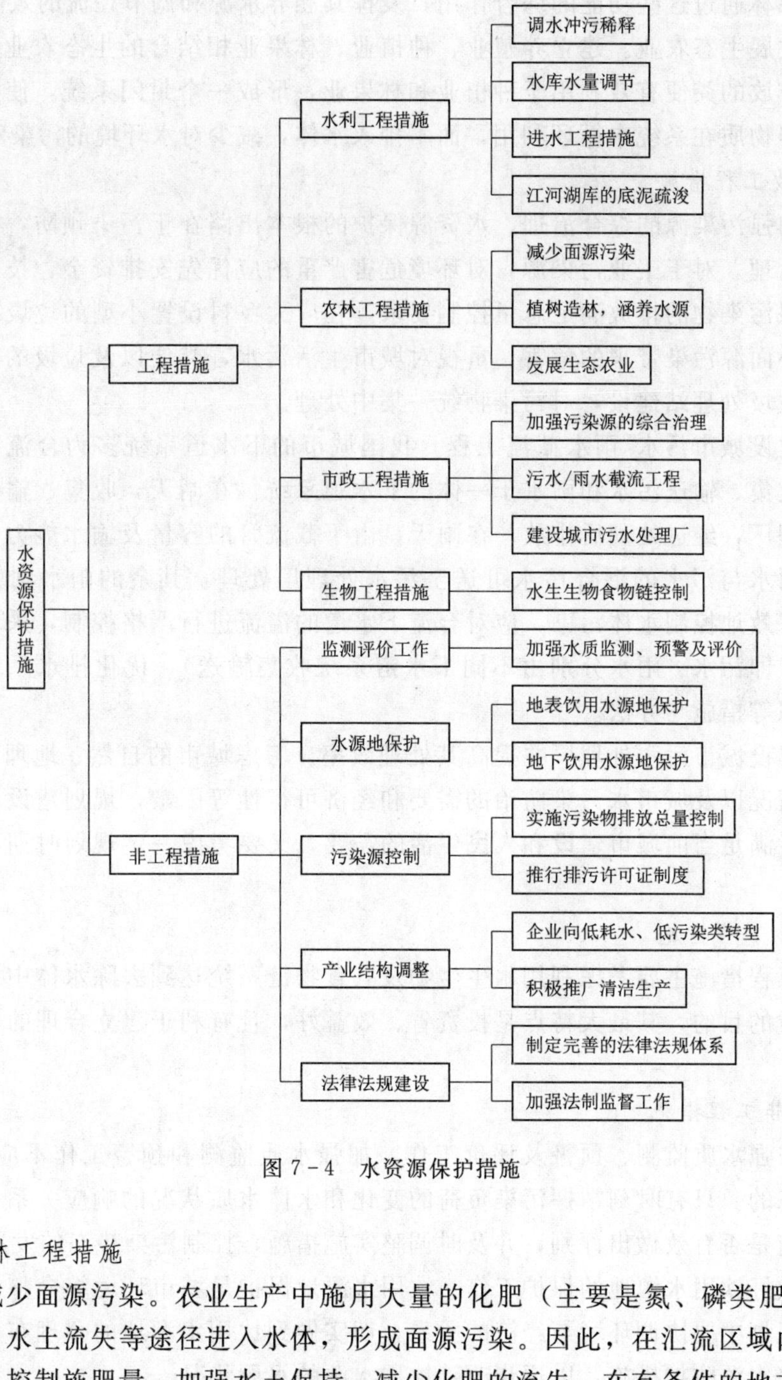

- 水资源保护措施
  - 工程措施
    - 水利工程措施
      - 调水冲污稀释
      - 水库水量调节
      - 进水工程措施
      - 江河湖库的底泥疏浚
    - 农林工程措施
      - 减少面源污染
      - 植树造林，涵养水源
      - 发展生态农业
    - 市政工程措施
      - 加强污染源的综合治理
      - 污水/雨水截流工程
      - 建设城市污水处理厂
    - 生物工程措施
      - 水生生物食物链控制
  - 非工程措施
    - 监测评价工作
      - 加强水质监测、预警及评价
    - 水源地保护
      - 地表饮用水源地保护
      - 地下饮用水源地保护
    - 污染源控制
      - 实施污染物排放总量控制
      - 推行排污许可证制度
    - 产业结构调整
      - 企业向低耗水、低污染类转型
      - 积极推广清洁生产
    - 法律法规建设
      - 制定完善的法律法规体系
      - 加强法制监督工作

图 7-4 水资源保护措施

2. 农林工程措施

(1) 减少面源污染。农业生产中施用大量的化肥（主要是氮、磷类肥料），随着地表径流、水土流失等途径进入水体，形成面源污染。因此，在汇流区域内，应科学管理农田，控制施肥量，加强水土保持，减少化肥的流失，在有条件的地方，宜建立缓冲带，改变耕种方式，以减少肥料的施用量与流失量。

(2) 植树造林，涵养水源。植树造林，绿化江河湖库周围山丘大地，以涵养水源。森林与水源之间有着非常密切的关系，它具有截留降水、植被蒸腾、增强土壤下渗、抑制林地地面蒸发、缓和地表径流状况以及增加降水等功能，并表现出较强的水文效应。森林通过这些功能的综合作用，发挥其涵养水源和调节径流的效能。

（3）发展生态农业。建立养殖业、种植业、林果业相结合的生态农业工程，将畜禽养殖业排放的粪便有效利用于种植业和林果业，形成一个封闭系统，使生态系统中产生的营养物质在系统中循环利用，而不排入水体，减少对水环境的污染和破坏。

3. 市政工程措施

（1）加强污染源的综合治理。水资源保护的根本出路在于污染预防，即进行污染源控制和治理。对于工业污染源，对环境危害严重的应优先安排资金、技术力量给予治理，确保污染物的排放满足总量控制要求。在广大乡村设置小型的垃圾回收和处理设施，减小面源污染带来的危害。重视对城市生活污水、粪便以及垃圾的治理，逐步完善城市垃圾处理站建设，对污染物统一集中处理。

（2）建设城市污水/雨水截流工程。我国城市的下水道系统多为合流制系统，即是一种兼收集、输送污水和雨水于一体的下水道系统。在晴天，收集、输送污水至城市污水处理厂，经过处理后排放；在雨天，由于截流管的容量及输水能力的限制，仅有一部分雨水与污水的混合污水可送至污水处理厂处理，其余的雨水则就近排入水体。为了有效地控制水体污染，应对合流下水道的溢流进行严格控制，采取改合流制为分流制（即污水、雨水分别由不同下水道系统收集输送），优化排水系统，积极利用雨水资源等措施与办法。

（3）建设城市污水处理厂并提高其处理效率。考虑城市的自然、地理、经济、人文等实际情况以及城市水污染防治的需要和经济可行性等因素，规划建设城市污水处理厂，既能满足当前城市建设和人民生活的需要，又要考虑一定规划时期后城市的发展需要。

4. 生物工程措施

生物工程措施主要考虑利用水生生物及其食物链系统达到去除水体中氮、磷和其他污染物质的目的，其最大特点是投资省、效益好，且有利于建立合理的水生生态循环系统。

（二）非工程措施

（1）加强水质监测、预警及评价工作。加强水质监测和预警工作不应是静态的，而应是动态的。只有时刻掌握污染负荷的变化和水体水质状况的响应关系，才能对所采取的措施是否有效做出评判，并及时调整实施措施，控制污染势态的发展。

（2）做好饮用水源地的保护工作。饮用水源地保护是城市环境综合整治规划的首要目标。规划中要协调环境与经济的关系，切实做到饮用水源地的合理布局，建立健全城市供水水源防护措施，以逐步改善饮用水源的水质状况。

（3）积极实施污染物排放总量控制，逐步推行排污许可证制度。污染物总量控制是水资源保护的重要手段，既要控制工业废水中污染物的浓度，又要控制工业废水的排放量，在此基础上使排入水体的污染物总量得到控制。此外，对排污企业实行排污许可证制度，也是加强水资源保护的一项有效管理措施。凡是对环境有影响、排放污染物的生产活动，均需由当地经营者向环境保护部门申请，经批准领取排污许可证后方可进行。

(4) 产业结构调整。遵循可持续发展原则，积极完成产业结构的优化调整，使其与水资源开发利用和保护相协调，同时，加强对工业企业的技术改造，积极推广清洁生产和低碳生产，发展绿色产业。

(5) 水资源保护法律法规建设。水资源保护工作必须有完善的法律、法规与之配套，才能使具体保护工作得以实施。主要包括：①加强水资源保护政策法规的建设；②建立和完善水资源保护管理体制和运行机制；③运用经济杠杆的调节作用；④依法行政，建立水资源保护的执法体系，并进行统一监督与管理。

课程思政教育

(1) 通过对水资源利用矛盾及协调思路的学习，让学生理解水资源问题的和谐处理方法和思路，同样可以运用到日常生活和工作中处理具有矛盾的问题，告诫学生运用和谐思想，树立正确的人生观对待可能遇到的各种问题和矛盾。

(2) 通过学习河流综合利用规划和水资源保护的主要内容及工作步骤，培养学生综合分析问题能力，增强学生们保护水资源、保护河流健康、建设生态文明的责任感和思政元素。

思考题或习题

[1] 地表水资源开发利用工程有哪些，各自具有哪些特点？

[2] 简单介绍地下水取水工程构筑物的类型和特点。

[3] 简单介绍生活、生产、生态用水途径及主要工程。

[4] 分析各用水部门间可能出现的矛盾，论述我们应该如何协调或解决这些矛盾？

[5] 简单介绍河流综合利用规划的基本原则、步骤和主要内容。

[6] 简述水资源保护的工作步骤及主要措施。

第八章　水资源管理与运行调度

水资源管理，是针对水资源分配、调度的具体管理，是水资源规划方案的具体实施过程。通过水资源合理分配、优化调度、科学管理，以做到科学、合理地开发利用水资源，支撑经济社会发展，改善生存环境，并达到水资源开发、经济社会发展及生态系统保护相互协调的目的。本章将基于前面介绍的相关知识，介绍水资源管理的主要内容和工作流程，阐述水资源管理体系、运行调度以及水资源管理与运行调度系统。

第一节　水资源管理的概念及意义

一、水资源管理的概念与目的

水资源管理（water resources management），是指对水资源开发、利用和保护的组织、协调、监督和调度等方面的实施，包括运用行政、法律、经济、技术和教育等手段，组织开发利用水资源和防治水害；协调水资源的开发利用与经济社会发展之间的关系，处理各地区、各部门间的用水矛盾；监督并限制各种不合理开发利用水资源和危害水源的行为；制定水资源的合理分配方案，处理好防洪和兴利的调度原则，提出并执行对供水系统及水源工程的优化调度方案；对来水量变化及水质情况进行监测与相应措施的管理等。

水资源管理是水行政主管部门的重要工作内容，它涉及水资源的有效利用、合理分配、保护治理、优化调度以及所有水利工程的布局协调、运行实施及统筹安排等一系列工作。水资源管理的目的是通过水资源管理的实施，以做到科学、合理地开发利用水资源，支撑经济社会发展，保护生态系统，并达到水资源开发、经济社会发展及生态系统保护相互协调的目标。

二、水资源管理的意义

水资源管理工作具有重要的意义，主要表现在以下几方面：

（1）水资源管理工作是新时代水利工作重要组成部分。21世纪以来，我国政府提出了一系列治水新思路，为新时代水利工作带来了新的发展动力，推动了我国水利事业快速发展。人水和谐、生态文明、人与自然和谐共生、高质量发展等重要思想的提出以及最严格水资源管理制度、河湖长制、水利现代化建设等相关制度的实施，对新时代水资源管理工作提出了更高要求。水资源科学管理正是实现新时代水利工作目标的有力工具，也是新时代水利工作的重要内容。

（2）加强水资源管理是贯彻落实治水思路的主要抓手。习近平总书记“节水优先、空间均衡、系统治理、两手发力”治水思路为我国新时代治水工作提供了科学指南。“节水优先”是我国新时代治水工作的基本遵循方针，加强水资源管理能够为落实节水优先提供有力保障；“空间均衡”作为结合我国国情水情总结出的科学治水思路，加强水资源管理工作是坚守空间均衡治水思路的关键手段；立足山水林田湖草沙生命共同体，统筹自然生态各要素开展水资源科学管理，是落实“系统治理”治水思路的有效途径；在水资源管理工作中充分融合政府作用和市场机制，提高水治理能力，是“两手发力”治水要求的基本体现。加强水资源科学管理，对贯彻落实新时期治水思路具有重要意义。

（3）加强水资源管理是破解水问题的重要措施和保障。我国的水资源现状和面临形势不容乐观，诸多地区的高质量发展面临着防洪安全、干旱缺水、水质恶化等水问题的严重制约。在人与自然和谐共生思想的指引下，充分利用水利现代化技术，加强对水资源的科学管理，才能有效破解水问题，为我国经济社会的高质量发展提供防洪、供水、环境保护的系统性保障。

（4）加强水资源管理有利于促进水资源综合效益最大。面向我国水资源禀赋和水资源利用情势，结合我国经济社会发展的实际需求，不断完善水资源管理的理论体系、技术体系、组织体系、工程体系、经济体系和制度体系，通过供水调度、排水监控、污水处理等工程管理方案以及方案优选、水价调整、政策制定等非工程管理措施，确保在支撑经济社会发展和保障生态系统功能稳定的前提下科学合理地开发利用水资源，显著提升水资源综合效益。

三、水资源管理工作总览

水资源管理是在一定的管理原则和指导思想指引下，参考水资源评价与规划成果，具体组织实施水资源开发、利用和保护工作，主要内容包括水资源管理政策、水资源利用措施、水资源统一管理、水量分配与实时调度以及宣传教育等；水资源管理具体手段包括：构建合理的水资源管理体系，实施水资源运行调度，建设水资源管理与运行调度系统。水资源管理工作总览如图 8－1所示。

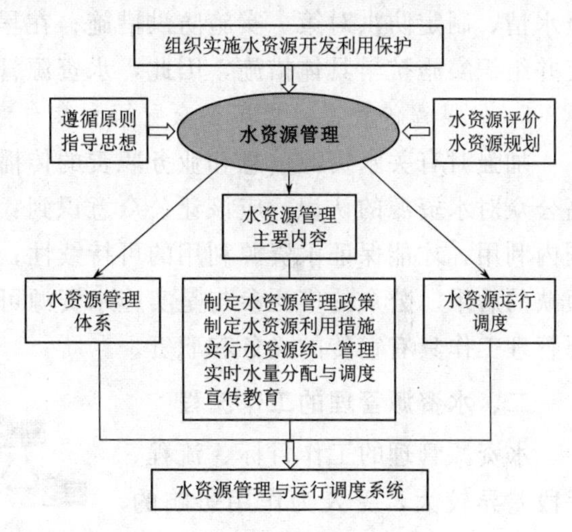

图 8－1　水资源管理工作总览

第二节　水资源管理的主要内容及工作流程

一、水资源管理的主要内容

水资源管理是一项复杂的水事行为，其内容涉及范围很广。归纳起来，水资源管理工作主要包括以下几部分内容：

1. 制定水资源管理政策

为了管好水资源，必须制定一套合理的管理政策，比如，水资源费（或税）征收政策、水污染保护与防治政策等。通过需求管理、价格机制和调控措施，有效推动水资源合理分配政策的实施，因此，水资源管理工作具有制定管理政策的义务和执行管理政策的职责。

2. 制定水资源合理利用措施

制定目标明确的国家和地区水资源合理开发利用实施计划和投资方案；在自然、社会和经济的制约条件下，实施最适度的水资源分配方案；采取征收水费（或税）、调节水价以及其他经济措施，以限制不合理的用水行为，这是确保水资源可持续利用的重要手段，因此，水资源管理工作具有制定决策和实施决策的功能和义务。

3. 实行水资源统一管理

坚持“利用”与“保护”统一，“开源”与“节流”统一，“水量”与“水质”统一。保护和涵养潜在水资源，开发新的和可替代的供水水源，推动节约用水，对水的数量和质量进行综合管理，这些是水资源统一管理的要求，也是实施水资源可持续利用的基本支撑条件。

4. 实时进行水量分配与调度

水行政主管部门具有对水资源实时管理的义务和职责，在洪水季节，需要及时预报水情、制定防洪对策、实施防洪措施；在旱季，需要及时评估旱情、预报水情、制定并组织实施抗旱具体措施，因此，水资源管理部门具有防御水灾害的义务。

5. 加强宣传教育，提高公众觉悟和参与意识

加强对有关水资源信息和业务职责的传播和交流，广泛开展对用水户的教育。提高公众对水资源的认识，应该让公众意识到：水资源是有限的，只有在其承受能力范围内利用，才能保证水资源利用的可持续性；如果任意引用和污染，必然导致水资源短缺的后果。公众的广泛参与是实施水资源可持续利用战略的群众基础，因此，水资源管理工作具有宣传的义务和职责。

二、水资源管理的工作流程

水资源管理的工作目标、流程、手段差异较大，受人为作用影响的因素较多，而从水资源配置的角度来说，其工作流程基本类似，概括如图 8-2 所示。

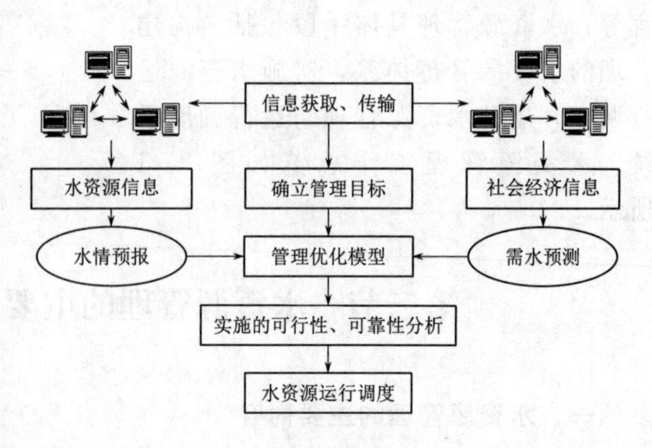

图 8-2 水资源管理一般工作流程

1. 确立管理目标

与水资源规划工作相似，在开展水资源管理工作之前，也要首先确立管理的目标和方向，这是管理

手段得以实施的依据和保障。实现可持续发展、人水和谐是水资源管理的总体目标。在对水资源具体管理时还应有具体的目标，比如在对水库进行调度管理时，丰水期要以防洪和发电为主要目标，而枯水期则要以保障供水为主要目标；再比如最严格水资源管理制度“三条红线”考核目标的实现等。

2. 信息获取与传输

信息获取与传输是水资源管理工作得以顺利开展的基础条件，只有把握瞬息万变的水资源情势，才能更有效地调度和管理水资源，通常需要获取的信息有水资源信息、经济社会信息等。水资源信息包括来水情势、用水信息以及水资源质量和数量等。经济社会信息包括与水有关的工农业生产变化、技术革新、人口变动、水污染治理以及水利工程建设等。总之，需要及时了解与水有关的信息，为水资源开发利用决策提供基础资料。

为了对获得的信息迅速作出反馈，需要把信息及时传输到处理中心，同时，还需要对获得的信息及时进行处理，建立水情预报系统、需水量预测系统，并及时把预测结果传输到决策中心。资料的采集可以运用自动测报技术，信息的传输可以通过无线通信设备或网络系统来实现。

3. 建立管理优化模型，寻找最优管理方案

根据区域经济社会条件、水资源条件、生态系统状况、管理目标，建立相应的水资源管理优化模型，通过对该模型的求解，得到最优管理方案。关于模型的构建可参阅相关文献。

4. 实施的可行性、可靠性分析

对选择的管理方案实施的可行性、可靠性进行分析。可行性分析，包括技术可行性、经济可行性，以及人力、物力等外部条件的可行性分析；可靠性分析，是对管理方案在外部和内部不确定因素的影响下实施的可靠度、保证率的分析。

5. 水资源运行调度

水资源运行调度是对传输的信息，在通过决策方案优选、实施可行性、可靠性分析之后，作出的及时调度决策，可以说，这是在实时水情预报、需水预报的基础上，所作的实时调度决策。

第三节 我国现代水资源管理的新思想

随着当今社会水资源问题的日益突出，人们普遍把“解决用水矛盾”的希望寄托在水资源的科学管理上，水资源管理受到前所未有的重视，同时也面临着巨大的压力和挑战。纵观我国水资源管理工作历程，随着人们对水资源认识水平的不断提高，水资源管理思想发生了很大的变化。在第三章介绍的水资源规划指导思想（可持续发展指导思想、人水和谐指导思想、生态文明指导思想、高质量发展指导思想）也同样适用于指导水资源管理工作。已在第三章介绍的指导思想就不再重复介绍，下面主要介

绍几个主要的水资源管理模式及指导思想。

一、水资源综合管理

水资源综合管理也常被称为水资源一体化管理、水资源统一管理、水资源集成管理等。水资源综合管理起源于20世纪90年代，是在当时水资源短缺、水环境污染、洪涝灾害等水问题不断加剧的情况下，人们提出的一种水资源管理新思路。人们期待通过水资源综合管理的实施，有效地解决很多水问题。90年代提出水资源综合管理之后又不断的改进和发展，是目前国际上比较流行的主流水资源管理模式，甚至被很多人认为是解决水资源问题唯一可行的办法。最近一些年，学术界做了大量的研究工作，实践中也涌现出许许多多有重要意义的应用范例，比如，欧盟成员国开展的以流域为单元的水资源综合管理研究和实践工作，2000年颁布和执行《欧盟水框架指令》，进行了相关的立法。我国很早就开展了关于水资源综合管理的讨论，也在一些省市（如福建）、一些流域（如海河、淮河流域）开展实践应用，为我国水资源有效管理做出重要的贡献。

关于水资源综合管理的概念，在世界范围内尚没有一个明确、清晰且被大家广为接受的定义，比较有代表性的是全球水伙伴组织（GWP）给出的定义："水资源综合管理是以公平的方式、在不损害重要生态系统可持续性的条件下，促进水、土及相关资源的协调开发和管理，从而使经济和社会财富最大化的过程"。

（1）水资源管理为什么要进行"综合"？主要原因是：①单一措施（法律、行政、经济等）无法满足复杂的水资源管理的需要，需要综合措施并用；②单一部门、行业、地区无法解决复杂的、综合的水资源问题；③水资源短缺、洪涝灾害、水环境污染问题是相互联系的，需要整合治理；④日益严重的水问题与人类活动密切相关，需要协调人与自然的关系，这是一个综合问题。

（2）水资源综合管理需要"综合"什么？主要表现在：①水系统的综合管理。水系统是一个复杂的巨系统，保持该系统良性循环本身就需要综合管理，包括大气水-地表水-地下水-土壤水、本地水-外调水、常规水-雨水-中水-海水等、水量-水质的综合管理；②人文系统与水系统之间关系的协调与管理，包括水与经济社会发展、人-水关系的协调；③人文系统的综合管理。辩证唯物主义哲学主张，人类应主动协调好人与人的关系，是人与自然和谐的基础；④协调水与外部环境的关系，包括水与气候，水与土地利用，水与工程建设，水与工农业生产，水与污染等。

（3）如何进行水资源管理的"综合"？具体体现在：①用水部门统一管理，避免出现"九龙治水"的局面；②地表水、地下水、外调水、非常规水等多水源的统一管理，把水源统一起来进行科学分配；③水质-水量作为一个整体进行统一管理；④人水系统进行统一管理，协调用水与发展之间的关系，实现人水和谐；⑤上下游、左右岸、地区间、流域间协商用水，保障均衡发展、和谐发展。

二、水资源可持续利用管理

现代水资源管理必须坚持可持续发展的思想，在实际工作中，需要把可持续发展的观点贯穿到水资源管理工作中，进行水资源可持续利用管理。水资源可持续利用管理是指保障生态系统完整性和支撑经济社会可持续发展的水资源开发利用管理方式。

《中华人民共和国水法》要求：合理开发、利用、节约、保护水资源，防治水害，实现水资源的可持续利用，适应国民经济和社会发展的需要，这也是可持续发展思想在水资源管理中的具体要求。

实际上，由于人类所处的自然环境十分复杂，经济社会系统也变化多样，在水资源管理工作中遇到的矛盾和问题也十分尖锐和突出，要解决这些问题和矛盾，必须坚持可持续发展的观点。比如，①现代水资源管理要求“实行流域水质与水量、地表水与地下水的统一规划、统一使用、统一管理”，这就需要根据水资源系统理论和可持续发展理论，制定流域水质与水量、地表水与地下水统一开发利用的长期规划，建立完善的水资源管理体系；②实行水资源与社会、经济、环境的协调发展，在协调发展的总背景下，实现水资源的优化调度，一方面，需要水资源与社会、经济、环境协调发展理论（即水资源可持续利用理论）为指导；另一方面，需要水资源优化配置理论为基础；③既要求经济社会不断发展，又要求人类赖以生存的环境不受破坏，还要求自然界为人类发展提供永续可利用的水，实际上，这一要求十分苛刻，但确实又是人类发展的客观要求，也是人们对水资源利用的主观愿望，关于这一问题的研究一直是国内外水资源管理研究的前沿课题，也是难点问题，这一问题的解决，必须坚持可持续发展的观点，这对实现水资源科学管理具有十分重要的意义。

实现可持续发展是水资源可持续利用管理的目标，当然，实现这一目标并非是一件易事，它涉及社会、经济发展和资源、环境保护等多个方面，以及它们之间的相互协调，同时，也涉及国际间、地区间的广泛合作、全社会公众的参与等众多复杂问题。

三、最严格水资源管理

我国水资源时空分布极不均匀，人均占有水资源量少，经济社会发展相对较落后，水资源短缺、水环境污染极其严重。最严格水资源管理也就是在这一背景下提出并得以实施，就是希望通过制定更加严格的制度，从取水、用水、排水三方面进行严格控制。

2009年全国水利工作会议上提出，“从我国的基本水情出发，必须实行最严格的水资源管理制度”。2009年全国水资源工作会议上再次提出“实行最严格的水资源管理制度保障经济社会可持续发展”。2012年1月国务院发布《关于实行最严格水资源管理制度的意见》（国发〔2012〕3号），对实行最严格水资源管理制度作出全面部署和具体安排。2013年1月国务院办公厅发布《关于印发实行最严格水资源管理制度考核办法的通知》（国办发〔2013〕2号），发布考核办法、考核指标和目标。2014年1月水利部等10部委发布《关于实行最严格水资源管理制度考核工作实施方案》（水资源〔2014〕61号），布置具体考核工作实施方案。实行最严格水资源管理制度是解决当前一系列日益复杂的水资源问题、实现水资源高效利用和有效保护的根本途径。

最严格水资源管理的主要内容包括“三条红线”、“四项制度”。最严格水资源管理制度的核心是确立“三条红线”，具体是：水资源开发利用控制红线，严格控制取用水总量；用水效率控制红线，坚决遏制用水浪费；水功能区限制纳污红线，严格控制入河湖排污总量。“三条红线”实际上是在客观分析和综合考虑我国水资源禀赋情况、开发利用状况、经济社会发展对水资源需求等方面的基础上，提出今后一段时期我国在水资源开发利用和节约保护方面的管理目标，实现水资源的有序、高效和清洁利用。“三条红线”是国家为保障水资源可持续利用，在水资源的开发、利用、节约、保护各个环节划定的管理控制红线。

最严格水资源管理的“四项制度”是一个整体，其中用水总量控制制度、用水效率控制制度、水功能区限制纳污制度是实行最严格水资源管理的具体内容，水资源管理责任和考核制度是落实前三项制度的基础保障。只有在明晰责任、严格考核的基础上，才能有效发挥“三条红线”的约束力，实现最严格水资源管理制度的目标。用水总量控制制度、用水效率控制制度、水功能区限制纳污制度相互联系、相互影响，具有联动效应。任何一项制度缺失，都难以有效应对和解决我国目前面临的复杂水问题，难以实现水资源有效管理。

四、其他水资源管理

1. 节水优先治水思路与节水型社会建设

2002年启动全国第一个节水型社会建设试点，到2014年完成100个试点验收。2016年国家发展和改革委员会提出“全民节水行动计划”，2017年上升为“国家节水行动”国家战略。

节水型社会建设，主要通过制度建设，对生产关系的变革，形成以经济手段为主的节水机制，推动整个社会走上水资源节约利用的道路。在水量不变的情况下，要保证工农业生产用水、居民生活用水和良好的生态环境，必须建设节水型社会，合理开发利用水资源，大力提高水资源利用效率，保护水资源意识深入人心，养成时时处处节约用水的局面。

“节水优先”是我国治水的重要思路和主要抓手，节水永远是治水的重要手段，节水优先治水思路与节水型社会建设是现代水资源管理的重要方面。

2. 空间均衡治水思路与国家水网建设

我国经济快速发展给水资源带来更大压力，水资源空间不均衡问题凸显且锐化，逐渐成为水安全保障的严重威胁。水资源空间均衡是新时期水利发展的重要导向，是水利工作开展所需要遵循的基本要求。

国家水网建设是解决我国水资源空间不均衡问题、实现人与自然和谐共生的有效手段和必经之路。2021年1月水利部提出“以国家水网建设为核心”，2021年5月在推进南水北调后续工程高质量发展座谈会上强调“加快构建国家水网主骨架和大动脉”。从2021年开始，国家水网建设作为我国优化水资源配置、提升水安全保障能力的重要措施。

空间均衡治水思路与国家水网建设是现代水资源管理的重要举措，是解决我国水资源空间不均衡、部分地区严重缺水的主要途径。

3. 河湖长制

2016年中共中央办公厅、国务院办公厅印发了《关于全面推行河长制的意见》的通知，标志着我们全面推行河湖长制度，该制度要求各级党政主要负责人担任“河长”“湖长”，下重拳推进河湖管理和治理工作。推行河湖长制是水资源管理的一种方式。

4. “双碳”目标与水资源管理

在全球气候变化对人类生存发展构成的威胁愈发严重的时代背景下，构建低碳甚至零碳排放的未来成为了越来越多国家的愿景与共识。在2020年9月22日第75届联合国大会一般性辩论上，我国政府提出：我国二氧化碳排放量力争于2030年前达到峰值，努力争取2060年前实现碳中和，即“双碳”目标，这一目标的实现需要从减少碳源和增加碳汇两方面入手，全方位实现减碳和控碳。水资源的开发、配置、利用、保护等相关的一系列活动，与“双碳”目标的实现有着密切的联系。

面对“双碳”目标实现这一新的历史使命和时代要求，需要进一步深化水资源管理体制改革与创新，加快构建与“双碳”目标相适应的水资源管理新思路，为“双碳”目标的实现提供水资源管理方案，展现水资源行业担当。

第四节 水资源管理体系

一、水资源管理措施

水资源管理是一项复杂的水事行为，包括广泛的内容，需要建立一套严格的管理体制，来保证水资源管理措施的实施；需要公众的广泛参与，建立水资源管理的良好群众基础；需要采用经济措施及其他间接措施，以实现水资源宏观调控；针对复杂的水资源系统和多变的经济社会系统，水资源管理措施必须具有水资源实时调度的能力。

（一）措施之一：管理体制与公众参与

为了实现水资源管理目标，确保水资源的合理开发利用、国民经济可持续发展以及人民生活水平不断提高，必须建立完善的管理体制和法律法规措施，加强公众的参与。这是非常重要的，也是非常关键的非工程措施。

1. 完善水资源管理体制，对水资源管理起主导作用

纵观国内外水资源管理的经验和优势，可以看出，水资源开发利用和保护必须实行全面规划、统筹兼顾、综合利用、统一管理，充分发挥水资源的多种功能，以求获得较大的综合效益，同时，可以看出，水资源管理体制越健全，这些优势体现得越充分。

我国主要江河流域面积大，人口众多，人均水资源量低，各地区开发利用程度不

同，水资源管理水平相差较大，这就要求我国的水资源管理必须根据我国国情，逐步健全水资源管理体制，并按照水法规定，对水资源实行流域管理与行政区域管理相结合的管理体制。

2. 加强宣传，鼓励公众广泛参与，是水资源管理制度落实的基础

水资源管理措施的实施，关系到每一个人。只有公众都认识到“水资源是宝贵的，水资源是有限的”“不合理开发利用会导致水资源短缺”“必须大力提倡节约用水”，才能保证水资源管理方案得以实施。

公众参与，是实施水资源可持续利用战略的重要方面。一方面，公众是水资源管理执行人群中的一个重要部分，尽管每个人的作用没有水资源管理决策者那么大，但是，公众人群的数量很大，其综合作用是水资源管理的主流，只有绝大部分人群理解并参与水资源管理，才能保证水资源管理政策的实施；另一方面，公众参与能反映不同层次、不同立场、不同行业、不同性别人群对水资源管理的意见、态度及建议。水资源管理决策者在做决定时，需要考虑不同人群的利益，比如，水资源开发项目的论证，如果没有充分考虑受影响人群的意愿，可能会引起受影响群众的不满情绪，对项目实施不利。

3. 加强和完善水资源管理法制建设及执法能力建设

这是水资源管理实施的法律基础。加强和完善水资源管理的根本措施之一，就是要运用法律手段，将水资源管理纳入法制轨道，建立水资源管理法制体系，走“依法治水”的道路。

新中国成立后，我国政府十分重视治水的立法工作。1988年《中华人民共和国水法》的颁布实施，标志着我国走上了依法治水的轨道。目前已经颁布实施了一系列与水有关的法律，这些法律法规是我国从事水事活动的法律依据。

（二）措施之二：经济运行机制

水资源管理的另一个措施，是采用经济运行机制，这依赖于政府部门制定的有关经济政策，以此为杠杆，来间接调节和影响水资源的开发、利用、保护等水事活动。

1. 以水价为经济调控杠杆，促使水资源有效利用

水价作为一种有效的经济调控杠杆，涉及经营者、普通用户、政府等多方面因素，用户希望获得更多的低价用水，经营者希望通过供水获得利润，政府则希望实现其社会稳定、经济增长等政治目标。从整体角度来看，水价制定的目的在于，在合理配置水资源，保障生活、生产和生态合理用水的基础上，鼓励和引导合理、有效、最大限度地利用可供水资源，充分发挥水资源的经济、社会和生态效益。

在水价的制定过程中，要考虑用水户的承受能力，必须保障起码的生存用水和基本的发展用水；而对不合理用水部分，则通过提升水价，利用水价杠杆，来强迫减小、控制、逐步消除不合理用水，以实现水资源有效利用。

2. 依效益合理配水，分层次动态管理

该措施的基本思路是：首先全面、科学地评价用户的综合用水效益，然后综合分

析供需双方的各种因素，从理论上确定一个“合理的”配水量；再认真分析各用户缴纳水资源费（或税）的承受能力，根据用水的费用—效益差异，计算制订一个水资源费（或税）收取标准。比较用户的合理配水量与实际取水量，对其差额部分予以经济奖惩。对于超标用户，其水资源费（或税）的收取标准应在原有收费（或税）标准上，再加收一定数量的惩罚性罚款，以促进其改进生产工艺，节约用水；对于用水比较合理的非超标用水户，应根据其盈余情况给予适当的奖励，这样就将单一的水资源费（或税）改成了分层次的水资源费（或税），实现了水资源的动态经济管理。

3. 明晰水权，确定两套指标，保证配水方案实施

明晰水权是水权管理的第一步，要建立两套指标体系，一套是水资源的宏观控制体系，一套是水资源的微观定额体系。前者用来明确各地区、各行业、各部门乃至各企业、各灌区可以使用的水资源量，也就是要确定各自的水权。另外，可以将所属的水权进行二次分配，明细到各部门、各单位，每个县、乡、村、组及农户。第二套体系用来规定社会的每一项产品或工作的具体用水量要求，如炼1t钢的定额是多少、种1亩小麦的定额是多少等。有了这两套指标的约束，各个地区、各个行业、每一项工作都明确了自己的用水和节水指标，就可以层层落实节水责任，保证配水方案实施。

（三）措施之三：水资源管理方案及实时调度

水资源管理方案的制定，是水资源管理的中心任务，也是水资源管理日常工作中的重要内容。

制定“水资源管理方案”由来已久。早期，人们对水资源认识水平较低，对水资源管理的经验还不成熟，与水资源管理有关的理论研究基础还比较薄弱，同时，由于经济社会发展相对落后，用水量较小，供需矛盾、水资源问题还不突出，在这种情况下，人们对水资源管理的重视程度不高，认识水平也比较低，手段也不先进，这一时期的水资源管理方案可能是比较单一的、比较简单的。

随着人口增长和经济社会的发展，人类在创造财富的同时，增加了引用水量，同时增加了污水排放量，对水资源造成前所未有的压力，并引发了水资源短缺、水污染严重、供需矛盾突出等问题。在这种情况下，人们产生了“通过水资源管理来解决”的思路，希望通过对水资源开发、利用和保护的组织、协调、监督和调度等方面措施的实施，以做到科学、合理地开发利用水资源，支持经济社会可持续发展。如今，水资源管理已成为水利部门一项十分重要的工作，它考虑的因素较多，制定的水资源管理方案也比较复杂，实施的科学性也较强。

水资源管理方案的内容主要包括：①制定水资源分配的具体方案。包括分流域、分地区、分部门、分时段的水量分配，以及配水的形式、有关单位的义务和职责等。②制定目标明确的国家、地区实施计划和投资方案，包括工程规模、投资额、投资渠道以及相应的财务制度等。③制定水价和水费（或税）征收政策。以水价为经济调控杠杆，促进水资源合理利用。④制定水资源保护与水污染防治政策。水资源管理工作应当承担水资源保护与水污染防治的义务，因此，在制定水资源管理方案时，还要具

体制定水污染防治对策。⑤制定突发事件的应急对策。在洪水季节，需要及时预报水情、制定防洪对策、实施防洪措施。在旱季，需要及时评估旱情、预报水情、制定并组织实施抗旱具体措施。此外，对于突发的重大水污染事故，也要制定相应的应急预案和处理措施。⑥制定水资源管理方案实施的具体途径，包括宣传教育方式、公众参与途径以及方案实施中出现问题的对策等。

另外，要实时进行水量分配与调度，这是水行政主管部门必须保证完成的一项重要工作。一方面，需要水利部门对水资源的调配作出及时决策。比如，在洪水季节、在突发性地震、战争等时期，合理的水资源调配不仅会挽救人民财产的损失，还会挽救人的生命；另一方面，水资源系统变化是随机的，对不确定性的水资源系统要做到合理的调配，必须要具有实时调度能力。

二、水资源管理组织体系

水资源管理涉及多个地区、多个部门、多个行业、所有公众，因此，从政府层面需要有一个系统的、顺畅的、强有力的水资源管理组织体系，也就是在国家的行政管理体系中需要建立水资源行政管理部门，这是国家对社会公共事务进行管理的重要内容之一，也是国家对水资源实施宏观调控的重要方式。科学高效的水资源行政管理，能够保障水资源法律法规的顺利实施，保护水权和水资源利用者的合法权益，保证水资源开发利用的持续高效，是解决各种水资源问题的关键环节。

新中国成立以来，我国水资源行政管理体制经历了不断的改革和调整。目前，我国已形成了集中管理与分散管理、行政区域管理与流域管理相结合，多目标、多层次的水资源行政管理体制。在中央政府，水利部作为国务院水行政主管部门，集中了大部分水资源行政管理职权，其他相关部委（如生态环境部、自然资源部、建设部、农业部、林业局）则在各自职责范围内协助管理。在地方，流域组织和省（自治区、直辖市）人民政府水行政主管部门共同管理辖区内水资源，地方其他行政管理部门同样在各自职责范围内协助管理。流域组织属于事业单位性质，是水利部的派出单位。省、市、县级水资源行政管理组织结构与中央政府类似。

水资源行政管理的手段是履行水资源行政管理职能、实现水资源行政管理目标、发挥水资源行政管理实际效力的必要条件，是水资源行政管理组织与被管理对象之间的作用纽带，其手段包括行政手段、经济手段、法律手段、宣传教育手段等多种形式。

三、水资源管理法规体系

为了合理开发、利用、节约和保护水资源，防治水害，适应国民经济和社会发展的需要，国家或地方政府需要制定一系列法律、条例和技术规范，来规范或指导各种水事活动，处罚不符合规定的水事活动。

依法治国，是我国《宪法》所确定的治理国家的基本方略。水资源关系国民经济、社会发展的基础，在对水资源进行管理的过程中，也必须通过依法治水才能实现水资源开发、利用和保护的目的，满足经济社会发展的需要。

水资源管理的法规体系就是现行的有关调整各种水事关系的所有法律、法规和规范性文件组成的有机整体，法规体系的建立和完善是水资源管理制度建设的关键环节和基础保障。

我国于1988年1月21日通过了第一部《中华人民共和国水法》，经过14年的发展，于2002年8月29日又通过修改后的《中华人民共和国水法》（自2002年10月1日起施行）。新《中华人民共和国水法》全文约1万字，共有8章、82条，分为总则，水资源规划，水资源开发利用，水资源、水域和水工程的保护，水资源配置和节约使用，水事纠纷处理与执法监督检查，法律责任，附则。新水法规定，开发、利用、节约、保护水资源和防治水害，应当全面规划、统筹兼顾、标本兼治、综合利用、讲求效益，发挥水资源的多种功能，协调好生活、生产经营和生态用水。因此，水法对于合理开发、利用、节约和保护水资源，防治水害，适应国民经济和社会发展的需要具有重要意义。

此外，国务院和有关部门还颁布了一系列法规和规章，各省、自治区、直辖市也出台了大量地方性法规、规章。这些法律法规和规章共同组成了一个比较科学和完整的水资源管理法规体系，有效地保障水资源管理工作。

第五节　水资源运行调度

一、水资源运行调度概述

水资源运行调度（water resources operation and scheduling），或称水资源调度，是指在满足水安全和水资源利用目标的条件下，通过合理运用各类水工程，在时间和空间上对水资源进行调节、控制和分配的活动。

水资源调度应当遵循节水优先、保护生态、统一调度、分级负责的原则。开展水资源调度，应当优先满足生活用水，保障基本生态用水，统筹农业、工业用水以及水力发电、航运等需要。区域水资源调度应当服从流域水资源统一调度，水力发电、航运等调度应当服从流域水资源统一调度。

水利部负责组织、指导、协调、监督全国水资源调度工作。水利部在国家确定的重要江河、湖泊设立的流域管理机构（以下简称流域管理机构）在法律、行政法规规定和水利部授权范围内负责组织、协调、实施、监督跨省江河流域、重大调水工程的水资源调度工作。县级以上地方水行政主管部门按照管理权限负责组织、协调、实施、监督本行政区域内水资源调度工作。

水资源调度方案、年度调度计划由流域管理机构或者县级以上地方水行政主管部门按照管理权限组织编制。

二、水库调度

（一）水库调度意义与水库调度图

1. 水库调度及其意义

水库调度是控制运用水库的一种水资源运行调度方法，是运用水库的调蓄能力，根据各部门用水的合理需要，在保证工程安全的前提下，有计划地合理控制水库在各个时期的水位变化和水库蓄水、放水过程，以达到防洪、兴利的目的，最大限度地获得综合效益。

水库调度始于国外20世纪初，是随着水库和水电站的大量兴建而逐步发展起来的。我国自20世纪50年代以来，水库调度工作随着大规模水库建设而得到迅速发展。运行中的大中型水库普遍研究和制定了本水库的调度方式、综合利用水库调度、水库水沙调度，有些大型水库还制定了水电站经济运行、水库优化调度、水库群最佳运行策略等，取得了积极成果和很好的经济效益。

水库调度的内容主要包括：拟定水库调度方式、编制水库调度计划及确定各项控制运用指标、进行面临时段的实时调度等。

水库调度具有重要的意义，主要表现在以下几方面：

(1) 有利于保障水库安全可靠。为满足既定的防洪、兴利任务和要求而拟定的水库调度方案和措施，是使水库安全、经济运行的关键。水库调度中制定的一系列特征水位与数据，充分考虑了水库工程安全需求。

(2) 有利于发挥水库综合效益。水库调度是在保证工程安全的前提下，有计划地安排供水过程和效益指标，比如灌溉面积及计划供水过程、计划发电出力过程及年发电量、工业及城市供水计划与供水量等。通过水库调度，可以发挥水库的最大综合效益。

(3) 通过有计划调度避免失误。把水库调度的工作方式安排妥当，就可以有效减少水库的缺水和弃水现象，最大限度地避免人为失误。

(4) 有效解决来水与用水矛盾。通过合理调度，可以协调防洪与兴利的矛盾，天然来水与国民经济用水之间的矛盾，综合利用中各部门之间的矛盾，可使水电站水库在承担电力负荷的同时，尽可能满足下游航运、灌溉用水的要求。

2. 水库调度图及其作用

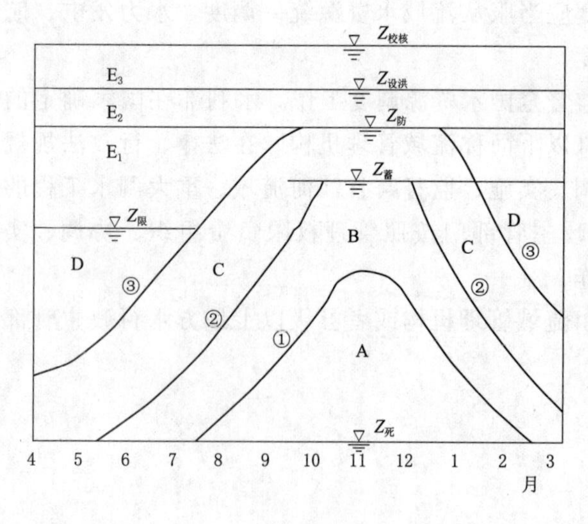

图8-3 水库调度图示意

水库调度常根据水库调度图来实现。水库调度图是由若干调度线及相应的调度区组成的年运行图，它是水库调度工具。这些调度线是具有控制性意义的水库蓄水位变化过程线，是根据过去水文资料和水库的综合利用任务绘制的。如图8-3所示，是一个水库调度图的示意图，图中的特征水位有：死水位 $Z_{死}$、正常蓄水位 $Z_{蓄}$、防洪限制水位 $Z_{限}$、防洪高水位 $Z_{防}$、设计洪水位 $Z_{设洪}$、校核洪水位 $Z_{校核}$；三个调度线是：①下基本调度线（限制出力线）、②上基本调度线（防破坏线）、③防弃水线；由特征水位和调度线组成的区域有：A区——降低泄流区或限制出力区（$N<N_{保}$），B区——正常泄流区或保证出力区（$N=N_{保}$），C区——加大泄流区或加大出力区（$N_{装}>N>N_{保}$），D区——满负荷泄流区或装机工作区（$N=N_{装}$），E_1、E_2、E_3——防洪调度区。

从水库调度图可以看出，其明显的作用是水库蓄水落于何区域，即按该区工作，也就是，水库在某一时刻的蓄水情况及其在调度图中相应的工作区域，就决定着该时刻的水库操作方法。比如，水库水位落在A区，说明此时刻水库水位太低，需要及时减少水库下泄流量，使其慢慢移动到B区；相反，如果水库水位落在C区，说明此时刻水库水位太高，需要及时加大水库下泄流量。

编制水库调度图具有重要的意义，不仅可用以指导水库的运行调度，增加编制各部门生产任务的预见性和计划性，提高各水利部门的工作可靠性和水量利用率，更好地发挥水库的综合利用作用，同时也可用来合理决定和校核水电站的主要参数以及水电站的动能指标（出力、发电量）。

绘制水库调度图并不是一件简单的事情，需要依据大量的基本资料，主要包括：

（1）有关水库调度运用的政策法令文件，比如，有关规范、水法、通则、条例以及临时指示、文件等。

（2）水库调度运用的主要参数及水利水电指标，包括：校核洪水位、设计洪水位、防洪限制水位、正常蓄水位、综合利用部门要求的运用下限水位和死水位等；城镇、工业、农业供水量、水电厂保证出力及相应的保证率等。

（3）水库调度的基本资料，包括：自然地理概况、经济社会指标、水文气象（特别是来水径流资料）；库容曲线及水库淹没资料；设计洪水（设计洪水特征值、各种频率的洪峰、洪量、过程线）；泄水建筑物、输水建筑物的泄流曲线（过水能力、泄水特征曲线）；下游河道的安全泄流量；水电站保证出力图，其他综合利用要求，包括灌溉、航运等部门的要求。

当然，水库调度图也有其局限性。仅仅使用调度图过于机械，不能灵活应对变化多端的自然界来水和人类社会需水。由于水库调度图的编制是基于过去的水文资料，因此它只能反映以往资料对应的典型水文情况，未能包括将来可能出现的各种水文情况。实际上，将来的水文情况与编制调度图所依据的资料情况不大可能相同，如果机械地按照调度图来操作水库，就可能出现不合理的结果，比如，可能存在大量弃水发生、汛末水库蓄不满等情况。因此，为了能够使水库有计划地蓄水、泄水、利用水，获得尽可能大的综合利用效益，不能完全依赖于水库调度图，需要把调度图与水文预报、各部门实际需求结合起来，制定实时操作、动态应对的水库调度方案。下文将简要介绍水库的兴利调度、防洪调度、优化调度。

（二）水库兴利调度

所谓水库兴利调度，就是承担灌溉、发电、工业及城镇供水、航运等兴利任务的水库控制运行调度。兴利调度的任务和作用，是依据规划设计确定的开发目标及规定的调度原则，在确保工程安全和按规定满足下游防洪要求的前提下，运用水库的调蓄能力，合理地对入库的天然径流进行蓄泄，最大限度地满足各用水部门的要求，充分发挥水库的综合利用效益。

水利部颁布的《综合利用水库调度通则》中规定，兴利调度的原则是：①在制订计划时，要首先满足城乡居民生活用水，既要保重点任务又要尽可能兼顾其他方面的要求，最大限度地综合利用水资源。②要在计划用水、节约用水的基础上核定各用水部门供水量，贯彻“一水多用”的原则，提高水的重复利用率。③兴利调度方式，要根据水库调节性能和兴利各部门用水特点拟定。④库内引水，要纳入水库水量的统一分配和统一调度。

编制兴利调度计划，应包括以下内容：①当年（期、月）来水的预测；②协调有关各部门对水库供水的要求；③拟定各时段的水库控制运用指标；④根据上述条件，制订年（期、月）的具体供水计划。

在兴利方面，以城市工业及生活供水为主的水库，应在保证供水前提下，合理安排其他用水。对有特别重要供水任务的水库，应预留一部分备用水量，以备连续特枯年份使用。以发电为主，兼有灌溉、航运等任务的水库，在编制兴利调度计划时，应按设计中的规定，协调好发电与其他用水部门间的关系。

以灌溉为主，兼有发电、航运等任务的水库，在编制兴利调度计划时，应注意以下问题：①合理地调整灌溉用水方式，减低供水高峰。②充分利用灌区内的蓄水工程，在非灌溉期或非用水高峰时由水库提前放水充蓄；在用水高峰时，灌区内的蓄水工程可与水库共同供给灌区用水。③结合灌溉供水，尽量兼顾发电、航运的要求。

在实时调度中，应根据当时的库水位和前期来水情况，参照调度图和水文气象预报，调整调度计划。对于多年调节水库，在正常蓄水情况下，一般应控制调节年度末库水位不低于规定的年消落水位，为连续枯水年的用水储备一定的水量。当遇到特殊干旱年，水库水位已落于限制供水区时，应根据当时具体情况核减供水量，重新调整各用水部门的用水量，经上级主管部门核准后执行。

（三）水库防洪调度

所谓水库防洪调度，就是利用水库的调蓄作用和控制能力，有计划地控制调节洪水，以避免下游防洪区的洪灾损失，保证水库工程本身的防洪安全，而采取的水库控制运用调度。水库防洪调度的任务和作用是：根据规划设计确定或上级主管部门核定的水库安全标准和下游防护对象的防洪标准、防洪调度方式及各防洪特征水位对入库洪水进行调蓄，保障大坝和下游防洪安全。遇超标准洪水，力求保障大坝安全并尽量减轻下游的洪水灾害。

水利部颁布的《综合利用水库调度通则》中规定，防洪调度的原则：①在保证大坝安全的前提下，按下游防洪需要对洪水进行调蓄；②水库与下游河道堤防和分、滞洪区防洪体系联合运用，充分发挥水库的调洪作用；③防洪调度方式的判别条件要简明易行，在实时调度中对各种可能影响泄洪的因素要有足够的估计；④汛期限制水位以上的防洪库容调度运用，应按各级防汛指挥部门的调度权限，实行分级调度。

编制防洪调度计划，应包括以下内容：①核定（或明确）各防洪特征水位；②制定实时防洪调度运用方式及判别条件；③制定防御超标准洪水的非常措施及其使用条件，重要水库要绘制垮坝淹没范围图；④编制快速调洪辅助图表；⑤明确实施水库防洪调度计划的组织措施和调度权限。

水库在汛期应依据工程防洪能力和防护对象的重要程度，采取分级控制泄洪的防洪调度方式。水库控泄级别，按下游排涝、保护农田、保障城镇及交通干线安全等不同防护要求划分，依据其防护对象的重要程度和河道主槽、堤防、动用分洪措施的行洪能力，确定各级的安全标准、安全泄量和相应的调度权限，同时，还要明确规定遇到超过下游防洪标准的洪水后，水库转为保坝为主加大泄流的判别条件。

入库洪水具有季节变化规律的水库，应实行分期防洪调度。分期洪水时段划分，要依据气象成因和雨情、水情的季节变化规律确定，时段划分不宜过短，两期衔接处要设过渡期，使水库水位逐步抬高；分期设计洪水，要按设计洪水规范的有关规定和方法计算；分期限制水位的制定，应依据计算的分期设计洪水（主汛期，应采用按全年最大取样的设计洪水），按照不降低工程安全标准、承担下游的防洪标准和库区安全标准的原则，及相应的泄流方式，进行调洪计算确定。

大型水库和重要中型水库，必须依据经审定的洪水预报方案，进行洪水预报调度。预报调度形式可视水库的具体情况和需要采用预泄、补偿调节、错峰调度方式等。无论采用上述哪种预报调度方式，在实施时，都要留有适当余地，以策安全。

当遇到超过水库校核标准的洪水时，要及时向下游报警并尽可能采取紧急抢护措施，力争保主坝和重要副坝的安全。需要采取非常泄洪措施的，要预先慎重拟定启用非常泄洪措施的条件，制定下游居民的转移方案，按审批权限经批准后实施。

在入库洪峰已过且已出现了最高库水位后的水库水位消落阶段，应在不影响土坝坝坡稳定和下游河道堤防安全的前提下，安排水库下泄流量，尽快腾库，在下次洪水到来前使库水位回降到汛限水位。具有防洪兴利重叠库容的水库，应根据设计确定的收水时间，安排汛末蓄水。

（四）水库优化调度

前面介绍的水库兴利调度图、防洪调度图，概念清楚，使用方便，易于操作，得到广泛的应用，但是其存在明显的缺陷，在任何年份，不管来水丰枯，只要在某一时刻的库水位相同，就采取相同的调度方式，这显然是不科学的，它不能反映来水和用水的变化，所以，需要针对来水的变化、用水的变化以及外界条件的改变、综合效益的需求不同，来寻求水库优化调度。

所谓水库优化调度，就是根据水库的入流过程，遵照优化调度准则，运用最优化方法，寻找比较理想的水库调度方案，使发电、防洪、灌溉、供水等各部门在整个分析期内的总效益最大。

一般的水库优化调度需要构建优化调度模型，该模型有很多种类型，有复杂的，也有简单的，多数是多目标模型，也有单一目标的，比如，通过调度实现经济效益最大、发电量期望值最大、保证电能值最大、社会效益和生态效益综合最大等，这些就是多目标函数，对应构建的模型就是多目标优化调度模型。除目标函数外，还应该有一系列约束条件，比如，水库蓄水位限制、水库泄水能力限制、水电站装机容量限制、水库及下游防洪要求、水量与电量平衡要求等。这些条件需要采用定量化方程表达。由目标函数和约束条件组合在一起，就构成了水库优化调度模型，通过该模型的求解，得到符合最优调度目标的水库调度方案。关于水库优化调度模型的构建方法和求解方法，已有大量成果和应用实例，可参阅相关书籍。

三、水库群作用及优化调度

（一）水库群的概念和作用

前文介绍的水库调度都是针对某一个水库，而实际上，为了提高水库调度的综合效果，经常运用多个水库一起进行调度。一群共同工作的水库整体（群体），即为水库群。需要特别说明的是，组成水库群的水库一定要是共同工作的，不是随意组合的水库，一定程度上应能互相协作，共同承担相关任务。比如，在河流的干支流上布置的一系列水库，可以共同调节径流；两个或多个水库发电共同承担某电力系统供电任务；两个或多个水库承担灌溉或城市供水任务。相反，如果两个水库虽然离得很近，但没有水力联系、没有共同承担供水、发电等任务，也不能认为是水库群。

根据水库群的布置形式，可以归纳为三种类型（图 8-4）：

（1）串联式（梯级）水库群。如图 8-4（a）所示，布置在同一条河流上，水库间有密切的水力联系。

（2）并联式水库群。如图 8-4（b）所示，布置在主要支流上，水库间没有直接的水力联系，但对下游有共同的防洪对象、承担共同的发电或供水任务。

（3）混联式水库群。如图 8-4（c）所示，是以上两者相结合的水库群。

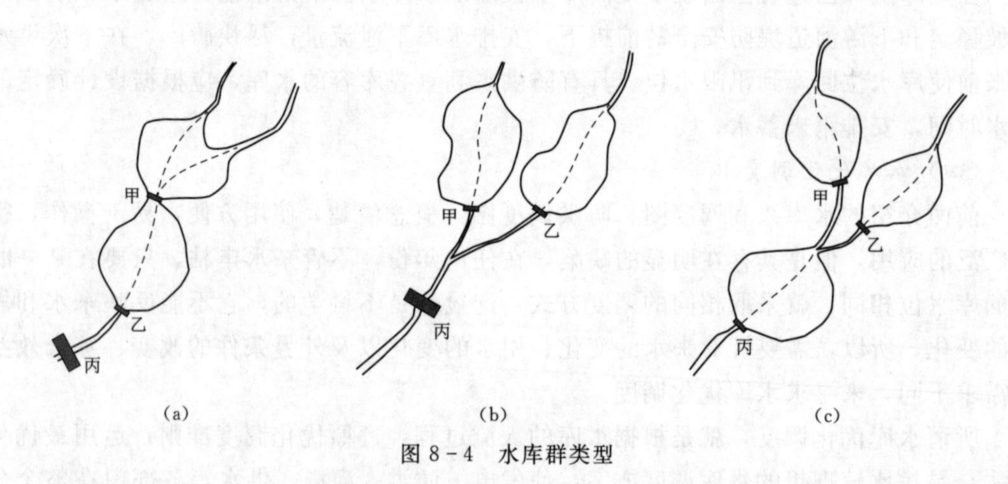

图 8-4　水库群类型

研究水库群的任务主要有四方面：①选择水库群最优开发方式（形式、次序）；②确定各水库的开发规模；③拟定水库群最佳联合调度方式；④计算投资、效益、影响，进行经济、环境评价。

水库群工作的主要原理是因水文情况与水库调节性能的差异，水库之间可以进行相互补偿，以提高总的保证供水量或保证出力，其补偿调节作用主要包括两方面：

(1) 水文补偿。不同河流或干支流，因水文的不同步性，水库之间可以相互补偿水量（称径流补偿），提高总供水量或出力。利用水文条件的差别来进行的补偿，称为水文补偿。

(2) 库容补偿。利用各水库调节性能的差异，而进行的补偿，称为库容补偿。选择调节性能好的水库作为补偿水库，调节性能差的水库作为被补偿水库。改变补偿水库的运行方式，以提高总的保证出力或供水量。

在拟定水库群综合利用规划方案时，水库群可能会有若干个组合方案，这时要对每个方案进行水利水能计算，求出各特征值，以供方案选择时进行比较。水库群水利水能计算涉及的水库数目较多，影响因素复杂，其水利水能计算及实际问题解决比较繁杂。本节只简单介绍其基本内容，详细计算和实例可参见相关书籍。

(二) 梯级水库群的调节作用

以两个梯级水库共同承担下游防洪任务为例。如图 8-4 (a) 所示，两个梯级水库甲、乙，共同承担下游丙处防洪任务，应充分考虑各水库的水文特性、水库特性以及综合利用要求等，使各水库分担的防洪库容，既能满足下游防洪要求，又符合经济原则，获得尽可能大的综合效益。如果水库到防洪控制点丙处的区间设计洪峰流量（符合防洪标准）不大于丙处的安全下泄流量（$Q_{安}$），则可根据丙处的设计洪水过程线，按第五章介绍的水库调洪计算方法，求出所需总防洪库容，这是针对单一水库在理想状态下求出来的，应是防洪库容的下限值。针对两个水库，各水库分担的防洪库容总数一般应大于此数，因为防洪控制点以上洪水可能有多种组合情况，两个水库库容大小不同，再加上甲乙两水库的位置和作用差异，就存在优化安排甲乙两水库的防洪库容问题。

甲、乙两水库都分别有一个不能由其他水库代为承担的必需防洪库容，乙水库以上来的洪水能由乙水库再调节，而甲水库无法调节甲丙之间的区间洪水，因此，需要根据甲、乙两水库承担的防洪任务来计算确定各水库承担的必需防洪库容。甲水库的必需防洪库容，应满足甲水库坝址处的防洪标准。乙水库的必需防洪库容，应根据甲乙、乙丙区间的洪水过程和下游丙处安全下泄流量的要求，计算得到。

在梯级水库间分担防洪库容时，应让本身防洪要求高的水库、水库库容较大的水库、水头较低的水库和梯级水库的下一级水库多承担防洪库容，但各水库承担的防洪库容不能小于其必需防洪库容。

如果梯级水库群主要承担下游灌溉用水任务，同样需要进行径流调节。首先要作出灌区需水图，将乙库处设计代表年的天然来水过程和灌区需水图绘在一起，就可得到所需的总灌溉库容；然后拟定若干个可行的甲、乙两水库分配灌溉库容的方案，对比分析各方案的工程量、投资以及效益，选出较优的分配方案。

如果梯级水库群承担发电任务，同样可以进行调节。梯级水电站之间有密切的水流联系，其中某一级水电站水库的调节作用，可使其下游的所有梯级水电站受益，上下游水库联合调度，可协调解决发电和其他用水要求的矛盾。

对于具有多种用途的综合利用水库群，其调节计算比较复杂，但其解决问题的思路和要遵循的原则基本一致，所不同的是，解决此类复杂问题，需要建立数学模型，采用合适的数学方法来求解，最终得到调节方案。有关这些内容的研究和应用已有许多成果，可参见有关书籍。

（三）并联水库群的调节作用

以两个并联水库共同承担下游防洪任务为例。如图8-4（b）所示，两个并联水库甲、乙，共同承担下游丙处防洪任务。如果水库甲、乙到防洪控制点丙处的区间设计洪峰流量（符合防洪标准）不大于丙处的安全下泄流量（$Q_{安}$），则可根据丙处的设计洪水过程线，按第五章介绍的水库调洪计算方法，求出所需总防洪库容，与梯级水库群一样，这是针对单一水库在理想状态下求出来的，应是防洪库容的下限值。针对两个水库，各水库分担的防洪库容总数一般应大于此数。

甲、乙两水库都分别有一个不能由其他水库代为承担的必需防洪库容。甲水库的必需防洪库容，应该能承担丙处发生符合设计标准的大洪水，假定乙水库相当大，可以安全拦蓄乙坝以上的相应洪水，此时甲库所需防洪库容就是它的必需防洪库容，其计算应根据乙丙区间（指丙处以上流域面积减去乙水库以上流域面积）发生符合设计标准的洪水，按丙处以安全下泄流量（$Q_{安}$）下泄情况计算得到。同样道理，乙水库的必需防洪库容，应根据甲丙区间（指丙处以上流域面积减去甲水库以上流域面积）发生符合设计标准的洪水，按丙处以安全下泄流量（$Q_{安}$）下泄情况计算得到。

由总防洪库容减去两水库的必需防洪库容，就得到由两水库分担的防洪库容。与梯级水库群一样，可根据一定的原则和两水库具体情况进行防洪库容分配。有时求出的总必需防洪库容大于所需的防洪库容，这时两库的必需防洪库容就是它们分配承担的防洪库容。

如果并联水库群主要承担下游灌溉用水任务，同样可以进行径流调节。首先，要作出灌区需水图，从该图中逐月减去设计枯水年份的区间来水量，就可得到两水库的需水流量过程线；其次，要确定补偿水库和被补偿水库，一般以库容较大、调节性能较好、对放水没有特殊限制的水库作为补偿水库，其余作为被补偿水库。设乙水库为被补偿水库，按其自身的有利方式进行径流调节（即得到水库乙的调节流量过程线）。从甲、乙两水库的需水流量过程线中减去水库乙的调节流量过程线，即得出补偿水库甲的需放水流量过程线。当然，如果甲水库的设计枯水年的总来水量大于总需水量，则说明进行年调节就可满足需水的要求，否则需要进行多年调节。

与梯级水库群一样，当遇到具有多种用途的综合利用水库群，其调节计算比较复杂，通常需要建立数学模型，采用合适的数学方法来求解，最终得到调节方案。有关这些内容的研究和应用已有许多成果，可参见有关书籍。

(四) 水库群优化调度举例：水库群蓄放水次序

为了说明水库群优化调度的重要意义，下面以水电站水库群蓄放水次序为例，通过数学公式推导，来寻找最有利的调度方式。这里仅仅作为一个简化的举例，现实工作中要比此例复杂得多，需要构建优化数学模型，通过求解得到调度方案。

1. 水电站水库群蓄放水次序问题及研究目的

水电站水库群联合运行时，研究水库群的蓄放水次序是一个非常重要的问题，可以使它们在联合运行中的总发电量最大。因此，研究水库群的蓄放水次序问题也是寻找总发电量最大的问题，具有显著的经济效益。

具有年调节或多年调节的蓄水式水电站，用来生产电能的水量由两部分组成：一是经过水库兴利库容调蓄的水量，生产的电能称为蓄水电能；二是经过水库的不蓄水量，生产的电能称为不蓄电能。不蓄电能大小与不蓄水量有关，同时还与水头变化情况有关。在不蓄水量值一定的情况下，不蓄电能大小与水头变化情况有着密切的关系。如果同一电力系统中有两个这样的水电站联合运行，由于水库特性不同，它们在同一供水或蓄水时段，经过同样的流量但因水头不同，其产生的出力和发电量不同。因此，为了使联合运用的水电站总发电量尽可能大，就要使水电站的不蓄水量在尽可能大的水头下发电，这就是研究水库群蓄放水次序的基本原理和主要目的。

2. 并联水电站水库群蓄放水次序

设有两个并联的年调节水电站甲、乙，在电力系统中联合运行；已知：它们的来水资料、系统负荷资料、水库特性资料。求解：水电站甲、乙的最佳蓄放水次序。

根据以上分析，针对此问题，其判断准则是：此时段的总发电量最大，即总不蓄电能损失最小，也就是要求尽可能高水头发电。

在某一供水时段，两电站能生产的总不蓄出力 $\sum N_{不蓄i}$ 为

$$\sum N_{不蓄i} = N_{不蓄甲i} + N_{不蓄乙i} \tag{8-1}$$

如果总不蓄出力不能满足当时的系统负荷 $N_{系i}$ 的需要，则需要根据系统电力电量平衡，由水库放水补充出力 $N_{库i}$

$$N_{库i} = N_{系i} - \sum N_{不蓄i} \tag{8-2}$$

假设该补充出力由水电站甲承担，则需要水库放水的流量 $Q_{甲i}$ 为

$$N_{库i} = AQ_{甲i}H_{甲i}\text{，即}$$

$$Q_{甲i} = \frac{N_{库i}}{AH_{甲i}} \tag{8-3}$$

$$Q_{甲i} = \frac{\mathrm{d}V_{甲i}}{\mathrm{d}t} = \frac{F_{甲i}\mathrm{d}H_{甲i}}{\mathrm{d}t} = \frac{N_{库i}}{AH_{甲i}} \tag{8-4}$$

式中：$\mathrm{d}V_{甲i}$ 为某时段 $\mathrm{d}t$ 内水库甲消落的库容；$F_{甲i}$ 为某时段 $\mathrm{d}t$ 内水库甲的库面积；$\mathrm{d}H_{甲i}$ 为某时段 $\mathrm{d}t$ 内水库甲的消落深度；A 为出力系数，设两个水电站采用相同数值。

假设补充出力由水电站乙承担，则与上类似，只需把上面各式中脚注甲换成乙即

可，需要水库放水的流量 $Q_{乙i}$ 为

$$Q_{乙i}=\frac{\mathrm{d}V_{乙i}}{\mathrm{d}t}=\frac{F_{乙i}\mathrm{d}H_{乙i}}{\mathrm{d}t}=\frac{N_{库i}}{AH_{乙i}} \tag{8-5}$$

式中符号含义同前，只是脚注甲换成乙。

式（8-4）和式（8-5）联合，可得

$$\mathrm{d}H_{乙i}=\frac{F_{甲i}H_{甲i}}{F_{乙i}H_{乙i}}\mathrm{d}H_{甲i} \tag{8-6}$$

上式表达了甲乙两水库在第 i 时段内的水库面积、水头和水库消落水层三者之间的关系，该时段的水库消落水层不同，会影响以后时段的发电水头，从而使两水库的不蓄电能损失不同，据此可以判断哪一个水库放水对发电有利。

两水库的不蓄电能损失值可按下式计算

$$\mathrm{d}E_{不蓄甲}=0.0027W_{不蓄甲}\ \mathrm{d}H_{甲i}\eta_{水甲} \tag{8-7}$$

$$\mathrm{d}E_{不蓄乙}=0.0027W_{不蓄乙}\ \mathrm{d}H_{乙i}\eta_{水乙} \tag{8-8}$$

式中：$W_{不蓄甲}$、$W_{不蓄乙}$分别为甲、乙水库在时段 i 以后来的供水期不蓄水量；$\eta_{水甲}$、$\eta_{水乙}$分别为甲、乙水库的发电效率。

对于在同一电力系统中联合运行的两个水电站，如果希望它们的总发电量尽可能大，就应该使总的不蓄电能损失尽可能小，为此，从式（8-7）和式（8-8）可以判断，假如 $\eta_{水甲}=\eta_{水乙}$，如果

$$W_{不蓄甲}\ \mathrm{d}H_{甲i}<W_{不蓄乙}\ \mathrm{d}H_{乙i} \tag{8-9}$$

则水电站甲先放水对发电有利，相反，则应由水电站乙先放水。

将式（8-6）代入式（8-9），可得水电站甲先放水有利的判断式

$$\frac{W_{不蓄甲}}{F_{甲i}H_{甲i}}<\frac{W_{不蓄乙}}{F_{乙i}H_{乙i}} \tag{8-10}$$

令 $K=\dfrac{W_{不蓄}}{FH}$，则水电站水库的放水次序可据此 K 值来判断，K 值小者先放水有利。

在水库蓄水期，抬高库水位可以增加水电站不蓄电能，因此也存在一个蓄水次序问题。同供水期一样的原理，找出蓄水期蓄水次序的判别式 $K'=\dfrac{W'_{不蓄}}{FH}$，式中 $W'_{不蓄}$ 为自该计算时段到汛期末的天然来水量减去水库在汛期需要存蓄的库容。与供水期不同的是，蓄水期不蓄电能增加值大者有利，因此，运用判断式 K'，K' 值大者先蓄水有利。

3. 梯级水电站水库群蓄放水次序

设有两个串联的年调节水电站甲、乙，在电力系统中联合运行，已知条件和求解问题与以上并联水电站水库群相同。

在某一供水时段，依靠其中一个水电站的水库放水来补充出力。假如由上游水库甲供水，则它可提供的电能为

$$dE_{库甲i}=0.0027F_{甲i}dH_{甲i}(H_{甲i}+H_{乙i})\eta_{水甲} \tag{8-11}$$

式中符号含义和前面并联水库情况相同。上式中加入了 $H_{乙i}$ 是因为上游水库甲放出的水可通过下一级水电站发电。

如果由下游水库乙放水发电以补充出力，则水库乙提供的电能为

$$dE_{库乙i}=0.0027F_{乙i}dH_{乙i}H_{乙i}\eta_{水乙} \tag{8-12}$$

由式（8-11）和式（8-12），按照 $dE_{库甲i}=dE_{库乙i}$，设 $\eta_{水甲}=\eta_{水乙}$，可得下式

$$dH_{乙i}=\frac{F_{甲i}(H_{甲i}+H_{乙i})}{F_{乙i}H_{乙i}}dH_{甲i} \tag{8-13}$$

对于水库甲，不蓄电能损失的计算公式与并联水库情况相同，如式（8-7）。对于水库乙，不蓄电能损失的计算公式如下

$$dE_{不蓄乙}=0.0027(W_{不蓄甲}+V_{甲}+W_{不蓄乙})dH_{乙i}\eta_{水乙} \tag{8-14}$$

式中：$V_{甲}$ 为上游水库甲所蓄水量，$W_{不蓄乙}$ 为甲乙电站之间的区间不蓄水量。

在梯级水库群，上游水库先供水有利的条件是

$$W_{不蓄甲}dH_{甲i}<(W_{不蓄甲}+V_{甲}+W_{不蓄乙})dH_{乙i} \tag{8-15}$$

将式（8-13）代入式（8-15），可得上游水电站甲先放水有利的判断式

$$\frac{W_{不蓄甲}}{F_{甲i}(H_{甲i}+H_{乙i})}<\frac{(W_{不蓄甲}+V_{甲}+W_{不蓄乙})}{F_{乙i}H_{乙i}} \tag{8-16}$$

令 $K=\frac{W_{不蓄}}{F\sum H}$，则水电站水库的放水次序可据此 K 值来判断，K 值小者先放水有利。

同样的思路，找出蓄水期蓄水次序的判别式 $K'=\frac{W'_{不蓄}}{F\sum H}$，$K'$ 值大者先蓄水有利。

4. 总结

基于以上分析，把并联、梯级水电站水库群蓄放水次序判别式汇总如表 8-1 所列，可以非常简单地计算 K 值和 K' 值，然后据此判断哪个水库先蓄水或先放水有利。实际上，该判别式存在一定的局限性。对串联水库群，因上游水电站 $W_{不蓄}$ 小而 $\sum H$ 大，则一般上库 K 值小，导致上库先供后蓄。这种方式可能与防洪与兴利等综合利用有矛盾。另外，应用该判别式时，应与水库调度相结合，需要考虑综合利用的限制和约束。

表 8-1 水电站水库群蓄放水次序判别式汇总

分期	并联水电站水库群蓄放水次序判别式	梯级水电站水库群蓄放水次序判别式	判别结果
供水期	$K=\frac{W_{不蓄}}{FH}$	$K=\frac{W_{不蓄}}{F\sum H}$	K 值小者先放水有利
蓄水期	$K'=\frac{W'_{不蓄}}{FH}$	$K'=\frac{W'_{不蓄}}{F\sum H}$	K' 值大者先蓄水有利

需要说明的是：本节所介绍的优化调度问题，只是一种简化的举例，主要让学生

们看到，通过计算，可以进行水库优化调度，现实问题要比此复杂得多。面对复杂的水库群调度问题，需要建立复杂的优化调度模型，可参考相关书籍。

第六节 水资源管理与运行调度系统

随着科学技术飞速发展，网络、通信、数据库、多媒体、地理信息系统等高新技术在各个领域得以广泛应用，与高新技术接轨，不仅是水资源工作的迫切需要，也是整个水利行业发展的必然趋势，未来的水利发展阶段是智慧水利阶段。

一、水资源管理与运行调度系统的特点与建设目标

水资源管理与运行调度是一项复杂的水事行为，包括的管理内容十分广泛，需要收集、处理越来越多的信息，在复杂的信息中又需要及时得到处理结果，提出合理的管理方案和运行调度决策，要满足这一要求，使用传统的手段难济于事。随着信息技术在水资源行业中的应用，使得水资源管理与运行调度进入了信息化、智慧化阶段。

水资源管理与运行调度信息系统，是传统水资源管理、运行调度方法与系统论、信息论、控制论和计算机技术的完美结合，它具有规范化、实时化和最优化的特点，是水资源管理水平的一个飞跃。

长期以来，决策主要依靠人的经验进行，属于经验决策的范畴。随着科学技术的发展、社会活动范围的扩大，管理问题的复杂性急剧增加，在这种情况下，领导者单凭个人的知识、经验、智慧和胆量来做决策，难免会出现重大的失误，于是，经验决策便逐步被科学决策所代替。

水利是一个关系到国计民生的行业，有许多决策需要科学、及时地做出。水利现代化是实践新时期治水思路的关键技术，通过推进水利现代化，可逐步建立防汛决策指挥系统，水资源监测、评价、管理系统，水利工程管理系统等，进而改善管理手段，增加科技含量，提高服务水平，促进技术创新和管理创新。

水资源管理与运行调度系统，是水利现代化的一个重要方面，其总体目标是：根据水资源管理与运行调度的技术路线，以现代水资源管理新思想为指导，体现和反映经济社会发展对水资源的需求，分析水资源开发利用现状及存在的问题，利用先进的网络、通信、遥测、数据库、多媒体、地理信息系统等技术，以及决策支持理论、系统工程理论、信息工程理论，建立一个能为政府主要工作环节提供多方位、全过程的水资源管理与运行调度系统。系统应具备实用性强、技术先进、功能齐全等特点，并在信息、通信、计算机网络系统的支持下，达到以下几个具体目标：①实时、准确地完成各类信息的收集、处理和存储；②建立和开发水资源管理与运行调度系统所需的各类数据库；③建立适用于现代水资源管理新思想的模型库；④建立自动分析模块和人机交互系统；⑤具有水资源管理方案提取及分析功能。

二、水资源管理与运行调度系统的结构及主要功能

为了完成水资源管理与运行调度系统的主要工作，一般的水资源管理与运行调度

系统应由数据库、模型库、人机交互系统、服务体系组成。

1. 数据库功能

(1) 数据录入。所建立的数据库应能录入水资源管理与运行调度需要的所有数据，并能快速简便地供系统使用。

(2) 数据修改、记录删除和记录浏览。可以修改一个数据，也可修改多个数据，或修改所有数据；可删除单个记录，多个记录和所有记录。

(3) 数据查询。可进行监测点查询、水资源量查询、水工程点查询以及其他信息查询等。

(4) 数据统计。可对数据库进行数据处理，包括排序、求平均值以及其他统计计算等。

(5) 维护。为了避免意外事故发生，系统应设计必要的预防手段，进行系统加密、数据备份、文件读入和文件恢复。

2. 模型库功能

模型库是由所有用于水资源管理与运行调度的信息处理、统计计算、模型求解、方案寻优等的模型块组成，是水资源与运行调度系统完成各种工作的“大脑”中枢处理中心。

(1) 信息处理。与数据库连接，对输入的信息有处理功能，包括各种分类统计、分析。

(2) 水资源系统特性分析。包括水文频率计算、洪水过程分析、水资源系统变化模拟、水质模型以及其他模型。

(3) 经济社会系统变化分析。包括经济社会主要指标的模拟预测、需水量计算等。

(4) 生态系统变化分析。包括环境评价模型、生态系统变化模拟模型等。

(5) 水资源管理与运行调度优化模型。这是用于水资源管理与运行调度方案优选的总模型，可以根据以上介绍的方法来建立模型。

(6) 方案拟定与综合评价。可以对不同水资源管理与运行调度方案进行拟定和优选，同时对不同方案的变化结果以及带来的各种社会、经济、环境效益进行综合评价。

3. 人机交互功能

人机交互系统是为了实现管理的自动化，进行良好的人机交互管理，而开发的一种界面。目前，开发这种界面的软件很多，如 VB、VC 等。

在实际工作中，人们希望建立的水资源管理与运行调度系统至少具有信息收集与处理、辅助管理决策功能，并具有良好的人机对话界面。

水资源管理与运行调度系统，是以水资源管理学、决策科学、信息科学和计算机技术为基础，建立的辅助决策者解决水资源管理中的半结构化决策问题的人机交互式计算机软件系统。

4. 服务体系

服务体系是系统的应用功能，由水资源信息数据查询、管理方案模拟优选、运行调度决策、方案执行、效果评估、保障系统六个模块构成，这是智能水决策和水调度系统，实现管理信息化、决策智能化，达到优化决策、精准调配、高效管理、主动服务的目标。随时为客户提供个性化订单式服务，实现水管理精准投递，涉及水利工程建设与维护、防洪抗旱减灾、供水分配、水库调度、节水、水环境保护、水安全保障、水权交易、水法律政策制度、水文化传承建设等各方面需求。

课程思政教育

（1）通过对水资源管理与运行调度内容的学习，熟悉我国现代水资源管理的新思想，让学生理解水资源管理的重要意义和社会担当，需要坚持新思想、新思路，需要贯彻系统管理、综合管理的原则，培养学生系统的科学思维能力和寻优探索的科学创新能力。

（2）通过学习水资源运行调度方法和工作流程，培养学生从事水资源管理工作的综合能力；通过介绍先进工程运行实例，挖掘工程文化和社会责任等思政元素，提升学生为水利现代化建设贡献力量的信心和决心。

思考题或习题

[1]　简述水资源管理的主要内容，并说明其重要意义。

[2]　试选择某一地区，介绍当地的水资源管理主要措施，其存在的问题以及需要改进的方面。

[3]　试选择某一地区，搜索相关资料，制定一套水资源管理方案。

[4]　编制水库调度图有何意义？可能存在什么缺陷？

[5]　水库群联合工作时可以相互补偿，补偿作用有哪些？补偿的目的是什么？

[6]　（选做）习题：以“我国现代水资源管理新思想及指导作用”为题，写一篇综述性论文。

参 考 文 献

［1］ 顾圣平，田富强，徐得潜．水资源规划及利用［M］．北京：中国水利水电出版社，2009.

［2］ 周之豪，沈曾源，施熙灿．水利水能规划［M］．2版．北京：中国水利水电出版社，2004.

［3］ 陈家琦，王浩，杨小柳．水资源学［M］．北京：科学出版社，2002.

［4］ 陈家琦，王浩．水资源学概论［M］．北京：中国水利水电出版社，1995.

［5］ 刘满平．水资源利用与水环境保护工程［M］．北京：中国建材工业出版社，2005.

［6］ 第一次全国水利普查公报［R］．北京：中国水利水电出版社，2014.

［7］ Daniel P. Loucks. Quantitying Trends in System Sustainability［J］. Hydrological sciences Journal，1997，42（4）：513-530.

［8］ 杨志峰，崔保山，刘静玲，等．生态环境需水量理论、方法与实践［M］．北京：科学出版社，2003.

［9］ 王浩，赵勇．新时期治黄方略初探［J］．水利学报，2019，50（11）：1291-1298.

［10］ 王浩，胡春宏，王建华，等．我国水安全战略和相关重大政策研究［M］．北京：科学出版社，2019.

［11］ 刘昌明．对黄河流域生态保护和高质量发展的几点认识［J］．人民黄河，2019，10：158.

［12］ 刘炯天．黄河流域高质量发展研究［M］．郑州：郑州大学出版社，2022.

［13］ 曹升乐，孙秀玲，庄会波，等．水资源管理“三条红线”确定理论与应用［M］．北京：科学出版社，2020.

［14］ 王建华，李海红，冯保清，等．水资源红线管理基础与实施系统设计［M］．北京：科学出版社，2020.

［15］ 贾兵强，张泽中，山雪艳，等．现代水治理与中国特色社会主义制度优势研究［M］．北京：中国水利水电出版社，2020.

［16］ 赵钟楠．水生态文明建设战略——理论、框架与实践［M］．北京：中国水利水电出版社，2020.

［17］ 夏军，左其亭，石卫．中国水安全与未来［M］．武汉：湖北科学技术出版社，2019.

［18］ 夏军，左其亭，王根绪，等．生态水文学［M］．北京：科学出版社，2020.

［19］ 左其亭，王树谦，马龙．水资源利用与管理［M］．2版．郑州：黄河水利出版社，2016.

［20］ 左其亭，窦明，吴泽宁．水资源规划与管理［M］．2版．北京：中国水利水电出版社，2016.

［21］ 左其亭．人水和谐论及其应用［M］．北京：中国水利水电出版社，2020.

［22］ 左其亭，王中根．现代水文学［M］．新1版．北京：中国水利水电出版社，2019.

［23］ 左其亭，窦明，马军霞．水资源学教程［M］．2版．北京：中国水利水电出版社，2016.

［24］ 左其亭．人水关系学［M］．北京：中国水利水电出版社，2023.

［25］ 左其亭．中国水利发展阶段及未来“水利4.0”战略构想［J］．水电能源科学，2015，33（4）：1-5.

［26］ 左其亭．水生态文明建设几个关键问题探讨［J］．中国水利，2013（4）：1-3，6.

［27］ 左其亭，张云，林平．人水和谐评价指标及量化方法研究［J］．水利学报，2008，39（4）：440-447.

［28］ 左其亭．水资源可持续利用研究历程及其对我国现代治水的贡献［J］．地球科学进展，2023，38（1）：1-8.

[29] 左其亭，姜龙，马军霞，等. 黄河流域高质量发展判断准则及评价体系 [J]. 灌溉排水学报，2021，40 (3)：1-8.

[30] 左其亭，邱曦，马军霞，等. 黄河治水思想演变及现代治水方略 [J]. 水资源与水工程学报，2023，34 (3)：1-9.

[31] Qiting Zuo，Zhizhuo Zhang，Junxia Ma，et al. Carbon dioxide emission equivalent analysis of water resource behaviors：Determination and application of carbon dioxide emission equivalent analysis function table [J]. Water，2023，15 (3)：431.

[32] 左其亭，郭佳航，李倩文，等. 借鉴南水北调工程经验 构建国家水网理论体系 [J]. 中国水利，2021 (11)：22-24，21.

[33] 左其亭，邱曦，钟涛. "双碳"目标下我国水利发展新征程 [J]. 中国水利，2021 (22)：29-33.